普通高等教育智慧海洋技术系列教材

海洋大数据与智慧海洋

齐　滨　王　路　付　进　王逸林　编著

科　学　出　版　社
北　京

内 容 简 介

本书内容涵盖海洋大数据概述，海洋大数据来源、获取与传输，智慧海洋，海洋大数据典型数据挖掘分析方法，海洋大数据的深度学习与应用，海洋大数据和智慧海洋发展形势与挑战等。首先，本书介绍了海洋大数据经典的数据挖掘分析方法，并进一步拓展研究方法，介绍了深度学习在海洋大数据中的处理与应用。其次，在给出完备理论推导的基础之上，引入典型应用案例。最后，本书还对海洋大数据和智慧海洋面临的机遇与挑战进行分析，对海洋大数据未来发展提出了建设性建议。

本书可作为普通高等学校水声工程类、电子信息工程类等专业深度学习、智能信号处理类课程的本科或研究生教材，也可供工程技术人员参考。

图书在版编目（CIP）数据

海洋大数据与智慧海洋 / 齐滨等编著. -- 北京 : 科学出版社, 2024. 12.
(普通高等教育智慧海洋技术系列教材). -- ISBN 978-7-03-080577-5

Ⅰ. P7

中国国家版本馆 CIP 数据核字第 2024CQ2475 号

责任编辑：杨慎欣　常友丽 / 责任校对：邹慧卿
责任印制：徐晓晨 / 封面设计：马晓敏

科学出版社出版
北京东黄城根北街 16 号
邮政编码：100717
http://www.sciencep.com
北京建宏印刷有限公司印刷
科学出版社发行　各地新华书店经销

*

2024 年 12 月第　一　版　开本：787 × 1092　1/16
2024 年 12 月第一次印刷　印张：14 3/4
字数：368 000

定价：78.00 元

（如有印装质量问题，我社负责调换）

作 者 简 介

齐滨，博士，哈尔滨工程大学教授，博士生导师，国家级青年人才，黑龙江省级领军人才梯队后备带头人。2012 年博士毕业于哈尔滨工程大学，曾在美国得克萨斯农工大学联合培养 1 年，在日本丰田工业大学从事博士后研究工作 2 年。主持和参与国家自然科学基金面上项目和青年科学基金项目、国家重点研发计划项目等 10 余项。获国防科学技术进步奖一等奖 1 项，黑龙江省教学成果一等奖 1 项，黑龙江省科学技术进步奖二等奖 2 项，黑龙江省自然科学奖二等奖 1 项，黑龙江省高校教师教学创新大赛二等奖 1 项。出版国家出版基金资助专著 1 部、“十二五”规划教材 1 部，发表 SCI/EI 检索论文 47 篇，授权发明专利 20 余项。

王路，博士，哈尔滨工程大学副教授，博士生导师，国家级青年人才，黑龙江省高层次人才。2019 年博士毕业于日本庆应义塾大学。主持和参与国家青年人才项目、国家自然科学基金青年科学基金项目、国家自然科学基金中日韩 A3 前瞻计划项目、日本国家级项目等 10 余项。获日本电子情报通信学会优秀科研奖，物联网、通信和智能技术国际会议（International Conference on Internet of Things，Communication and Intelligent Technology，IoTCIT）优秀论文奖。发表 SCI/EI 检索论文 46 篇，出版国家出版基金资助专著 1 部。担任美国遥感学报（*American Journal of Remote Sensing*，AJRS）期刊编委，IEEE 全球通信大会（Global Communications Conference，GLOBECOM）2023、2021，IEEE 国际通信会议（International Conference on Communication，ICC）2021、2020，以及 IEEE 无线通信与网络会议（Wireless Communications and Networking Conference，WCNC）2021 等会议的程序委员会委员。

付进，博士，北京航空航天大学教授，博士生导师，国家级青年人才。1999 年考入哈尔滨工程大学水声工程学院，先后取得学士、硕士、博士学位。主持国家自然科学基金、国家重点研发计划课题、基础科研等国家级/省部级项目 10 余项。发表学术论文 70 余篇，授权发明专利 40 余项，出版国家出版基金资助专著 1 部。获国防科学技术进步奖一等奖 1 项、二等奖 2 项，黑龙江省科学技术进步奖二等奖 2 项。获黑龙江省青年科技奖、黑龙江省高校青年学术骨干、黑龙江省十大杰出青年岗位能手称号。

王逸林，博士，哈尔滨工程大学教授，博士生导师。2006 年博士毕业于哈尔滨工程大学。主持和参与国家自然科学基金、国家重点研发计划等项目 20 余项。获国防科学技术进步奖一等奖 1 项、二等奖 2 项，黑龙江省科学技术进步奖二等奖 2 项。发表 SCI/EI 检索论文 30 余篇，授权发明专利 40 余项。

前 言

海洋大数据资源包含与海洋决策问题有关的所有数据，其数据量巨大、来源广泛、类型多样。海洋大数据技术涵盖了数据资源的获取、存储管理、分析挖掘以及可视化展示等方面的技术手段。大数据在人们生活中扮演着越来越重要的角色，数据来源、类型、格式和质量的多样性使得我们需要更加灵活和高效的数据处理技术，并且需要更加精准和深入的数据分析技术来发掘数据的潜在价值。

智慧海洋以完善的海洋信息采集与传输体系为基础，以构建自主安全可控的海洋云环境为支撑，将海洋权益、管控、开发三大领域的装备和活动进行体系性整合，运用工业大数据和互联网大数据技术，实现海洋资源共享、海洋活动协同，挖掘新需求，创造新价值，达到智慧经略海洋的目的。智能处理技术对智慧海洋的研究起到了关键的作用。为此，本书介绍了海洋大数据经典的数据挖掘分析方法，并对海洋大数据和智慧海洋发展形势进行分析与展望。另外，作者还依托“智慧树”平台构建“海洋大数据与智慧海洋”AI课程（免登录网址http://t.zhihuishu.com/qEOno3qw），提供课程图谱、问题图谱与能力图谱等，供读者从多维度、多层面理解知识点。

课程图谱
学习演示

作者在本书撰写过程中参阅了有关书籍和文献，在此向这些文献的作者致以诚挚的谢意！

由于作者水平有限，以及研究内容跨度大、编程软硬件条件差异大等实际问题，本书尚有很多不足，欢迎广大读者批评指正。

作 者

2024年7月于哈尔滨

目　　录

第1章 海洋大数据概述

1.1 大数据的发展现状与趋势

海洋是地球不可或缺的一部分，它维系着全球生态平衡。随着人类对陆地资源开发的压力增加，我们面临着资源枯竭和环境破坏等问题，因此各国对海洋越来越关注，开发强度也逐渐加大。

数据是对客观事物及其关系的记录，以文字、数字、图像、音频、视频等形式存在。大数据则是指规模巨大、传统软件难以处理的数据集[1]，其处理超出了传统软件的能力范围。

大数据产业的快速增长源于多方面因素：首先，数据量呈爆发式增长，尤其是来自互联网、物联网、社交媒体等领域的数据；其次，人们开始将数据视为一种战略资产，通过利用数据创造价值和竞争优势实现数据的资源化；再次，大数据与云计算的紧密结合也是推动因素之一，云计算的弹性、可扩展性和低成本为大数据的存储、计算、分析和应用提供了便利；最后，科学理论的不断突破，特别是人工智能、机器学习、深度学习等技术的应用，提升了大数据的智能化水平，进一步推动了大数据产业的发展。

大数据的兴起是信息技术不可避免的结果，也是信息化进程的新阶段，它的发展推动了数字经济的兴盛。信息化已经经历了两次迅速发展的浪潮：第一次始于20世纪80年代，以个人计算机的普及和应用为主要标志；第二次始于20世纪90年代中期，以互联网大规模商业应用为主要特征。当前，我们正迈入以数据深度挖掘和融合应用为主要特征的大数据时代。大数据时代的来临标志着一场深刻的变革，数据作为生产要素正参与到生产中，不断循环交互，创造出巨大的价值，这被称为信息化发展的“第三次浪潮”。回顾大数据的发展历程，我们可以将其总体划分为萌芽期、成长期、爆发期和大规模应用期四个阶段。

萌芽期（1980年至2008年）：在这一时期，大数据概念开始出现，并逐渐传播，但尚未有实质性的发展。与此同时，数据挖掘理论和数据库技术逐步成熟，一些商业智能工具和知识管理技术开始被应用，如数据仓库、专家系统和知识管理系统等[2]。

成长期（2009年至2012年）：在这一阶段，大数据市场迅速增长，互联网数据量呈爆发式增长，大数据技术逐渐为大众所熟悉和采用。

爆发期（2013年至2015年）：这一时期是大数据发展的高峰期，世界各国，包括我国在内，纷纷制定大数据战略，并推出了一系列创新的大数据应用。

大规模应用期（2016年至今）：大数据应用已经深入各行业、各领域，其价值不断显现。数据驱动的决策和社会智能化程度显著提升，大数据产业正在迅速发展，大规模应用正在广泛实施。

根据数据应用的深入程度，可以将大数据应用分为三个层次[3]。第一层是描述性分析应用，其主要包括从大数据中提取相关信息和知识，帮助人们了解事件的发展历程，揭示已经发生的事实。描述性分析通常用于挖掘历史数据，总结已发生的事件，并从中获取知识。第二层是预测性分析应用，它通过分析大数据中的关联关系和发展模式来预测事件的发展趋势。预测性分析依赖于历史数据模式，据此预测未来事件的发展趋势和结果。第三层是指导性分析应用，它在前两个层次的基础上，分析不同决策的后果，并对决策进行指导和优化。指导性分析利用大数据进行智能决策，帮助人们应对复杂情况。例如，无人驾驶汽车利用高精度地图数据和大量的传感器数据进行实时感知，预测车辆不同驾驶行为的后果，并据此指导车辆的自动驾驶。

大数据产业未来的发展趋势包括以下几个方面：①数据多样性显著增加，即数据来源、类型、格式和质量等将更加多样化，因此需要更加灵活和高效的数据处理技术。②数据价值增长，即数据的价值将更加凸显，需要更加精准和深入的数据分析技术来发掘其潜在价值。③数据安全的重要性增加，即数据的安全性将更加受到关注，需要更加完善和严格的数据保护技术来保障数据的安全。④数据智能化提升，即数据的智能程度将不断提高，需要更加先进和创新的数据应用技术来实现数据的智能化应用[4]。

大数据技术的发展将呈现以下几个趋势。

（1）数据来源扩大。随着物联网设备的普及和传感器技术的不断发展，数据的来源变得更加广泛。大数据技术能够处理更多种类和形式的数据，从传统的结构化数据到非结构化的文本、音频和视频数据。

（2）分析能力增强。随着人工智能和机器学习的不断发展，大数据分析能力将会变得更加强大。利用人工智能算法和模型，企业将能够更深入地挖掘数据中的价值。

（3）应用领域扩展。大数据技术将逐渐渗透到更广泛的领域，包括教育、农业、能源和制造业等。各行业将利用大数据技术来提高效率、创新产品和服务，以满足不断变化的市场需求。

（4）强调隐私保护和安全性。随着数据量的增长和应用范围的扩大，隐私保护和数据安全变得更加重要。必须采取适当的数据管理和安全措施，以确保用户数据的隐私和安全得到保护。

大数据技术的广泛应用正在深刻地影响着各个行业和社会的发展。借助大数据分析，企业可以更深入地了解市场、优化运营，并提供个性化的产品和服务。随着技术的不断进步和应用范围的扩大，大数据技术将持续发挥关键作用，并为社会带来更多的机遇和挑战。

大数据技术将迎来更广泛的市场应用：①在商业和市场营销领域，通过大数据分析，企业可以深入了解消费者行为、趋势和偏好，以制定更精准的市场营销策略。大数据技术可协助企业预测需求、优化定价，并改进产品和服务。②在金融和银行业领域，大数据技术的应用非常广泛，它能支持银行进行风险评估、欺诈检测和信用评分，提高金融机构的效率和安全性。同时，大数据还可应用于个人理财和投资决策。③在医疗保健领域，大数据技术有助于改善医疗服务和决策。通过分析大量的医疗数据，可以提供个性化的诊断、治疗和预防方案。大数据还能用于疾病监测、药物研发和健康管理。④在智慧城市领域，大数据技术可为城市提供智慧化解决方案。通过收集和分析城市数据，可以实现交通管理的优化、能源消耗的控制、环境保护和公共安全等方面的改进。

数据种类和数据量增多的原因主要包括：①传感器数量的增多。进行海洋水文数据采集的传感器遍布于各大洋，数量众多，各类传感器的急剧增加导致数据来源急剧增多，数据量也随之增大。②传感器类型的增加。传感器技术的进步使得对海洋的观测手段更加多样化，数据获取方式也因此显著增加，进一步扩大了数据的存储量。③长时间的数据采集。水文等海洋观测关键数据随时间和气候变化波动较大，需要长时间的数据采集来进行分析，长时间数据积累导致数据规模的急剧增大[5]。④采集通道数量的增加和数据采样率的提高。随着传感器技术和数据存储处理技术的不断提升，传感器的采集通道数量和规模不断增加，数据采样率的提高进一步增加了数据存储、传输和处理的压力。

1.2　海洋数据的内涵和分类

海洋是一个动态的、连续的、边界模糊的时空信息媒介，在探测设备和信息技术的不断进步下，海洋数据获取方式不断增加。这使得海洋信息的获取速度和精度也在不断提高，海洋数据的量也不断增加，已经呈现出海量的特征。海洋数据的获取方式多样化，且海洋观测要素多元化，导致海洋数据呈现出多样性的特征[6]。同时，海洋一直处于不断变化的状态，与大气和陆地有着密切联系，因此海洋数据表现出强烈的时空过程性。海洋数据的海量、多样、模糊和时空过程性等特征，使其成为典型的大数据范例。

海洋大数据是指为解决海洋相关问题提供支持的一系列资源、技术和应用。其中，海洋大数据资源包含与海洋决策问题有关的所有数据，通常这些数据的量巨大、来源广泛、类型多样。海洋大数据技术涵盖了数据资源的获取、存储管理、分析挖掘以及可视化展示等方面的技术手段。而海洋大数据应用则是利用海洋大数据资源和相应的技术来支持和指导海洋决策活动。

海洋大数据拥有“4V”的特征。“4V”包括海洋数据量（volume）巨大、数据类型（variety）多样、数据流动速度（velocity）快以及数据价值（value）高。数据量巨大是指随着探测设备和信息技术的不断发展，海洋信息获取的速度和准确度不断提高，导致海洋数据量日益增大，呈现出海量特征[7]。数据类型多样是指海洋数据获取手段的多样性和海洋观测要素的多元化，使得海洋数据类型呈现多类性特征。数据流动速度快是指随着全球海洋观测系统的不断完善，海洋数据更新频率越来越快，许多实时数据可实现秒级更新。数据价值高是指海洋数据本身所代表的物理机理，可用于开展海洋灾害（如海浪、潮汐潮流、风暴潮等）的预测、预警和预报工作。

海洋大数据还具备“5H”的特征。“5H”包括强时空关联（high correlation）、高耦合性（high coupling）、高变率性（high diversification）、多层次性（hierarchy）和高规律性（high regularity）。强时空关联是指海洋大数据具有清晰的时空属性和意义，各种数据和要素之间存在着明确的时间和空间上的相互联系。高耦合性是指海洋与陆地、大气、人类活动等相互作用复杂，彼此具有密切的相互关系。高变率性是指海洋环境瞬息万变，同一地点的同一要素在不同时间都在不断变化，多个要素之间相互作用，形成多变的环境和现象。多层次性是指海洋中存在着混合层、温跃层、温度锋、盐度锋、涡、内波等物理化学现象，呈现出四维的结构特征。高规律性是指从宏观角度来看，海洋水体环境、海洋生态等系统都呈现出月、季、年、年代际等周期性变化，导致海洋数据也呈现出多周期叠加的规律性。

海洋数据可通过海面、海底、航空航天等多种监测设备进行收集，涵盖了大量历史、不同尺度和不同区域的数据。在早期，由于技术限制和资源投入有限，海洋环境调查通常以年度或月度为周期，数据量相对较少。然而，近年来，随着长期定点观测设备的广泛应用以及大量专项调查的实施，尤其是“空、天、地、底”海洋立体观测技术的迅速发展，数据采集周期逐渐缩短。这一趋势推动了高精度、高频度、大范围的海洋数据的生成，数据量从 GB、TB 级别增长至 PB 级别，增长速度呈指数级。而遥感技术和浮标监测成为主要的数据获取手段，推动了海洋数据规模的急剧增长。

大数据和人工智能技术正在全球范围内引发深刻的地球科学研究变革。随着海洋观测数据规模的指数级增长以及数据计算分析能力的提升，海洋环境数据进入了大数据时代。

在联合国“海洋科学促进可持续发展十年（2021—2030）”计划中，数据和信息被认为是实现该计划目标的重要推动因素。为此，美国国家海洋和大气管理局制定了长期战略，着重于大数据和人工智能的应用。他们计划充分利用机器学习技术，以改善或替代现有的核心技术，从而提升预报和数据服务的质量[8]。

自 20 世纪 80 年代以来，国际社会持续推动全球化的业务化海洋观测，并实施了一系列重大国际合作计划。在这一进程中，我国也相继发射了多颗海洋观测卫星。我国针对近海和关注的大洋区域，陆续展开了海洋普查、专项调查、业务化海洋观测和海洋科学考察等活动。这些努力已经积累了大量的海洋环境实测数据、基础地理数据和海洋资源数据，并获得了超过 60 年的全球海洋再分析数据。

海洋数据的来源十分广泛，主要包括海洋调查、观测、检测、专项调查、卫星遥感以及国际数据交换。这些数据的质量和精度等方面存在着差异，涉及不同的技术标准和数据处理方法，包括监测技术、数据提取方法和模型、技术规范、仪器参数、鉴定分析和测试方法，以及数据的订正和校正等。海洋基础数据由各种专业手段获取，涵盖了多个学科领域，主要包括海洋水文、海洋气象、卫星遥感、海洋化学、海洋生物、海洋地质、海洋地球物理、海底地形、人文地理、海洋经济、海洋资源和海洋管理等。

海洋数据具备模糊性，主要体现在概念和边界的定义上。首先，海洋现象的动态特性导致一些概念无法像在陆地上那样清晰明确，这造成了概念上的模糊性。其次，海洋环境中水体边界通常是渐变的，因此，各种要素的分布也是一个渐变过程。海洋地理区域，如海陆交界的海滨湿地、海岸带、领海边界和大陆架等，其界线无法像陆地那样精确清晰。环境分级的界限也存在一定程度的模糊性，这种渐变过程不仅表现在空间维度上，还体现在时间维度上，往往无法通过人为划定来准确定义边界。

海洋相较于陆地更强调过程性，其时空过程性主要在海洋现象方面体现。这种过程性不仅存在于一定的空间范围内，还在时间上具有持续性，不同时间段的特征各异。在海洋环境中，不同时刻的特征也呈现出差异。海洋环境数据的时空过程性在海洋研究中具有重要意义。

在国内外先进技术的推动下，海洋卫星、浮标、观测台站、航空遥感等各种观测平台被广泛应用于海洋数据的收集。这些新型采集手段和技术的使用大大提高了海洋数据获取的效率，使得数据采集周期不断缩短。海洋数据库中的信息不断更新，数据的更新频率在不断提高，海洋数据的监测频率也在不断提高，甚至可以实现全天候的持续监测。随着遥感技术在海洋监测领域的广泛应用，数据采集的周期逐步缩短，甚至可以实现全天候每分钟一次的数据采集。

海洋数据的分类依据涉及多个方面，主要包括海洋资源的类型、海洋环境数据的要素以及海洋数据的获取方式。就海洋资源的类型而言，海洋数据可以分为海洋生物资源数据、海洋化学资源数据、海洋矿产资源数据、海洋能源资源数据和海洋空间资源数据等不同类别[9]。就海洋环境数据的要素而言，海洋数据可以分为海洋水文数据（如温度、盐度、海流、海浪、潮位等）、海洋气象数据（如海面气象、高空气象、太阳辐射等）以及海洋生物与生态数据（如叶绿素含量、初级生产力、浮游生物等）等。就海洋数据的获取方式而言，海洋数据可以分为海洋自然科学类大数据（包括海洋实测数据、海洋遥感数据和海洋模式数据等）、海洋地理信息数据以及海洋综合管理数据等不同类型。

1.3　海洋科学发展历程

现代海洋科学的发展经历了三个主要阶段。第一阶段是理论牵引阶段，这一阶段的许多重要理论都成功地解释了海洋中的物理现象，推动了人们对海洋的认识。尽管这一阶段缺乏观测数据，但所发展的理论基本上具有里程碑的意义。第二阶段是观测牵引阶段，各种观测手段逐渐成熟，包括海洋调查船、浮标、潜水器、遥感技术以及实时地转海洋学阵计划（array for real-time geostrophic oceanography，Argo）监测网络等。第三阶段是数据牵引阶段，随着观测技术的不断进步，海洋科学迎来了大数据时代。自 2008 年起，多个组织开始将“大数据”引入各个领域，“大数据”被定义为数据量增长速度快，无法用常规的数据工具在一定时间内进行采集、处理、存储和计算的数据集合。由于海洋数据的来源广泛、种类繁多，数据量已增至 PB 量级，时间分辨率跨越不同尺度，需要及时处理分析以支撑各种决策，因此海洋数据已成为“大数据”的典范。

然而，海洋大数据的特殊性质已经揭示了传统理论基础和技术手段的局限性。海洋数据具有两个与其他数据不同的典型特征，即时空耦合和地理关联。时空耦合指的是海洋大数据同时具有时间和空间属性，形成了多维数据[10]。尤其是随着观测技术的不断发展，数据采集的分辨率和频率都在不断提高。因此，数据分析过程需要同时从时间轴和空间轴两个维度进行分析，而在时间轴和空间轴上进行的分析因素又是多样的、高维的，这给大数据的分析带来了更大的挑战。地理关联意味着海洋大数据与其他大数据不同，它不具备随机性和偶然性，因为其地理属性具有近邻效应，相邻区域之间存在线性或非线性的关联。这形成了不同时间和空间尺度下的特征模式。

参 考 文 献

[1] 杨锦坤，韩春花，韦广昊，等. 自然资源信息化框架下海洋资源数据管理体系设计有关思考[J]. 海洋信息, 2020, 35(1): 12-17.

[2] 赵龙飞，付瑞全，姜晓轶，等. 海洋经济大数据智能应用系统建设研究[J]. 海洋信息技术与应用, 2024, 39(1): 31-40.

[3] 侯雪燕，洪阳，张建民，等. 海洋大数据：内涵、应用及平台建设[J]. 海洋通报, 2017, 36(4): 361-369.

[4] 张小燕. 科技创新引领新兴产业发展的理论、现状及建议[J]. 中国科学院院刊, 2024, 39(7): 1172-1182.

[5] 苏国辉，魏合龙，孙记红，等. 海洋地质信息化建设研究进展与展望[J]. 海洋地质与第四纪地质, 2024, 44(3): 71-81.

[6] 任焕萍，李一凡，张斌，等. 海洋科学数据汇聚共享服务平台建设[J]. 数据与计算发展前沿, 2024, 6(3): 92-98.

[7] 金晓斌，沈镭，黄贤金，等. 新质生产力赋能自然资源高质量管理：逻辑与路径[J]. 自然资源学报, 2024(9): 2011-2028.

[8] 钱程程，陈戈. 海洋大数据科学发展现状与展望[J]. 中国科学院院刊, 2018, 33(8): 884-891.

[9] 马文婷，邢文利，高若. 数字经济赋能海洋经济高质量发展[J]. 经济问题, 2024(6): 42-50.

[10] 刘鸿，徐华宁，刘欣欣，等. 海洋地球物理数据处理现状及展望[J]. 海洋地质与第四纪地质, 2024, 44(3): 40-52.

第 2 章　海洋大数据来源、获取与传输

2.1　海洋大数据来源

为了收集海洋大数据，需要使用各种感知设备，如遥感卫星、雷达、无人机、监测车和监测船等，对海洋进行长时间持续监测。这些感知设备通过海上互联网、无线电、卫星等通信手段，将收集到的数据传输至云端服务器。在云端服务器上，数据将被存储、分析和挖掘，然后提供给不同的海洋相关行业，以帮助它们提升服务水平和生产效率。

2.1.1　卫星海洋遥感技术

卫星海洋遥感，亦称为空间海洋学，是指通过卫星平台，利用电磁波与大气和海洋的相互作用原理，进行海洋的观测与研究[1]。空间海洋观测起源于 1957 年苏联发射的首颗人造卫星。1960 年 4 月，美国国家航空航天局（National Aeronautics and Space Administration，NASA）发射了首颗电视与红外观测卫星 TIROS-Ⅰ，后续发射的 TIROS-Ⅱ也开始涉及海洋观测。1961 年，美国的水星计划使宇航员能够在高空观察海洋。尽管这些计划主要是为了进行空间技术实验，但也展示了卫星观测海洋的潜力。首颗海洋实验卫星 Seasat-A 搭载了微波辐射计、微波高度计、微波散射计、合成孔径雷达和可见红外辐射计五种传感器，提供的海洋信息包括海表温度、海面高度、海面风速、海浪、海冰、海底地形、风暴潮、水汽和降雨等。1978 年，美国国家航空航天局发射了三颗海洋观测卫星，为海洋观测与研究提供了一种全新的技术手段[2]。

与传统观测手段相比，卫星具有诸多优势，如不受气候、地理环境限制，能够大范围、同步、多要素地进行观测。将卫星观测与传统手段结合，可实现较好的海洋立体观测。因此，海洋观测卫星备受重视，成为主要的观测手段之一。海洋观测卫星经过多年发展，已经从探索、试验阶段过渡到业务应用阶段。世界主要航天大国都拥有完善的海洋立体观测体系。卫星观测具有大范围、全天候、高时效等优势，成为海洋立体观测体系不可或缺的一部分。通过全面了解和管控海洋，发展海洋经济，维护海洋环境安全，建立完善的海洋遥感监测体系，拓展卫星和航空遥感的应用领域，可以显著提升对海洋的监控能力。

利用海洋水色环境遥感技术，可以通过水色卫星数据进行浮游植物藻华的多尺度变化及其调控机制研究，包括台风、中尺度涡、季风和短期气候振荡等不同的影响[3]。研究表明，台风不仅能引起表层和次表层浮游植物藻华，还能增加渔业资源，并引发跨陆架的物质输送。中尺度涡对南海浮游植物的时空分布及其粒级结构有显著影响。研究人员基于长期水色遥感叶绿素浓度数据，分析了海洋浮游植物的动态变化。

海洋动力环境遥感主要用于捕捉海洋动力环境的各种要素，例如海面风场、浪场、流场

和海冰等，同时也能获取有关海洋污染、浅水水下地形和海平面高度等信息。欧洲航天局（European Space Agency，ESA）在 1991 年 7 月和 1995 年 4 月分别发射了 ERS-1 和 ERS-2 卫星，它们是代表性的海洋动力环境遥感卫星。除了这些海洋卫星外，还有其他一些搭载海洋探测器的卫星，其功能主要集中在海洋水色、海表拓扑和海洋动力环境等方面。

2002 年，我国成功发射了首颗海洋卫星——海洋一号 A（HY-1A），之后又陆续发射了海洋水色［海洋一号（HY-1）系列］、海洋动力环境［海洋二号（HY-2）系列］和海洋监视监测［海洋三号（HY-3）系列］等卫星，还包括高分三号（GF-3）卫星。这些卫星的发射初步构建了海洋卫星组网业务化观测的格局。海洋卫星的多样化和数量化组网，有助于实现全天候、全球范围内的观测，获取高频次、周期性、长期、近实时的全球多尺度多要素海洋信息，且不受地理位置和人为条件限制。卫星遥感技术与地面海洋监测手段相结合，取得了以往单独使用地面监测手段无法达到的重要成果。这些成果彰显了卫星遥感在认识、研究、开发和利用海洋方面不可替代的作用，卫星遥感已经成为现代海洋观测的主要手段之一[4]。

我国在北京市、海南省、牡丹江市及雪龙号极地考察船上建立了海洋卫星地面接收站，这些站点能够实时接收卫星过境数据，并延迟接收全球其他地区的观测数据。此外，我国还建立了海洋光学定标场和万山定标场，这些定标场所获取的海上现场观测数据由海洋卫星数据处理中心进行处理、存档和分发。

自 20 世纪末起，我国开始发展海洋卫星，卫星载荷种类和型号日益丰富，地面站接收网络布局也初步建立。我国实现了从卫星探测规划、数据多站接力实时接收、快速数据传输、标准产品制作、数据定标与产品真实性检验到数据存档分发的全过程自主控制，形成了完整的生产链条，海洋卫星的业务化运行体系日渐完善，完成了从试验型向业务型的转变。

我国的海洋系列卫星获取了紫外、可见光、近红外、热红外、主被动微波遥感载荷等大量探测数据，数据覆盖全球，空间分辨率为 1m～50km，时间分辨率为 1～3 天，形成了多要素海洋遥感数据集[5]。这些遥感数据在海洋动力环境、海洋生态环境、南北极环境监测中发挥了重要作用，并在海岛海岸带、水体、极地遥感等专项调查及公众服务中取得了显著成效。

2.1.2　水声技术

水下声呐系统是一种利用水下声波进行目标检测、定位、跟踪和识别的设备。此外，声呐还被广泛应用于水下通信、导航、制导以及武器发射指挥和水下防御等领域[6]。总的来说，一切利用声波操作海洋目标的设备都可以被归类为声呐技术。与主动声呐系统相比，被动声呐系统不主动发出信号，因此无法被探测到，具有更好的隐蔽性。被动声呐系统主要通过分析目标发出的声波方向信息来确定目标位置，而不是通过主动发射声波进行距离测量。阵列声呐常用于接收目标发出的声音，并通过分析声音到达各个传感器的时间差或声波在阵列中的相位差来确定目标方向，实现目标的探测和跟踪。这种方法有助于降低探测系统的暴露风险，减少被敌方发现的可能性。声呐设备是实现对水中目标感知的重要工具，对于长期在水下进行观测的潜标和海面浮标而言，其获取的数据量十分庞大，对数据处理的要求极高。

2.1.3　海洋水文观测站

海洋水文观测站是地面海洋观测系统的关键部分，它利用多种传感器和设备实时监测海面状况、潮汐、海浪、风速风向、海水温度和盐度等信息。这些数据对研究海洋环流和气候变化等方面具有重要意义。

温盐深测量主要关注海水温度、盐度和压力的观测。20 世纪 60 年代以前，人们使用颠倒温度表、采水器、滴定管和机械式深温计等工具，后来采用电子式温盐深测量仪等设备。船只在航行中测量海水温度剖面数据，通常使用投弃式温深计，而空中遥感观测海水温度则使用红外辐射温度计。温盐深测量仪集成了测深、测温和测盐功能。

潮汐观测采用验潮仪（也称为水位计）来测量潮汐涨落的高度。主要的验潮仪包括浮子式、压钟式、压力式和声学式验潮仪，以及雷达测高仪等，它们通常分别用于岸边、外海和深海的潮汐观测。浮子式和压钟式验潮仪具有结构简单、易于使用和成本低廉的优点，但需要投入大量资金建造验潮井，因此更适用于需要长期测量潮汐的沿海地区。目前，浮子式和压力式验潮仪仍是主要采用的仪器。自 20 世纪 60 年代以来，利用卫星雷达技术进行大范围潮汐测量已经成为潮汐观测技术的重要进展，但传统的岸边潮汐观测仍依赖传统的验潮仪。

过去海浪观测主要依赖目测方法，而现在则更多地借助各种仪器来进行观测。目测方法通常由观测员通过目测或通过岸边的测波仪望远镜观测海面情况，根据海浪的形状、破碎程度和浪花的数量来评估海况等级。观测员通常会记录 10 个显著波的波高和周期，并取其平均值作为有效波高和对应的有效波周期。仪器测波的常用仪器包括测波杆、光学测波仪、压力测波仪、声学测波仪以及加速度计测波仪等。这些仪器测波方法主要分为船只测波和锚碇测波两类。船只测波通常使用浮球式加速度型测波仪，而锚碇测波则常用声学测波仪和重力测波仪。

光学测量主要包括海水透明度、水色和海发光等的观测。常用的海洋光学测量仪器有透明度计和水色计，用于监测海水对光线的吸收以及海洋自然光场的强度。

海冰观测通常在调查船或飞机上进行。浮冰观测的要素包括冰量、密集度和冰型等，固定冰观测的要素则主要为冰型、冰厚和边界。除了冰厚通常使用冰钻和冰尺进行测量外，其他参数通常采用目测方法。

风的观测一般通过在海上建立测风塔，分层安装风速和风向传感器进行测量。为了满足风资源评估的需要，还会辅助观测气温、气压和湿度等。近年来，随着海洋工程逐步向深远海发展，测风塔的建设成本较高，激光雷达和三维超声波等新型测风技术得到了越来越广泛的应用。

近年来，由于利用了岸基雷达以及先进技术如高频地波雷达、X 波段雷达、相机云台、波浪滑翔器和固态测波雷达等，海洋水文气象动力要素监测逐步得到了广泛应用。随着遥感技术、浮标、潜标等在海洋监测中的应用，海洋水文要素观测方式发生了重大变化，实现了大范围、长期、重复的海洋监测。利用计算机对各种观测手段获取的海洋水文资料进行处理和管理，成为现代海洋水文观测的关键环节。根据不同的海洋环境和研究目标，搭载漂流浮标、潜标、定点综合观测浮标等综合水文气象观测仪器或传感器，利用计算机采集与控制技术、数字传输与处理系统的强大功能，将各种测量仪器有机结合，形成高度自动化、模块化的海洋水文气象综合观测系统。这种系统能够长期连续自动观测和采集海洋水文气象数据。2015 年 12 月 16 日，中国海洋技术研究部门在“西太平洋中南部水体综合调查冬季航次”中搭载“东方红 2”科学考察船，在西太平洋完成了 5 个月的海上专项调查[7]。2017 年，在“西太主流系潜标观测网维护及升级”中，中国开始在热带西太平洋布放立体综合观测浮标，该系统每套基本可稳定运行 1 年，数据接收率超过 99%。2020 年 1 月，中国第 36 次南极科考队搭载“雪龙 2”极地考察船成功布放了国家海洋技术中心自主知识产权设备，包括感应耦合式表面漂流浮标和海气界面漂流浮标。

2.1.4　无人机和无人船

无人机和无人船配备各种传感器和测量设备，可用于海洋数据收集，能够实时监测海洋表面温度、盐度、流速和水质等信息[8]，这些测量手段具备低成本、高灵活性和可重复使用的优势，但也存在一定的误差和局限性。

海洋生态调查是了解海洋生物多样性和生态系统功能的关键方法。传统的海洋生态调查通常需要借助船只和潜水器等设备，不仅成本高昂，而且操作烦琐。然而，随着无人机的出现，这种情况发生了改变。通过搭载高清摄像头和多光谱传感器等设备，无人机能够在空中全面监测海洋生态。它可以飞越海面，实时捕获海洋生态的图像和数据。借助图像处理和数据分析技术，无人机可以快速识别海洋生物的种类和数量分布，从而了解海洋生态系统的健康状况。此外，无人机还可以通过高空俯瞰的视角观察海洋表面的浮游植物和海洋生物的迁徙情况，为海洋生态研究提供重要的参考。

海洋污染是当前全球面临的重大环境问题之一。传统的海洋污染监测依赖船只和固定观测站，受到时间和空间的限制。而无人机可以通过搭载各种传感器，对海洋污染进行远程监测。例如，配备高分辨率摄像头和红外热像仪的无人机能够检测海洋表面的漂浮物和油污等污染物，及时发现污染源和判断污染程度。此外，无人机还可以搭载气体检测仪等设备，对海洋上空的气体浓度进行监测，快速识别潜在的污染物。利用无人机的快速响应和灵活性，可以实现对海洋污染的及时监测和预警。

海洋气象观测是了解海洋气象条件和评估海洋风险的重要方法。传统的海洋气象观测依赖于船只和浮标等设备，受到时间和空间的限制。而无人机可以搭载气象传感器和风速计等设备，对海洋气象进行近距离观测。无人机能够飞越海面，实时收集海洋气象数据，包括风速、风向、气压和温度等参数。利用无人机的快速响应和灵活性，可以实现高时空分辨率的海洋气象观测，为海洋气象预报和海上交通安全提供重要参考。

2.2　海洋大数据获取方式

研究人员可以通过光、声、电、磁以及生物、化学等传感机制，来获取目标或海洋环境信息，包括海洋动力、生态、地质、气象等方面的数据。

1. 水下目标探测技术

水下目标探测主要依靠声学手段，分为主动和被动两种方式，分别对应目标的反射回波和辐射噪声。传感器通过某些材料在电场或磁场作用下发生伸缩的压电效应或磁致伸缩效应，实现声电转换。通常使用声基元阵列和时间相关运算来获得空间和时间增益，从而提高水下目标探测的距离。为了进一步提升检测的信噪比，研究人员还在水下声传播利用、背景噪声和混响抑制等方面采用了多种信号处理技术[9]。

2. 水下传感器技术

近年来，获取水声场中质点振速信息一直是理论和实践上广受关注的问题。美国和俄罗斯的学者率先研究了矢量水听器（这种装置可以获取水声场中除声压外的质点振速信息），并发展了相应的波束形成技术。国内学者自 20 世纪 90 年代起开始借鉴俄罗斯和乌克兰的矢量水听器技术，对非声学传感器和光纤水听器进行研究[10]。无论是声学还是非声学传感器，只要其自噪声远低于海洋噪声，就可用于感知微弱信号。因为在信号检测中，一个关键因素是信噪比是否足够高。当然，在水下目标探测中，声学传感器仍然占主导地位，尤其在拖曳线列阵声呐的应用中，需要小型、低频、宽带的水听器，此类水听器具有高电压灵敏度和低加速度灵敏度。

3. 海上目标探测

合成孔径雷达图像能够有效探测和跟踪海上目标（如船只、溢油、冰和冰川），并已成为复杂气候条件下海洋船只监控的主要技术手段，对海洋经济和国防军事等领域具有重要作用。近年来，随着高分辨率、短重访周期光学成像卫星的发射以及海洋超视距雷达的快速发展，基于光学遥感图像和海洋超视距雷达数据的海面目标探测技术也迅速发展，成为合成孔径雷达图像海面目标探测技术的重要补充。

4. 海洋环境遥感遥测

海洋环境的远程、广泛观测包括对海表层的电磁波/光波遥感和对海表层以下的声学遥测。海洋遥感通过星载或机载传感器对海洋进行远距离非接触观测，以获取海洋景观和相关要素的图像或数据，这一地球环境监测技术已经得到广泛应用。然而，对于大范围水体性质的声学测量理论与方法仍处于研究阶段。海洋光学探测是利用光学技术获取海洋信息的一种手段，它涉及多个学科领域，如光学、海洋学、光电子学等。其主要研究内容包括光与海水的相互作用、海洋的光学性质、光在海洋中的传输规律，以及利用光学手段探测海洋的理论、技术与方法等。

2.3　海洋信息传输

信息传输在海洋中有两种主要方式：有线和无线。有线传输主要通过海底光缆进行，而无线传输在水面上主要使用电磁波，在水下则依赖声波作为载体，特定条件下光波也有重要应用。由于海水介质的独特性及其随机时空变特性（如海流、内波、海浪、潮汐、海冰和台风等），海洋信息传输面临着高技术要求。在水下，电缆或光缆布放范围受限，因为它们造价昂贵、维护困难、节点无法移动且适用范围有限。要实现大范围的信息传输和组网，必须使用无线方式。

电磁波在水中迅速衰减，即使在较低频带（如30～300Hz），也只能穿透约100m深的海水，且通信速率很低。然而，450～570nm的蓝绿光波段损耗较低（比相邻波段低3～4个数量级），使得在100m以内进行高速水下光通信成为可能。目前声波是唯一能够在水下实现远距离无线传输的信息物理载体，声场是水下传播最远的物理场，成为水下组网信息传输的首选。然而，声波频率低、工作带宽有限、传播时延大，且受海洋环境和噪声的影响，水声信道通常呈现多径效应、频率色散和强时变性，导致严重的信号衰落。水下环境条件恶劣，水下设备操作困难，且水下设备的功率受限。

随着人类海洋活动的增加，海洋技术、海洋应用和海洋科学领域对海洋信息传输提出了重大需求。水下互联互通技术是确保复杂智能水下系统正常运转的关键。海上灾害预警、海岸警戒、海上勘探、海上污染监测和海洋科学研究等都需要将水下数据实时或准实时传输至水面，再转发至岸基或互联网。因此，海洋信息传输技术成为近年来研究较为活跃、发展较快的领域之一。

水声信道的显著特点包括有限的可用带宽、明显的多径扩展、快速的信道变化和突发的信道噪声。水声信号的传输损失、噪声和混响会影响传输距离、可用带宽及接收信号的信噪比，从而决定水声信道的容量。水声通信的可用带宽受限，并且传输距离越远，可用频带越窄。目前典型的商用水声通信设备的带宽通常为几千赫兹，通信速率大约在1kbit/s。收发双方的空间位置也是影响通信链路质量的重要因素，水声通信中可能存在无连通区，即使接收端在通信范围内，也可能由于没有声线到达而无法实现有效通信。

水声信道的时变性来源于两个方面：一是水体传输媒介自身的变化引起的信号衰落，二是收发器相对运动引起的多普勒频移甚至多普勒尺度变化。水体传输媒介的变化包括季节性和每天不同时段的声速剖面变化引起的大尺度慢衰落，以及水面波浪散射引起的小尺度快衰落。严重的多普勒效应是水声信道区别于陆地无线信道的重要特征，多普勒尺度变化导致需要对信号进行重采样和相位补偿。

为了改进系统性能，对水声信道的大尺度慢衰落和小尺度快衰落的建模与估计分别采用自适应功率控制与调制以及自适应信道估计与均衡等信号处理方法。

2.4　海洋大数据内容

世界各主要海洋国家都有专门负责数据处理和管理的海洋数据中心。例如，美国国家航空航天局的地球观测中心建立了地球观测系统数据和信息系统，采用分布式开放的系统架构来存储和管理所有数据。欧洲航天局也建立了基于任务的分布式存储数据中心。中国目前的海洋卫星遥感数据存储采用由千兆交换机连接的网络附接存储（network attached storage，NAS）三级存储体系，主要使用磁盘阵列和光盘存储。国外的海洋大数据存储采用逻辑上集中、物理上分散的分布式服务器集群架构，而国内的海洋大数据存储仍主要是地域上的集中式服务器存储。随着数据量的增加，在线存储资源有限，难以实现动态扩展和灵活配置，离线数据获取耗时长，无法在线直接访问任意数据。

在信息挖掘过程中，海洋大数据已经从传统的经验模态正交法发展到具有时空解耦特性的四维谐波提取法。然而，由于海洋大数据的时空耦合及地理关联特性，传统的数据挖掘算法难以有效地进行时空解耦和地理分解。因此，改进和调整挖掘算法成为确保海洋大数据科学全链条顺利运作的关键。

利用科学可视化技术展示海洋数据，并进一步利用可视化分析技术挖掘时空数据规律，是实现从感知到认知的关键。海洋矢量场的可视化算法包括图表法、几何法、纹理法和拓扑法等。在多变量特征提取和二维时空可视化方面，标量场可视化算法取得了重要成果。然而，海洋数据量的不断增加，对可视化表达方式和处理效率提出了更高的要求。我们需要真实反映数据特性的表达方式，并提供系统的承载和处理能力，以提高数据的更新和绘制速度。

海洋大数据的应用为海洋经济的发展提供了重要支撑。目前，各国都在积极投入建设“数字海洋”，为构建“智慧海洋”平台奠定基础。例如，美国和加拿大推出了“海王星”计划，非洲沿海 25 国建立了“非洲近海资源数据和网络信息平台”，中国推出了“iOcean”平台。中国的海洋卫星产品在全球赤潮/绿潮监测、海冰监测、渔业生产和水质调查等方面得到广泛应用。

参 考 文 献

[1] 刘鸿, 徐华宁, 刘欣欣, 等. 海洋地球物理数据处理现状及展望[J]. 海洋地质与第四纪地质, 2024, 44(3): 40-52.

[2] 孙从容, 张颖, 林明森, 等. 海洋系列卫星 AIS 数据分析和典型应用[J]. 卫星应用, 2024(4): 54-60.

[3] 高佳欣, 林昱坤, 涂耀仁, 等. 遥感反演技术应用于监测地表水体水质参数的现状与展望[J]. 遥感信息, 2023, 38(6): 1-14.

[4] 李欢, 万玮, 冀锐, 等. 中国卫星遥感地表水资源监测能力分析与展望[J]. 遥感学报, 2023, 27(7): 1554-1573.

[5] 刘建强, 叶小敏, 宋庆君, 等. HY-1C/D 海洋水色卫星产品体系及其典型应用[J]. 遥感学报, 2023, 27(1): 1-13.

[6] 刘新宇, 周恒, 葛锡云, 等. 水下无线通信装备发展研究[J]. 中国工程科学, 2024, 26(2): 38-49.

[7] 王军成, 厉运周. 我国海洋资料浮标技术的发展与应用[J]. 山东科学, 2019, 32(5): 1-20.

[8] 胡钊政, 万金杰, 孟杰, 等. 船载运维机器人关键技术与展望[J]. 中国航海, 2024, 47(2): 134-144.

[9] 陈旭光, 寇海磊, 牛小东, 等. 深海水下技术装备发展研究[J]. 中国工程科学, 2024, 26(2): 1-14.

[10] 黄裕嘉, 王建, 周杰瑞, 等. 振速型矢量水听器设计[J]. 声学与电子工程, 2024(1): 24-27.

第3章 智慧海洋

3.1 智慧海洋的概念

智慧海洋项目以完善的海洋信息采集和传输系统为基础，依托自主、安全、可控的海洋云环境，将海洋权益、管控和开发三个领域的装备和活动进行系统整合，利用工业大数据和互联网大数据技术，实现海洋资源共享、海洋活动协调，挖掘新需求，创造新价值，最终实现智慧管理海洋的目标[1]。智慧海洋工程是“工业化+信息化”在海洋领域的深度融合，也是军民深度融合和全面提升海洋管理能力的整体解决方案。狭义的智慧海洋包括感知采集系统、数据传输系统、云端服务器和应用服务窗口四个方面。广义的智慧海洋将智能化信息技术与海洋活动相结合，是“互联网+”时代的海洋形态，也是日益成熟的陆地智慧产业向海洋领域的扩展。

采用新一代信息技术为海洋产业赋能，推动向海经济发展，是实施建设世界海洋强国战略的重要举措和积极探索。信息化技术提升了海洋相关产业的开发能力。“智慧海洋”的建设为海洋经济注入了新动力，帮助我国探索以国家为主导、以企业为市场主体、创新驱动和合作发展的经济增长模式，同时实现了海洋渔业、海洋交通运输、海洋科学研究、海洋油气开采及海洋旅游等产业的跨界融合，贯通了海洋信息领域从信息感知、信息传输、大数据处理到创新应用的整个链条。

智慧海洋工程以“体系建设”理念为指导，强化从海洋信息采集到应用的纵向主线，打通涉海部门、单位和主体之间信息共享的横向主线。从整体体系建设出发，形成国家统一领导、军民融合发展的新型海洋体系，实现信息互联互通、优势互补，成为国家治理体系创新的一部分。通过信息提升效能，以效能推动发展，逐步将海洋经济打造成国民经济增长的新引擎。探索“互联网+海洋”的新型发展模式，通过“国家投入+产业增长+商业增值”的循环发展，构建可持续发展的商业生态系统[2]。实现对管辖海域的全面覆盖和立体化管控，保障国家海洋安全，建立海洋军警民联动机制。为海洋开发和海上丝绸之路提供自主可靠的信息保障，增强海上维权执法和应急救灾能力，打造和谐稳定的海洋环境。智慧海洋产业结构依托国家体系顶层设计，践行陆海统筹发展理念，进行系统规划、资源配置与协调，在国家层面统筹发展规划、组织管理与产业布局。

根据任务分工，相关产业布局将围绕智能海洋资源开发、智能海洋经济发展、智能海洋生态环境保护和智能国家海洋权益维护四个重点内容展开。

1. 智能海洋资源开发

海洋矿业涵盖了海滨砂矿、海滨土砂石、海滨地热、煤矿开采和深海采矿等采选活动，其产业链上游涉及海洋工程、海洋建筑、海洋机械、海洋资源监测和海洋矿产开发等行业，下游则主要涉及化工、金属加工和砂石加工等领域。目前，我国在海洋矿产资源开发利用方面仍面临诸多问题，如资源浪费、资源开发不当、技术落后、生产效率低下，以及周边国家抢采资源引发的海域争端等，这些问题在一定程度上制约了我国海洋矿业的发展。为了建设海洋强国和加速新能源产业发展，我国亟须提升海洋空间安全、资源安全和环境安全，这也增加了对海洋矿产开发装备研究的迫切需求。

开发和利用海洋能源，协调推动海洋能源绿色低碳发展是建设海洋强国的重要组成部分。《中国海洋能源发展报告 2022》指出，在新形势下，海洋能源将成为社会发展的重要动力来源，海上油气生产已成为必不可少的能源增长极[3]。2022 年，全球海洋油气勘探开发投资大幅增加，中国海洋油气产量再次创下新高，海洋石油将贡献全国石油增产量的一半以上。气候变化与地缘政治危机的叠加，使各国更加坚定能源转型目标，纷纷出台更具雄心的可再生能源发展计划，以海上风能为主的海洋能源成为各海洋国家发展可再生能源的重要支柱。

2023 年 10 月，作为渤海油田的主要油田之一，中国海油的秦皇岛 32-6 油田在融合北斗和物联网技术的基础上，开始使用北斗卫星定位系统进行物资运输的实时跟踪。这一系统的应用标志着渤海油田在实现数字化转型方面迈出了重要一步，同时也是北斗技术与产业加速融合的创新实践。作为我国首个海上智能油田，秦皇岛 32-6 油田在过去的几年里通过物联网技术在平台上安装了 400 余个智能摄像头和 26000 多个数据自动采集点，实现了 24 小时实时获取生产数据，每秒可采集超过 10 万条数据。这些实时的生产数据被汇总形成了大数据，从而实现了预警诊断、主动优化和辅助决策等智能化管理。该油田将高质量发展的要求贯穿于新型工业化的全过程，现已实现安全、油藏、注采和设备设施的智能化管理及远程操控管理，完成了海上油田的少人化和无人化等多方面升级，为推动海上油田助力中国式现代化提供了重要参考。

2. 智能海洋经济发展

海洋一直是保障粮食和营养安全的重要领域。突破陆域空间限制，充分挖掘海洋在食物供给方面的巨大潜力，建设“蓝色粮仓”，从陆海统筹的角度拓展粮食生产空间，是在新形势下构建国家粮食安全战略的重要任务，也是建设海洋强国的重要内容。

智慧海洋利用雷达、无人机、卫星等监测技术，可以高效、准确地采集各种海洋数据，再通过高速数据传输网络将这些数据传送至云端服务器。云端服务器可以解析并深入挖掘这些数据，生成分析结果，并根据所服务的涉海行业进行输出，帮助这些行业获取有价值的信息，辅助决策的制定和调整。

智慧海洋旨在将新一代技术应用于海洋开发、利用和环保领域，使人类能够更科学地利用海洋资源。具体而言，智慧海洋可以精准采集海洋数据，并将其应用于海洋执法、渔业生产和生态保护等领域，促进海洋相关产业的发展。

智慧海洋代表了人类在新时代开发、利用和保护海洋资源的新模式。随着科学技术的进步，大数据技术已经深入应用于多个行业，影响着行业的发展方向和速度[4]。时代的发展和技术的进步对各个行业提出了新的要求，海洋行业也不例外。将新一代技术引入海洋行业，推动其智能化和信息化建设，已经成为不可逆转的时代潮流。

经过多年的发展，我国海洋信息基础设施建设已初具规模，逐步建立了海洋环境观测系统，拓展了海洋资源综合调查的手段和范围，资料获取能力和数据量大幅提升，观测范围覆盖了近岸、近海、大洋和极地。

新技术正在改变各个传统产业，“智慧海洋”因此被寄予厚望。在新一代信息技术、海洋观测技术和海洋装备进步的推动下，海洋经济正在经历蜕变和升级，迎来新的产业机遇。海洋发达国家通过加强新一代信息技术和装备在海洋领域的应用，增强了海洋科学研究能力，提高了决策的科学性，拓展了海洋战略利益空间。我国正加速推进海洋信息基础设施和平台建设，智慧海洋不仅是现代海洋产业体系的前沿，也是新的产业发展空间和经济增长点。

与世界上海洋发达国家相比，我国在海洋信息观测建设方面总体上能力不强，海洋观测和开发的核心装备“硬实力”不足，海洋信息处理的“软实力”也不够完善。随着云计算、大数据和人工智能等新一轮信息技术在各领域的深入应用，各行业的信息化都经历了深刻变革，智慧国土、智慧城市、智慧交通、智慧医疗等一系列与智慧相关的解决方案和工程相继落地，并对人类生产生活产生了深远影响。目前，我国海洋强国战略和国家信息化战略正稳步推进，海洋信息化发展已进入一个大有作为的重要战略机遇期。在新形势下，加快推动以智慧海洋带动海洋信息化深入发展，是顺应国际国内趋势、抓住机遇、建设海洋强国的必然选择。

多年来，我国在海洋事业的发展上取得了显著成就，涵盖了海洋科技、治理、经济和文化等多个领域。然而，这些成就仍难以满足供给侧结构性改革、创新驱动发展和海洋强国建设等重大战略需求[5]。因此，有必要利用新一代信息技术，建立以智能化海洋信息基础设施为核心的海洋信息体系，加快海洋核心智能科技的创新研发，实施智慧海洋工程。这样可以为海洋资源开发利用、海洋经济发展、海洋生态环境保护和海洋权益维护提供全面的信息感知、无处不在的通信保障和精准的智能决策服务，创新海洋治理体系，增强全球竞争力，从而全面提升对海洋的认知和管理能力。随着智慧海洋大数据技术的不断成熟，越来越多的海洋行业开始向数字化、智能化的全新运营模式转型，而在这一过程中，智慧海洋大数据提供的数据支持是不可或缺的。

3. 智能海洋生态环境保护

海洋科考装备具有高精尖技术集成度高、多学科交叉紧密等特点，在海洋装备中具备前瞻性和引领性。海洋科考装备能够衡量海洋科研创新技术水平，反映科研基础设施建设能力，该类装备的技术突破将带动其他海洋装备的创新发展，以满足海洋防灾减灾、海洋环境保护、海洋资源开发和海洋安全保障等相关领域的需求。海洋科考装备经历了从“机械装备为主”到“计算机和自动化为主”，再到“逐步迈向集成化、无人化、智能化和网络化”的发展阶段。其种类繁多，分类方式多样，既包含各种运载平台，如科考船、潜水器和浮标潜标，也包含实现具体科考功能的各类探测设备和传感器。此外，由多种装备共同组成的观测网络系统也属于海洋科考装备的范畴[6]。

随着全球气候变化和人类活动的影响，海洋生态系统受到了严重破坏。为了保护海洋环境，全国人民代表大会于 2023 年 10 月 24 日第三次修订了《中华人民共和国海洋环境保护法》，并于 2024 年 1 月 1 日起正式实施。该法的重点内容之一是对海洋环境进行分区管控。智慧监测系统的建设是基于海洋环境保护的迫切需求，通过现代科技手段，实现对海洋环境的全方位、实时监测和预警。通过数据的收集和分析，可以及时发现和解决环境问题，预防环境灾害的发生，维护海洋生态系统的健康和稳定。

我国是全球海洋生物多样性较为丰富的国家之一。修订后的《中华人民共和国海洋环境保护法》进一步强化了对海洋生物多样性的保护，完善了调查、监测、评估和保护体系[7]。该法规定，在开发和利用海洋及海岸带资源时，必须有效保护重要海洋生态系统、生物物种及生物遗传资源，防止破坏海洋生物多样性。同时，对引进海洋动植物物种需进行科学论证，以避免对海洋生态系统造成危害。此外，该法还加强了海洋环境质量的管控，严格管理海域排污许可，提升重点海域的环境质量。明确规定，排污许可管理的主体应严格遵守排污许可证的要求，并要求排污口的责任主体加强监测，按规定进行监控和自动监测。该法还要求建立和完善近岸水体、入海排污口、排污管线和污染源的全链条治理体系，制定入海排污口设置和管理的具体办法及技术规范，并组织建设统一的入海排污口信息平台。

4. 智能国家海洋权益维护

维护海洋权益事关国家利益，世界各国尤其是沿海国家，都高度重视海洋权益，将其视为核心利益。近年来，随着人工智能的再次蓬勃发展，无人系统作为体现智能特征的主要领域之一，迅速崛起并成为大势所趋。

我国管辖海域广阔，维权执法战线长，维权范围涵盖空中、水面和水下的立体空间，维权海域的环境和气象恶劣多变，现有装备难以满足海洋维权需求，在人员有限的情况下，更难实现对管辖海域的全覆盖、无盲点监控。无人装备凭借其独特优势，能够在恶劣海况等条件下开展全天候维权任务，有效应对广阔海域、复杂环境和长时间作业的挑战，提高海洋维权的持续性和覆盖范围，保障海洋维权能力的提升。

在我国管辖海域内，维权执法对象的密度分布不均，涉及人员复杂且数量庞大，情报获取和人员管控的难度都很大。目前配置的有人维权装备，难以应对复杂的海洋维权场景。随着海洋装备技术的不断进步，各种新型海洋维权目标不断涌现，例如空中、水面和水下的无人平台、跨域无人平台、水下预置平台、海底基阵和线缆等。传统的海洋维权装备难以有效应对这些新型目标，处理手段不足。

无人装备可以搭载各种感知设备，对巡航海域进行监控和探测，结合人工智能和大数据技术，实现情报的自主获取和分析。无人系统自主运行能够实现对可疑目标的查证和轨迹跟踪，有力支持对复杂维权对象的管控，提高海洋维权的效率和效果。

无人机通常具备优良的机动性、强大的生存能力、低廉的运行成本，并且人员伤亡风险较低，应用范围广泛。通过迅速更换载荷，它们可以在辽阔的海域执行国土安全、搜索救援、执法和海洋环境保护等任务。水下无人航行器能够适应复杂多变的水下环境，执行水下侦察、快速机动、物证打捞和排爆作业等任务。随着无人化智能装备水平的不断提升，利用这些装备进行海洋维权行动，可以有效应对日益增多的突发海洋维权情况，增强维权力量，并丰富维权手段。

3.2 智慧海洋的发展历程

智能海洋是基于海洋数字化和透明化，利用智能信息技术和前沿的海洋装备技术，发展成的高级海洋智能形态，是海洋信息化发展的必然趋势。智能海洋的建设可概括为海洋综合传感网络的建设、海洋信息通信传输网络的建设、海洋大数据云平台的建设、海洋信息智能化应用服务的建设以及海洋技术装备的发展。智能海洋的提出能够有效解决复杂的海洋信息整合问题，同时改善海洋管控与开发方式，提高海洋经济发展的质量。

1. 数字海洋

1999年，中国的海洋专家将“数字地球”的概念与海洋实践结合，提出了“数字海洋”的构想。2003 年，中国正式启动了数字海洋信息基础框架项目。“数字海洋”的核心理念是将大量复杂的海洋信息转化为可量化的数据，然后利用这些数据来构建数字模型，使其成为可计算和存储的对象[8]。因此，数字海洋被视为海洋信息化发展的基础，通过卫星、遥感飞机、海上探测船、海底传感器等进行综合、实时、持续的数据采集，将海洋的物理、化学、生物、地质等基础信息整合到一个“超级计算系统”中，使海洋成为人类开发和保护的最有效虚拟视觉模型。为了在海洋竞争中获得信息优势，美国、英国、法国、德国、俄罗斯、日本等国家将科研尖端力量和大量资金投入“数字海洋”项目。例如，美国和加拿大制定的“海王星”计划等已经初步实现应用[9]。非洲沿海的25个国家也联合建立了“非洲近海资源数据和网络信息平台”。

2. 透明海洋

在“数字海洋”项目的基础上，吴立新院士提出了“透明海洋”的工程概念。“透明海洋”旨在实时或准实时地获取和评估特定海域内不同空间尺度的海洋环境信息，分析其多尺度变化及其对气候和资源的影响机制。基于这些数据，能够预测未来特定时间段内海洋环境、气候及资源的时空变化，从而实现对目标海域“看得清、查得明、报得准”的目标。

3. 智慧海洋

中国船舶工业系统工程研究院提出了基于系统工程方法的智慧海洋工程理念。智慧海洋建立在完善的海洋信息收集和传输系统之上，并依托自主可控的海洋云环境，运用工业大数据和互联网大数据技术，系统地将装备和活动整合到海洋权益、管理和开发三个领域。通过这种方式，实现海洋资源共享，协调海洋活动，挖掘新的需求，创造新的价值，从而达到智慧管理和开发海洋的目标。

3.3 智慧海洋的特点

海洋装备作为智慧海洋的重要组成部分，将依托智能海洋信息平台和资源平台，实现与人工智能技术的深度融合。未来的海洋装备将具备以下特点。

（1）未来的载人海洋装备将趋向智能化、少人化和超能化。传统的海洋装备将在机械化和信息化的基础上向智能化发展，通过加载智能模块，增强其感知、识别、控制、判断和决策等能力，从而提升装备的自主性，减少对人力资源的依赖。对现有海洋装备进行适应性改造，使其能够高效搭载无人平台，并具备出动和回收的保障能力，将进一步扩展海洋装备的作业范围和能力。

（2）未来的海洋无人装备将具备智能化、全域覆盖和低成本化的特点。大量研发和装备无人自主海洋设备将大大拓宽海洋装备的应用领域，提升其性能。无论是深海还是高空，无论是长时间航行、大深度航行还是长期部署，无人自主装备将显著扩展海洋装备的应用范围，同时大幅降低其制造成本[10]。

（3）未来海洋装备的运维环境将呈现智能化、跨域化和在线化的特点。依托智慧海洋，海洋装备将建立起覆盖海洋、空中、太空、海底和陆地的多维空间，具备跨域协同和全时保障的信息交互与运行维护平台。海洋装备的制造数据、运行数据和维护数据，以及海洋环境的气候、洋流和地形数据将实现互联互通，并通过人工智能技术进行挖掘、整理和预测。在智慧海洋环境中，海洋装备的智能水平将通过在线学习不断提升。

“人工智能＋海洋装备”采用了两种实现方式：装备智能化和智能化装备。装备智能化是指将人工智能算法有机嵌入现有海洋装备系统中，以提升其识别、推理、判断、决策、控制和环境适应能力。智能化装备则是指具备感知、分析、推理、决策和控制功能等智能特征的设备。装备智能化是对现有装备的后期改造，而智能化装备则是从设计阶段起就具备智能特性。装备智能化的关键在于适配装备的智能模块，这些模块具有感知、推理、学习和行动等功能。智能化装备则以无人系统为典型代表，具有高度自主性。

人工智能赋能海洋装备，提升其智能化水平体现在以下几个方面。

（1）物理域的智能化。通过将人的智慧、经验和控制规则等知识以智能模块或软件的形式嵌入海洋装备，增强其感知、机动和环境适应能力，同时促进无人艇、无人机、无人潜航器等智能无人平台的发展，以及装备智能制造和自动诊断修复系统的构建。

（2）信息域的智能化。将人工智能应用于海洋装备的感知、侦察、目标指示等信息的获取、处理、共享和对抗各个环节，扩大信息收集范围，加快处理速度，提升信息质量，并丰富信息对抗手段。

（3）认知域的智能化。为海洋装备的航路规划、指挥控制、维修保障等方面引入类似人脑的分析、判断、决策和学习机制，增强态势感知、情况判断和辅助决策能力。

（4）社会域的智能化。将人的智慧与机械的精确性有机结合，实现人与人、人与装备、装备与装备之间的深度融合、共享感知和行动协同。

智慧海洋领域的智能化涵盖以下几个方面。

1. 感知智能化

“看得清、听得远”是提升海洋装备性能的重要指标。海洋装备通常利用雷达、声呐和各种成像设备来感知电、声、光的变化，从而了解周围环境。因此，提升雷达、声呐及视觉感知设备的智能化水平，可以增强海洋装备的感知能力。

（1）雷达智能化。雷达智能化包括处理智能、系统智能和体系智能三个方面。处理智能通过数据挖掘实现特征提取，利用深度学习实现目标识别，依靠强化学习进行干扰对抗，并通过视觉认知实现检测跟踪。系统智能能够实现电子战博弈对抗、雷达知识库生成、在线强化策略优化和雷达无人自主控制。体系智能则能够实现射频综合探测、多源信息融合、雷达群体智能和战场态势生成。

2007 年，美国提出了基于知识辅助的认知雷达系统架构。2015 年，美国国防部高级研究计划局（Defense Advanced Research Projects Agency，DARPA）启动了“在竞争环境下目标识别与适应”项目，该项目利用智能识别技术进行目标和环境特征提取与模式识别，从而实现雷达对非合作目标的有效识别。从 2008 年起，国内多家单位开始在认知雷达领域进行研究，将深度学习、迁移学习等人工智能方法应用于雷达技术。

（2）声呐智能化。声呐智能化通过将先验知识和连续学习引入传统声呐系统，建立对发射端的自适应反馈控制，使发射机与接收机、环境与目标之间形成动态闭环系统，并利用深度学习等人工智能方法提高声呐图像的识别能力[11]。目前，主流的第四代声呐系统以多阵列、多频带探测、信息综合处理和一体化应用为主要特征。随着人工智能的发展，声呐将朝着更智能化的方向发展。第五代声呐系统将实现多功能无人操作，其灵敏度、探测广度、算法精度和智能化程度都会有显著提升。一个典型的例子是美国雷声公司为美国国防部高级研究计划局的反潜持续跟踪无人艇项目开发的模块化可缩放声呐系统。

（3）视觉感知设备智能化。智能视觉感知设备通过人工智能算法增强海洋装备的成像能力。在水面和水下信息成像过程中，需要综合考虑天气、海况和复杂光照条件，利用自然光和红外光进行图像配准、识别和特征匹配，以提高成像效果并迅速捕捉语义信息。成像智能化的关键技术包括透雾、黑光和超分辨率成像技术，红外与可见光图像配准技术，特征匹配的图像识别技术，以及图像语义分割和提取技术等。以色列人工智能公司的智能视觉感知系统能够有效减少人为错误引发的船舶碰撞，确保航道和深水区的安全。该系统整合船舶自动识别系统数据、雷达数据和电子海图数据，为船舶自主航行提供感知能力，实现动力系统数据和感知数据的自由交互，保障船舶在海上安全航行。由于运用了人工智能技术，“潜龙二号”自主水下机器人具备海底微地形地貌探测、热液异常探测、近底磁力探测和海底摄影等功能，海底摄像机可以将海底影像清晰地传输到深拖实验室。

2. 控制智能化

由于海洋的波浪和洋流作用，海洋装备难以保持稳定的姿态、精细的操作和准确的定位。因此，“稳定行驶和精准操作”是提升海洋装备性能的关键指标。引入人工智能技术，可以显著提高海洋装备的控制能力。

（1）船舶动力定位智能化。动力定位是一种用于海洋工程船舶的定位方法，通过声呐确定船舶位置，然后利用船上的自动控制系统发出指令，控制船首和船尾的侧向推进器，以保持船位。动力定位的智能化控制可以通过比例积分微分控制、线性二次高斯控制、直接模型参考自适应控制、反步法、模糊控制和神经网络等方法实现。

国产“向阳红 10”号配备了智能精准动力定位系统。启动该系统时，位置传感器、航向传感器、姿态传感器、风传感器、海流传感器等仪器开始实时测量数据，并将这些数据传输给计算机。计算机将其与预定停泊位置的数据进行对比，找出差异，并向各推进器发出调整推力的指令，直到船舶稳稳停在预定位置。该系统应用了差分全球定位系统、数字滤波技术和最优控制软件等先进技术，使其定位精度保持在几米之内。

（2）水下姿态控制智能化。水下机器人的姿态控制涉及对其自身运动、各执行机构和传感器的综合管理。由于海洋环境的复杂性，姿态控制成为水下机器人研发的一个难点。

水下机器人的六自由度空间运动具有显著的非线性和交叉耦合特性。常用的控制方法包括神经网络控制和模糊控制。神经网络控制的优势在于它能充分考虑水下机器人运动的强非线性及各自由度之间的耦合，并能够适应自身或外部环境的缓慢变化。然而，其缺点在于参数不易确定，且在外界干扰的幅度和周期相似时，神经网络的学习会出现滞后，导致控制过程中出现振荡。模糊控制器设计简单且稳定性较好，但由于涉及众多模糊变量和隶属度函数的选择，限制了模糊控制在水下机器人运动控制中的应用。

（3）水下导航智能化。由于水下环境的复杂性以及信息传输方式和距离的限制，水下导航比空中导航更加困难。传统的导航技术包括航位推算导航、惯性导航、多普勒声呐导航和组合导航。目前，大多数水下机器人采用组合导航，通过人工智能算法融合惯性导航、多普勒声呐导航和基于声呐影像的视觉导航等多种数据，并利用强化学习算法，结合水下声波跟踪定位技术和全球定位系统等外部定位技术来提高定位精度。

3. 决策智能化

海洋环境十分复杂，陆地、海洋、空中、天体、电磁和网络等各维度的态势相互交织，仅依靠人工对态势图进行判读来理解和预测态势变得越来越困难。因此，“准确判读和精确规划”是提升海洋装备性能的重要指标之一。引入人工智能技术，可以进一步增强海洋装备的决策能力。

（1）路径规划智能化。路径规划的智能化不仅涉及水面航行器的智能路径规划，还包括水下机器人的智能避碰规划和路径优化。

为了实现舰船航行的智能调度，有研究者提出了以舰船动态性能和稳态性能为优化目标，利用基于粒子群的人工智能算法进行自适应寻优，实现舰船路径规划。为了解决传统航行路径规划算法条件单一的问题，引入了云计算遗传特征算法，对航行相关的全局路径数据进行大数据遗传特征分析，生成具有代表性的备选路径，并采用大数据蚁群择优算法对备选路径进行最优计算，最终获得最优航行路径。

水下环境比水面环境更为复杂，风、浪、洋流和深水压力等干扰因素时刻影响着水下机器人的行动。水下机器人需要具备出色的学习机制，才能迅速适应海洋环境，并具备理想的避碰规划和路径优化能力。一些研究者利用具有竞争思想和自组织机制的神经网络实现 Q 学习，同时采用势场法综合各类传感器的信息，以确定外部强化值，从而使水下机器人能够在复杂的海洋环境中通过漫游方式学习避碰行为。

（2）辅助决策智能化。辅助决策智能化是通过整合各类传感器信息，并结合先验知识和规则，利用知识图谱和群智能算法，实现对海洋信息的智能关联和综合处理，自动生成和优化资源调度方案，从而支持指挥员进行快速、精准、全面的决策。

“深绿”计划是由美国国防部高级研究计划局支持的一项研究项目，旨在为美国陆军旅级提供指挥控制领域的技术支持。该计划采用草图交互、模型求解与态势预测以及指挥系统集成等关键技术，通过信息汇聚、职能汇聚和过程汇聚，将人工智能集成到作战辅助决策中。

苏-37的“雪豹”机载武器控制系统、“宙斯盾”作战系统，以及各类先进的对空指挥引导系统，都是智能武器控制系统的典范。从搜索目标、威胁评估、锁定摧毁到效果评估，全过程都无须人工参与，实现了作战的无人化。

4. 运维智能化

海洋装备的运维智能化体现在自主保障、智能管理、设备自动化、流程协同以及人机一体化等多个方面。这需要由海洋装备的智能化升级和配套的运行维护系统共同实现。

（1）智能船舶。智能船舶是指通过传感器、通信、物联网和互联网等技术手段，自动感知并获取船舶自身、海洋环境、物流和港口等方面的信息和数据。利用计算机技术、自动控制技术和大数据处理分析技术，这些船舶能够在航行、管理、维护保养和货物运输等方面实现智能化操作。

“智能船舶规范”明确了智能船舶应具备的功能，包括智能航行、智能船体、智能机舱、智能能效管理、智能货物管理和智能集成平台。智能船舶需要在设计、制造和运营等方面，构建完善的信息服务体系，实现船舶数据的集中管理。其关键技术涵盖信息感知技术、通信导航技术、能效控制技术、航线规划技术、状态监测与故障诊断技术、遇险预警救助技术和自主航行技术等。

（2）智能船舶运行与维护系统。智能船舶运行与维护系统通常包括三个主要组成部分：集成信息平台、数据分析平台和应用服务平台。集成信息平台汇集了各种信息，如主机、电站、压载水、电子海图和信息系统、船载航行数据记录仪等的信息，并通过标准化的数据格式和开放接口实现了船上系统与船岸之间的信息交流。数据分析平台基于智能数据分析模型，自动进行模型训练和优化，提供设备安全预警、燃油消耗优化、岸海传输压缩等功能。应用服务平台则根据用户需求提供定制化服务。

美国的船舶综合状态评估系统采用网络式拓扑结构，分为船上和岸上两部分。而英国的智能资产管理系统也分为两个不同区域，即“智能分析空间合作营地”和“船队管理指挥空间”，旨在为客户提供数字化船队管理产品。

5. 制造智能化

智能制造以模块化设计建造为核心，依托数字化流水线和物联网技术，将制造工艺、物流和信息流集成为一体，从而实现了无缺陷、准时化的生产。通过工况在线感知、智能决策与控制、装备自律执行等闭环过程，智能制造不断提升和完善海洋装备的性能，并增强其自适应能力。其主要特征包括：实现制造流程的智能决策、智能规划和智能调度，以及设备的智能管控；采用数字化流水线、智能机器人生产线，实现智能化的生产方式；具备数字化车间、数字化生产线、数字化生产单元和实时信息传递等特点。

智能船厂是实现海洋装备智能制造的基础，其依托三维模型的虚拟建造平台、智能管控的生产管控平台和物联网的数字化物流平台，采用数字化生产线和专业工业机器人生产线，实现海洋装备的智能制造。

3.4　智慧海洋典型案例分析

智慧海洋的典型案例介绍如下。

1. 智慧海洋牧场

智慧海洋牧场利用人工智能、物联网等先进信息技术，提升了海洋牧场的水产养殖和生态修复效果，为其高质量发展提供了支持。

1）提升海洋牧场的水产养殖效果

海洋牧场的一个主要类型是增殖型海洋牧场，其主要目的是进行海水养殖，以满足日益增长的市场需求。智慧海洋牧场通过水质监测、养殖管理和安全防护等功能，提升了牧场的养殖效果。

智慧海洋牧场利用各类水质传感器，实现了对海洋牧场水质的实时监测和对养殖环境的智能分析。这有助于管理人员及时调控养殖水域环境，确保良好的养殖效果。养殖管理方面，智慧海洋牧场能够整合各种智能渔业设备，比如智能投饵器和水下机器人等，实现自动投饵和智能清洁等功能，从而提高养殖效率。

安全防护方面，智慧海洋牧场利用小型雷达和无人机摄像头等设备采集的数据，能够智能识别接近牧场的非法目标，并发出警告，同时自动通知管理人员，以解决海洋牧场的安全监管问题。

2）提升海洋牧场的生态修复效果

除了增殖型海洋牧场之外，还存在一类旨在修复海洋生态环境的牧场。智慧海洋牧场为这类牧场提供海洋环境监测、海洋生物统计和生态修复效果评估等功能。

在海洋环境监测方面，智慧海洋牧场可以利用浮标、雷达、岸基站以及船舶等设备，收集海洋牧场各类环境数据，实现对海洋环境的实时监测。

2. 智慧深海装备

1）海底观察和信息网建设

海底观测网将电力供应系统和通信网络直接延伸至海底，解决了许多原位观测设备在长期海底运行中所面临的电力持续供给和海量数据传输的问题。这一技术创新使得海底观测网可以实时、高分辨率地观测海底特定区域的物理、化学、生物和地质过程。海底观测网不仅可以向下观测海底，还可以通过锚固设备向上观测大洋水层，同时通过水下接驳坞连接各种自主智能系统。这一创新摆脱了传统海洋研究的限制，使科学家能够在实验室中实时监测深海，并远程监测海底发生的风暴潮、火山喷发、地震、海啸、滑坡和赤潮等各种突发事件。海底观测网为人类认知海洋提供了多种海洋内部特征的同步、实时、连续观测手段，从根本上改变了人类认知海洋的方式。

海底观测网主要由岸基站、海底供电系统、海底通信系统和各种仪器设备组成，其功能主要包括供电、通信、监测和授时等四个基本方面。供电和通信系统连接了陆地上的岸基站和海底的观测设备，形成了双向高速的数据传输通道和持续的能量传输通道，这种紧密的联系体现在海底主基站（主接驳盒）、海底设备适配器、光电复合通信海缆、海底中继器和分支器等物理载体中。

2）智能无人潜水器

在人工智能、探测识别、智能控制和系统集成等技术的推动下，智能无人潜水器具备了自主决策和控制的能力，能够高效地执行各种水下任务，成为世界海洋实力竞争的重要组成部分。到 2050 年，人类在深海探测和作业方面的能力将大幅提升。不同潜深、不同功能、不同尺寸的高度智能化自主水下航行器（autonomous underwater vehicle，AUV）将呈现模块化和谱系化的发展趋势，突出自主环境感知、自主航行规划、自主作业、群体协同、精确定位导航、水下长期驻留等技术特点。在深海（包括深渊）和极地水域中，智能无人潜水器在水下侦察、科学考察、资源勘探和开发等领域的应用将基本成熟，成为深远海作业的主要装备。超大型有人装备与先进智能无人技术将实现有机融合，各类通用型深海装备将具备高效的有人与无人、小型与大型、点线与面域的协同作业能力。

针对以上情况，优先发展的研究包括以下内容。

（1）深海无人装备先进材料设计、制备与应用研究。深海材料必须具备超强、智能、自我修复的特性，以满足不断增长的海洋开发需求。主要的材料类型包括金属、陶瓷、聚合物和复合材料。通过纳米级设计，并在大型深海结构上应用这些特性，可以增强相关结构的强度、韧性、耐久性和其他功能，这是未来需要解决的基本问题。建议开展深海无人装备先进材料成分设计、深海无人装备先进材料微结构调控与制备方法、深海复杂环境条件下先进材料力学性能，以及深海无人装备先进材料的环境安全性和寿命评估等方面的研究。

（2）深海极端环境下无人装备可靠性研究。水下无人装备执行深海探测与作业任务，面临复杂极端的深海环境因素。极端环境会诱发装备故障，因而设备可靠性是研究重点。建议开展水下无人装备安全性设计/智能监测与控制、故障分析/危害评估与处置、深海环境条件及极端环境因素的仿真模拟及验证等研究。

（3）高效能源动力研究。深海无人潜航器在长时间深海作业时，对能源动力的要求较高。它们需要能源密度高、安全性好、易于维护、成本低，并且能够承受深海水压等条件。因此，研发高效能源动力技术成为无人潜航器技术的重要发展方向。这些技术包括但不限于锂离子电池、燃料电池、小型核能装置以及水下能源补给等。

3. 智慧海洋资源勘探设备

1）超深水钻井船

深海钻井船是能够在 3000m 以上水深进行钻探作业的船只，具备高效率、高安全性和高环保性等特点。海洋深水钻井系统主要包括钻井设备、钻井管串处理设备、钻井井口设备和系统，以及钻井过程处理系统等几个方面。其中，钻井设备包括钻机升降补偿系统、游动滑车、顶驱、转盘、司钻控制房和钻机子结构等；钻井管串处理设备包括钻柱及下入设备、隔水管处理系统、管柱及隔水管排管等；钻井井口设备和系统包括水下防喷器组、防喷器测试装置、防喷器和采油树移运设备、钻井隔水管和分流器、隔水管张力系统、节流及压井和立管系统、井控系统等；钻井过程处理系统包括泥浆系统、注水泥系统等。

2）数字孪生油气田全周期管理设备

数字孪生是指为物理实体建立虚拟模型，并模拟其在真实环境中的行为。在油气勘探开发领域，数字孪生技术的应用范围不断扩大，主要涉及作业与生产监控、风险预警与应对、作业与生产优化、方案设计与改进，以及资产管理等方面。这一技术的广泛应用加速了油气勘探领域的数字化转型。未来，数字孪生技术在油气勘探开发中将会得到更广泛的应用，从而推动油气勘探开发的智能化进程。

4. 智慧海洋生态监测装备

智能监测技术在海洋环境监测方面的应用日益普及。其中，遥感技术、声波监测技术和激光监测技术等已广泛应用于海洋环境监测。遥感技术通过卫星遥感等手段获取海洋环境信息，能够迅速、准确地监测海洋生态环境的变化。声波监测技术则用于监测海洋中的声学参数，包括海浪、潮汐、海流等，以及生物声学参数，如声波传播速度、生物鸣叫等，实现对海洋环境变化的实时监测。激光监测技术则可用于监测海洋光学参数，如海洋透明度、海底地形等，实现对海洋生态环境变化的实时监测。

1）海洋监测无人机

核污染对海洋的影响会随着洋流传播到全球各地。因此，在未来的海洋保护工作中，如何实现快速而准确的海水质量监测与评估将成为一项至关重要的任务。海水质量评估计划需要采集目标区域的水样，并对其进行物理、化学和微生物分析，主要目的是描述海水的特征，确定水质随时间的变化趋势，并识别现有或新出现的水质问题。例如，核污染、暴雨带来的污染物可能包括放射性元素、细菌、垃圾、沉积物、石油和重金属等。通过监测，可以获得信息并制定具体的污染防治和修复计划。此外，水质监测还有助于检查计划目标是否符合水污染法规，并在自然灾害发生后迅速应对洪水等事件。然而，由于人员匮乏、水域交通不便、水样采集时间有限，尤其是在自然灾害和紧急情况发生后，海水采样面临着诸多挑战。

传统的海水质量检测需要在目标区域提前大量部署人力和物力，耗时且费力。然而，随着物联网的兴起，智能传感器在智能交通、森林监测、智慧城市和智慧海洋等领域得到广泛应用。无人机的快速发展为传感器感知领域带来了新的机遇和挑战。无人机具备广泛的覆盖范围和灵活性，可携带传感器设备，具有高灵敏度、高灵活性和低成本的优势，可实现高空高速感知、实时数据采集和多传感器集成等功能。这为物联网数据收集提供了新的机遇，并将继续推动传感器技术的创新和发展。此外，无人机可以携带传感器在目标区域收集数据，大大降低了感知网络的能耗。无人机与物联网的结合有助于在复杂、恶劣或偏远的环境中及时有效地收集数据。相比其他感知模式，无人机辅助的物联网数据收集具有以下优势。

（1）数据收集的高效性和灵活性。通过优化无人机的飞行轨迹，可以减少数据收集所需的时间，提高数据收集的效率和灵活性。

（2）物联网的能耗低、网络寿命长。无人机不仅可以降低物联网数据传输的能耗，还可以为传感器提供无线充电，这样可以共同延长物联网的网络寿命。

（3）覆盖范围广。由于无人机飞行高度较高，有利于提高无人机与传感器之间的视线连接概率，从而增加了通信的成功概率和覆盖范围。

2）无人船

无人船水质监测利用先进的无人船技术，实现了对海洋水质的实时、动态、精准监测。这些无人船可以在各种天气条件下，24 小时不间断地监测海洋水质，为人类提供最真实、最准确的海洋环境数据。

这些无人船配备了先进的传感器和数据采集设备，能够实时监测海水的温度、盐度、溶解氧、pH 等重要参数，并快速、准确地检测海洋中的有害物质。无人船的出现使得海洋水质监测工作更为高效、精确，也使我们对海洋环境有了更深入的了解。

无人船的水质监测功能不仅有助于科学家深入研究海洋环境并预测海洋灾害，还为海洋保护提供了强大的技术支持。通过它们的监测，我们能够及时发现海洋污染问题，并采取有效措施来保护海洋生态环境。

3）无人智能监测平台

赤潮是一种有害的海洋生物异常现象，由某些浮游藻类、原生动物或细菌在特定环境条件下暴发性繁殖或聚集引起水体变色。赤潮的监测方式通常包括常规监测和应急监测两种，主要监测相关海域的水文、气象、生物和化学等环境要素数据以及赤潮分布范围。常规监测通常通过岸基站、浮标和有人船舶进行定期采样并检测海水、底泥和生物样品；而应急监测则主要利用卫星遥感获取水色等信息，并在赤潮发生的海域使用浮标和船舶进行水质和生物的加密采样和分析。针对赤潮的处置方法主要分为物理方法和化学方法两种。物理方法包括围隔栅法、超声波法和紫外线法等，而化学方法则包括直接灭杀法、凝聚剂沉淀法和天然矿物絮凝法等。目前，主要采用的赤潮处置方法是黏土法，即向赤潮发生海域投放改性黏土，使其与赤潮生物一起沉淀，从而消除赤潮的影响。

随着国家海洋经济的蓬勃发展，对海洋预警监测的要求日益提高，传统的海洋赤潮监测和处置技术正面临多方面挑战，包括时效性、经济性和智能化等方面。首先，常规赤潮监测周期较长，通常每半月或每月进行一次，这导致难以及时发现赤潮的发生并做出迅速响应。其次，尽管已经采用了多种专用装备进行赤潮预警监测，但受到站位固定和数据分析能力不足等条件限制，难以在赤潮高发或敏感海域实现水质突发变化的快速监测，以及赤潮发生早期的跟踪预警。再次，现有的赤潮应急监测虽然能够及时响应赤潮事件，但实施周期短，监测覆盖范围有限，所需人力、物力等综合成本较高，难以满足全面有效监测的需求。最后，当前的赤潮处置手段不够多样化，且小型化、无人化和快速智能化程度不够，难以在赤潮发生早期进行快速处置。因此，迫切需要研发赤潮“快速”监测与处置手段，以在赤潮发生前、增殖期和早期发生时实现快速监测和处置。

为了解决当前监测手段在赤潮灾害早期发现和应急处置方面时效性不足的问题，国家海洋技术中心的科研团队采用了“模块化、智能化、绿色化”的设计原则。他们选择了具备自主避障和自动规划路径能力的无人船作为平台，并装载了能实时监测水质并对海洋生态环境影响较小的赤潮处置装置、能够定时定点自动采样水体的采水器，以及光学传感器等多种设备。通过多种设备的联合作业，实现了对海洋赤潮灾害的“监视—监测—预警—处置”一体化操作。

为了解决多技术手段融合难题，将无人船置于待命状态，在赤潮发生前和早期即开始水质实时监测，利用光学传感器和水质检测仪器的数据进行综合分析来判断赤潮可能性。根据分析结果和卫星遥感识别，智能跟踪无人船和无人机赤潮漂移路径，并使用赤潮处置装置迅速进行早期处理和小规模应急处置。

5. 智慧海洋维权装备

近年来，随着人工智能（artificial intelligent，AI）的快速发展，无人系统成为智能特征的典型代表之一，其迅速发展势头不可忽视。无人化智能化装备能够执行各种多样化任务，诸如无人机、无人水面艇、无人水下航行器等种类的无人装备，具备了应用优势，尤其在海洋维权执法任务方面表现突出。我国海域辽阔，海洋地理环境复杂，再加上日益严峻的海上安全形势，迫切需要新的力量手段来提升海洋维权能力。随着人工智能和军事智能技术的不断发展，无人装备已成为军事领域的主流趋势，在海、陆、空等领域涌现了各种类型的无人系统。然而，在海洋维权领域，尽管无人系统的应用已经初具雏形，但目前多借助军用或民用无人装备，尚未专门针对海洋维权执法的需求展开系统的设计和规划。

近年来，我国海警作为海洋维权的主要力量，取得了显著的能力建设成果：大量新型舰艇已经加入编队，海警公务船的数量也大幅增加；这些舰艇的吨位已经达到了国际先进水平，海警装备技术水平得到了明显的提升[12]。

1）3000 吨级维权执法船

2023 年 11 月，首艘 3000 吨级海洋执法船“中国渔政 44002”在蛇口邮轮母港码头正式入列。这标志着国内首艘获得中国船级社“智能船级”符号的公务执法船正式投入使用。作为中国特色社会主义先行示范区，深圳将“中国渔政 44002”船的建造项目列为全球海洋中心城市建设的重要项目之一，深圳市政府投资了 3.7 亿元用于该船的高起点规划和建造，旨在打造出深圳目前吨位最大、装备最先进的执法船。这艘船的正式投入使用开启了广东海洋智慧监管的新时代。广东省海洋综合执法队伍将充分利用“中国渔政 44002”船，进一步加强海洋综合执法工作，更好地保护海洋生态环境，推动海洋经济的发展，为加速推进海洋强省建设、维护国家海洋权益做出新的更大贡献。

2）海洋维权无人机

随着数字化和智能化技术的发展，无人机技术在海事领域的地位日益重要。海上应用无人机搭载各种传感器和设备，能够全方位、多角度地监测海洋，提升海事监管、海洋研究、环境保护、渔业和海上救援等工作的效率和安全性。面对中国庞大的海域和复杂的海上气象条件，海洋巡检一直是一个挑战，科技工作者一直在努力解决相关问题。无人机由于其灵活机动、巡视范围广阔、抗风能力强和操作简便等优势，近年来在海洋巡查中得到了广泛应用，取得了显著成果。特别是与传统船舶相比，长航时、高承载能力的共轴无人直升机在海事监管巡视、海域运输和海上应急救援等任务中发挥着越来越重要的作用。

在国内海上执法中，现有的海事执法装备受限于海上环境，存在一些局限性，尤其在执法取证方面[13]。为了提高调查取证和应急反应的效率，采用无人机技术可以确保反应速度快、调查及时，有效防止肇事船舶逃逸。利用无人机搭载的摄像和摄影设备可以记录和保存证据，便于后续调查处理。配置无人机进行巡航和监测，并建立一个完善的海事巡航体系，将巡逻船艇和无人机结合起来形成陆海空立体监管系统，有助于提高海事监管的效率，覆盖管理责任区域，增强海上执法的效果，更好地维护国家的海洋权益。

在海域中，船舶活动通常远离海岸线，并且相对分散。使用船艇进行巡逻时，由于航速较低、视野有限、巡视时间间隔较长，同时受自然条件的影响较大，因此只能采用线性管理方式，呈现带状覆盖的形式。然而，如果使用搭载任务设备的无人机进行巡航，其巡航速度可达到船艇的3～10倍；利用空中俯视的位置高、监控视野广的优势，无人机的监管范围相对于船艇而言会呈指数级别的扩大。特别是如果将一定数量的船舶和无人机结合起来，充分发挥各自的优势，就可以有效地实现对广阔海域的全面监视和对重点区域的有针对性控制，同时也能减少船艇的不必要初期投入和庞大的维护费用。

3）海洋维权无人艇

巡逻警戒任务通常涉及各种复杂的水域环境，如开阔水域、狭窄航道以及锚地等。在这些任务中，陆岛之间的狭窄航道往往是主要的水上交通通道，船舶交通密集，且需要穿越多个桥洞。为了应对这样复杂的环境，无人艇配备了导航雷达、激光雷达、光电等多种感知设备，并采用了多种航行算法，使其能够自主感知周围环境的情况。这样，即使在夜间，无人艇也能够实现自主航行和自主避障，从而确保航行的安全。

参 考 文 献

[1] 杨锦坤, 韩春花, 韦广昊, 等. 海洋大数据的内涵、现状与发展趋势展望[J]. 海洋信息技术与应用, 2023, 38(1): 1-8.
[2] 张小燕. 科技创新引领新兴产业发展的理论、现状及建议[J]. 中国科学院院刊, 2024, 39(7): 1172-1182.
[3] 赵龙飞, 姜晓轶, 洪宇, 等. 智慧海洋数字孪生技术及其应用[J]. 科技导报, 2024, 42(4): 91-101.
[4] 邓中亮, 马梓垚. 海洋通信导航深度融合发展机遇[J]. 卫星应用, 2023(12): 8-12.
[5] 王楠. 海洋科技创新系统多主体协同治理研究[J]. 科技视界, 2024, 14(9): 73-76.
[6] 刘彦祥, 欧阳永忠, 修义瑞, 等. 海洋信息技术的发展与思考[J]. 海洋开发与管理, 2021, 38(10): 58-62.
[7] 高寒. 《海洋环境保护法》的修订、完善和适用展望[J]. 亚太安全与海洋研究, 2024(3): 73-90.
[8] 王漪, 徐墨庚, 童心, 等. 国家海洋科学数据中心建设与发展实践[J]. 自然资源信息化, 2024(1): 1-9.
[9] 刘胜湘, 李志豪. 美国军事战略的人工智能化趋势及其影响[J]. 国际展望, 2024, 16(3): 51-73.
[10] 孟祥尧, 马焱, 曹渊, 等. 海洋维权无人装备发展研究[J]. 中国工程科学, 2020, 22(6): 49-55.
[11] 郝宇, 邱龙皓, 邹男, 等. 无人平台自主探测声呐的发展现状和展望[J]. 哈尔滨工程大学学报, 2021, 42(9): 1347-1354.
[12] 周雁琳. 无人潜航器在海洋维权执法中的挑战及中国应对[J]. 南海学刊, 2023, 9(6): 63-74.
[13] 刘丹, 孙康君. 我国无人机海洋维权执法的国际法问题初探[J]. 南海学刊, 2017, 3(3): 8-20.

第 4 章　海洋大数据典型数据挖掘分析方法

4.1　线性模型与线性回归

4.1.1　线性模型的基本形式

给定由 d 个属性描述的样本 $x=(x_1,\cdots,x_d)^{\mathrm{T}}$，其中 x_i 是 x 在第 i 个属性上的取值，线性模型试图学得一个通过属性的线性组合来进行预测的函数，即

$$f(x)=w_1x_1+\cdots+w_dx_d+b \tag{4.1}$$

一般用向量形式写为

$$f(x)=w^{\mathrm{T}}x+b \tag{4.2}$$

式中，$w=(w_1,\cdots,w_d)^{\mathrm{T}}$ 和 b 学得之后，模型就得以确定。w 为权值向量，其各个分量可以表达各个属性在预测中的重要性。

4.1.2　线性回归

给定数据集 $D=\{(x_1,y_1),\cdots,(x_m,y_m)\}$，其中 $x_i=(x_{i1},\cdots,x_{id})^{\mathrm{T}},y_i\in\mathbb{R}$，线性回归试图学得一个线性模型以尽可能地预测实值输出标记。先考虑一种最简单的情形：输入属性的数目只有一个，此时数据集为 $D=\{(x_i,y_i)\}_{i=1}^{m}$，线性回归试图学得

$$f(x_i)=wx_i+b \tag{4.3}$$

使得 $f(x_i)\approx y_i$，参数 w 和 b 的确定关键在于如何衡量 $f(x)$ 与 y 之间的差别，可以试图让均方误差最小化，得到最优参数 w^* 和 b^*，即

$$\begin{aligned}(w^*,b^*)&=\underset{(w,b)}{\arg\min}\sum_{i=1}^{m}(f(x_i)-y_i)^2\\&=\underset{(w,b)}{\arg\min}\sum_{i=1}^{m}(wx_i+b-y_i)^2\end{aligned} \tag{4.4}$$

基于均方误差最小化来进行模型求解的方法称为“最小二乘法”。在线性回归中，最小二乘法就是试图找到一条直线，使所有样本到直线上的欧几里得距离之和最小。

求解 w 和 b 使 $E_{(w,b)}=\sum_{i=1}^{m}(wx_i+b-y_i)^2$ 最小化的过程称为线性回归模型的最小二乘参数估计。将 $E_{(w,b)}$ 分别对 w 和 b 求导，得到

$$\begin{cases} \dfrac{\partial E_{(w,b)}}{\partial w} = 2\sum_{i=1}^{m}(wx_i + b - y_i)x_i = 2\left(w\sum_{i=1}^{m}x_i^2 - \sum_{i=1}^{m}(y_i - b)x_i\right) \\ \dfrac{\partial E_{(w,b)}}{\partial b} = 2\sum_{i=1}^{m}(wx_i + b - y_i) = 2\left(mb - \sum_{i=1}^{m}(y_i - wx_i)\right) \end{cases} \tag{4.5}$$

令上面两个式子均为 0，可以得到

$$\begin{cases} w = \dfrac{\sum_{i=1}^{m} y_i(x_i - \overline{x})}{\sum_{i=1}^{m} x_i^2 - \dfrac{1}{m}\left(\sum_{i=1}^{m} x_i\right)^2} \\ b = \dfrac{1}{m}\sum_{i=1}^{m}(y_i - wx_i) \end{cases} \tag{4.6}$$

式中，$\overline{x} = \frac{1}{m}\sum_{i=1}^{m} x_i$ 为 x 的均值。

考虑更为一般的情况 $D = \{(x_1, y_1), \cdots, (x_m, y_m)\}$，样本由 d 个属性描述，此时模型试图学得

$$f(x_i) = w^{\mathrm{T}} x_i + b \tag{4.7}$$

使得 $f(x_i) \approx y_i$，该式称为多元线性回归。类似地可以用最小二乘法来对 w 和 b 进行估计。为便于表示，我们把 w 和 b 吸收入向量形式 $\hat{w} = (w^{\mathrm{T}}, b)^{\mathrm{T}}$，把数据集 D 表示为一个 $m \times (d+1)$ 大小的矩阵 X，其中每行对应一个样本，该行前 d 个元素对应于样本的 d 个属性值，最后一个元素置为 1，即

$$X = \begin{pmatrix} x_{11} & x_{12} & \cdots & x_{1d} & 1 \\ x_{21} & x_{22} & \cdots & x_{2d} & 1 \\ \vdots & \vdots & & \vdots & \vdots \\ x_{m1} & x_{m2} & \cdots & x_{md} & 1 \end{pmatrix} = \begin{pmatrix} x_1^{\mathrm{T}} & 1 \\ x_2^{\mathrm{T}} & 1 \\ \vdots & \vdots \\ x_m^{\mathrm{T}} & 1 \end{pmatrix} \tag{4.8}$$

令 $y = (y_1, y_2, \cdots, y_m)^{\mathrm{T}}$，因此有

$$\begin{aligned} \sum_{i=1}^{m}(f(x_i) - y_i)^2 &= \sum_{i=1}^{m}(y_i - f(x_i))^2 = \sum_{i=1}^{m}(y_i - w^{\mathrm{T}} x_i - b)^2 \\ &= \left(y_1 - w^{\mathrm{T}} x_1 - b, \cdots, y_m - w^{\mathrm{T}} x_m - b\right)\begin{pmatrix} y_1 - w^{\mathrm{T}} x_1 - b \\ \vdots \\ y_m - w^{\mathrm{T}} x_m - b \end{pmatrix} \\ &= \left(y_1 - x_1^{\mathrm{T}} w - b, \cdots, y_m - x_m^{\mathrm{T}} w - b\right)\begin{pmatrix} y_1 - x_1^{\mathrm{T}} w - b \\ \vdots \\ y_m - x_m^{\mathrm{T}} w - b \end{pmatrix} \end{aligned} \tag{4.9}$$

$$\begin{pmatrix} y_1 - x_1^{\mathrm{T}} w - b \\ \vdots \\ y_m - x_m^{\mathrm{T}} w - b \end{pmatrix} = \begin{pmatrix} y_1 \\ \vdots \\ y_m \end{pmatrix} - \begin{pmatrix} x_1^{\mathrm{T}} & 1 \\ \vdots & \vdots \\ x_m^{\mathrm{T}} & 1 \end{pmatrix}\begin{pmatrix} w \\ b \end{pmatrix} = y - X\hat{w} \tag{4.10}$$

因此有

$$\hat{w}^* = \arg\min_{\hat{w}} \sum_{i=1}^{m} (f(x_i) - y_i)^2 = \arg\min_{\hat{w}} (y - X\hat{w})^{\mathrm{T}} (y - X\hat{w}) \tag{4.11}$$

令 $E_{\hat{w}} = (y - X\hat{w})^{\mathrm{T}}(y - X\hat{w})$，对 $\hat{w}$ 求导可以得到

$$\frac{\partial E_{\hat{w}}}{\partial \hat{w}} = 2X^{\mathrm{T}}(X\hat{w} - y) \tag{4.12}$$

当 $X^{\mathrm{T}}X$ 为满秩矩阵或正定矩阵时，令上式为零，可得

$$\hat{w}^* = (X^{\mathrm{T}}X)^{-1}X^{\mathrm{T}}y \tag{4.13}$$

令 $\hat{x}_i = (x_i^{\mathrm{T}}, 1)^{\mathrm{T}}$，则学得的多元线性回归模型为

$$f(x_i) = w^{\mathrm{T}}x_i + b = x_i^{\mathrm{T}}w + b = \hat{x}_i^{\mathrm{T}}\hat{w}^* = \hat{x}_i^{\mathrm{T}}(X^{\mathrm{T}}X)^{-1}X^{\mathrm{T}}y \tag{4.14}$$

4.1.3　线性判别分析

线性判别分析（linear discriminant analysis，LDA）是一种经典的线性学习方法，在二分类上最早由费希尔（Fisher）提出，亦称为 Fisher 判别分析。线性判别分析的思想为：给定训练样本集，设法将样本的二维数据或三维数据投影到一个高维空间中（图 4.1），使得同类样本尽可能接近，不同类样本的投影尽可能远离。在对新样本进行分类时，将其投影到同样的空间中，再根据投影点的位置来确定新样本的类别。

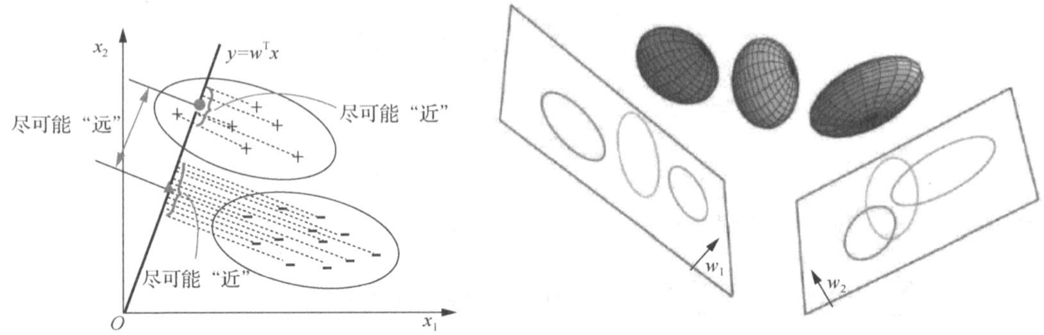

（a）二维数据在一维空间投影　　（b）三维数据在二维空间投影

图 4.1　线性判别分析投影示意图

给定数据集 $D = \{(x_i, y_i)\}_{i=1}^{m}$，$y_i \in \{0,1\}$，令 X_i, μ_i, Σ_i 分别表示 $i \in \{0,1\}$ 类样本的集合、均值向量和协方差矩阵。先推导空间中某一点 x 在空间中一条直线上的投影。

如图 4.2 所示，设空间中某一点 x 在某条直线上的投影向量为 p，则向量 d 可以表示为 $d = x - p$，由于向量 d 和向量 p 之间垂直，因此有

$$d^{\mathrm{T}}p = (x - p)^{\mathrm{T}}p = 0 \tag{4.15}$$

设在向量 p 所在的直线上，向量 w 为单位向量，并且有 $p = cw$，其中 c 为常数，因此有

$$d^{\mathrm{T}}p=(x-p)^{\mathrm{T}}p=(x-cw)^{\mathrm{T}}(cw)=cx^{\mathrm{T}}w-c^2w^{\mathrm{T}}w=0 \tag{4.16}$$

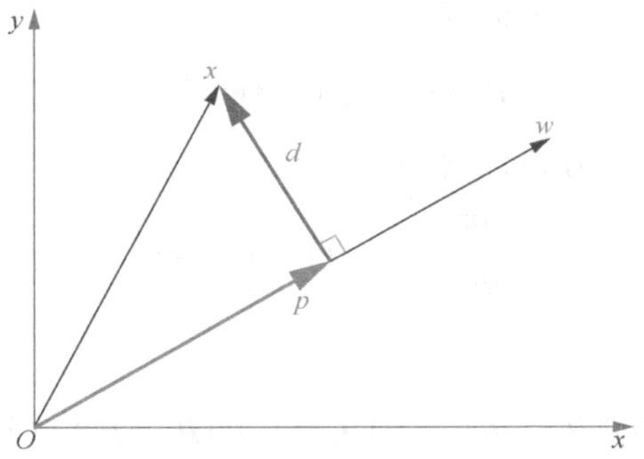

图4.2　向量投影示意图

上式解得 $c=\frac{x^{\mathrm{T}}w}{w^{\mathrm{T}}w}=x^{\mathrm{T}}w=w^{\mathrm{T}}x$。当 w 为单位向量时，对于向量 x，其在 w 方向上的投影的大小为系数 c，大小等于 $w^{\mathrm{T}}x$；当 w 不是单位向量时，投影大小相差一个分母 $w^{\mathrm{T}}w$。因此，空间中的全部数据点在直线 w 上的投影分别为 $w^{\mathrm{T}}x_i, i=1,2,\cdots,m$，则两类样本的中心在直线上的投影分别为 $w^{\mathrm{T}}\mu_0$ 和 $w^{\mathrm{T}}\mu_1$，若将所有样本点都投影到直线上，则两类样本的协方差分别为 $w^{\mathrm{T}}\Sigma_0 w$ 和 $w^{\mathrm{T}}\Sigma_1 w$，其中

$$w^{\mathrm{T}}\Sigma_0 w=E\left[(w^{\mathrm{T}}x)^2\right]=E\left[(w^{\mathrm{T}}x)(x^{\mathrm{T}}w)\right]=w^{\mathrm{T}}E\left[xx^{\mathrm{T}}\right]w \tag{4.17}$$

欲使同类样本的投影尽可能接近，可以让同类样本投影点的协方差 $w^{\mathrm{T}}\Sigma_0 w$ 和 $w^{\mathrm{T}}\Sigma_1 w$ 都尽可能小，即 $w^{\mathrm{T}}\Sigma_0 w+w^{\mathrm{T}}\Sigma_1 w$ 尽可能小，而欲使不同类别样本的投影点尽可能远离，可以让各类中心之间的距离尽可能大，即 $\| w^{\mathrm{T}}\mu_0-w^{\mathrm{T}}\mu_1\|_2^2$ 尽可能大，同时考虑二者，则可得最大化的目标为

$$J=\frac{\| w^{\mathrm{T}}\mu_0-w^{\mathrm{T}}\mu_1\|_2^2}{w^{\mathrm{T}}\Sigma_0 w+w^{\mathrm{T}}\Sigma_1 w}=\frac{w^{\mathrm{T}}(\mu_0-\mu_1)(\mu_0-\mu_1)^{\mathrm{T}}w}{w^{\mathrm{T}}(\Sigma_0+\Sigma_1)w} \tag{4.18}$$

定义类内散度矩阵

$$S_w=\Sigma_0+\Sigma_1=\sum_{x\in X_0}(x-\mu_0)(x-\mu_0)^{\mathrm{T}}+\sum_{x\in X_1}(x-\mu_1)(x-\mu_1)^{\mathrm{T}} \tag{4.19}$$

定义类间散度矩阵

$$S_b=(\mu_0-\mu_1)(\mu_0-\mu_1)^{\mathrm{T}} \tag{4.20}$$

则 J 可以重写为

$$J=\frac{w^{\mathrm{T}}(\mu_0-\mu_1)(\mu_0-\mu_1)^{\mathrm{T}}w}{w^{\mathrm{T}}(\Sigma_0+\Sigma_1)w}=\frac{w^{\mathrm{T}}S_b w}{w^{\mathrm{T}}S_w w} \tag{4.21}$$

上式为线性判别分析的最大化目标，即 S_b 和 S_w 的广义瑞利商，通过计算 w 使得 J 最大化，由于分子和分母均为关于 w 的二次项，因此上式与 w 的长度无关，只与其方向有关。令 $w^{\mathrm{T}}S_w w=1$，则上式等价于

$$w^* = \arg\min_w - w^{\mathrm{T}} S_b w, \quad \text{s.t. } w^{\mathrm{T}} S_w w = 1 \tag{4.22}$$

对上式利用拉格朗日乘子法，可以得到

$$F = -w^{\mathrm{T}} S_b w + \lambda w^{\mathrm{T}} S_w w \tag{4.23}$$

上式对 w 求偏导，并令其等于 0 可以得到

$$\frac{\partial F}{\partial w} = -S_b w + \lambda S_w w = 0 \tag{4.24}$$

所以有 $S_b w = \lambda S_w w$，由于

$$S_b w = (\mu_0 - \mu_1)(\mu_0 - \mu_1)^{\mathrm{T}} w = (\mu_0 - \mu_1)\left[(\mu_0 - \mu_1)^{\mathrm{T}} w\right] = \lambda'(\mu_0 - \mu_1) \tag{4.25}$$

因此有 $\lambda S_w w = \lambda'(\mu_0 - \mu_1)$，解得

$$w = \frac{\lambda'}{\lambda} S_w^{-1}(\mu_0 - \mu_1) \tag{4.26}$$

在只考虑 w 的方向，不考虑其系数的时候，可以令 $\lambda' / \lambda = 1$，因此有

$$w = S_w^{-1}(\mu_0 - \mu_1) \tag{4.27}$$

4.1.4 线性判别分析的多类分类任务

假定存在 N 个类别，且第 i 个类别中的样本个数为 m_i，定义全局散度矩阵为

$$S_t = S_b + S_w = \sum_{i=1}^{m} (x_i - \mu)(x_i - \mu)^{\mathrm{T}} \tag{4.28}$$

式中，μ 为所有样本的均值向量。将类内散度矩阵 S_w 重定义为每个类别的散度矩阵之和，即

$$S_w = \sum_{i=1}^{N} S_{w_i} \tag{4.29}$$

式中，

$$S_{w_i} = \sum_{x \in X_i} (x - \mu_i)(x - \mu_i)^{\mathrm{T}} \tag{4.30}$$

则 S_b 可以表示为

$$\begin{aligned}
S_b &= S_t - S_w \\
&= \sum_{i=1}^{m} (x_i - \mu)(x_i - \mu)^{\mathrm{T}} - \sum_{i=1}^{N} \sum_{x \in X_i} (x - \mu_i)(x - \mu_i)^{\mathrm{T}} \\
&= \sum_{i=1}^{N} \sum_{x \in X_i} (x - \mu)(x - \mu)^{\mathrm{T}} - \sum_{i=1}^{N} \sum_{x \in X_i} (x - \mu_i)(x - \mu_i)^{\mathrm{T}} \\
&= \sum_{i=1}^{N} \sum_{x \in X_i} \left[(x - \mu)(x - \mu)^{\mathrm{T}} - (x - \mu_i)(x - \mu_i)^{\mathrm{T}}\right]
\end{aligned} \tag{4.31}$$

$$
\begin{aligned}
&\sum_{x\in X_i}\left[(x-\mu)(x-\mu)^{\mathrm T}-(x-\mu_i)(x-\mu_i)^{\mathrm T}\right]\\
&=\sum_{x\in X_i}\left[-x\mu^{\mathrm T}-\mu x^{\mathrm T}+\mu\mu^{\mathrm T}+x\mu_i^{\mathrm T}+\mu_i x^{\mathrm T}-\mu_i\mu_i^{\mathrm T}\right]\\
&=-m_i\mu_i\mu^{\mathrm T}-m_i\mu\mu_i^{\mathrm T}+m_i\mu\mu^{\mathrm T}+m_i\mu_i\mu_i^{\mathrm T}+m_i\mu_i\mu_i^{\mathrm T}-m_i\mu_i\mu_i^{\mathrm T}\\
&=-m_i\mu_i\mu^{\mathrm T}-m_i\mu\mu_i^{\mathrm T}+m_i\mu\mu^{\mathrm T}+m_i\mu_i\mu_i^{\mathrm T}\\
&=m_i(\mu_i-\mu)(\mu_i-\mu)^{\mathrm T}
\end{aligned}\tag{4.32}
$$

$$
S_b=\sum_{i=1}^{N}m_i(\mu_i-\mu)(\mu_i-\mu)^{\mathrm T}\tag{4.33}
$$

当给定一个映射向量 w 时，通过运算 $w^{\mathrm T}x$ 可以将一个 d 维数据 s 映射为一个实数。若给定 k 个向量 $w_1,\cdots,w_k$，则可以将数据 x 映射为 k 个实数，$w_i^{\mathrm T}x, i=1,\cdots,k$，引入矩阵 $W=(w_1,\cdots,w_k)$，则映射后的 k 维向量为 $W^{\mathrm T}x$，矩阵 $W\in\mathbb{R}^{d\times k}$ 为映射矩阵。根据二分类中的映射向量 w 的优化问题，有 $S_b w=\lambda S_w w$，该式可以写为 $S_w^{-1}S_b w=\lambda w$。由该式可以看出，映射向量 w 的个数 k 不能超过矩阵 $S_w^{-1}S_b$ 非零特征值的个数，而矩阵的非零特征值个数等于矩阵的秩。根据秩的性质有

$$
\operatorname{rank}(AB)\leqslant\min\{\operatorname{rank}(A),\operatorname{rank}(B)\}\tag{4.34}
$$

$$
\operatorname{rank}\left(\sum_{i=1}^{K}A_i\right)\leqslant\sum_{i=1}^{K}\operatorname{rank}(A_i)\tag{4.35}
$$

由于 $S_b=\sum_{i=1}^{N}m_i(\mu_i-\mu)(\mu_i-\mu)^{\mathrm T}$，并且 $\operatorname{rank}((\mu_i-\mu)(\mu_i-\mu)^{\mathrm T})=1$，因此有 $\operatorname{rank}(S_b)\leqslant N$。

另外，由于 $S_b=\sum_{i=1}^{N}m_i(\mu_i-\mu)(\mu_i-\mu)^{\mathrm T}$，倘若 $(\mu_j-\mu)$ 可以由 $(\mu_i-\mu)$ 表示，则 S_b 的秩将减 1，因此有

$$
\operatorname{rank}(S_b)=\operatorname{rank}((\mu_1-\mu),\cdots,(\mu_N-\mu))\tag{4.36}
$$

若 $(\mu_1-\mu),\cdots,(\mu_N-\mu)$ 线性无关，则 $\operatorname{rank}(S_b)=N$，否则 $\operatorname{rank}(S_b)<N$。由于存在一组不全为 0 的常数 $m_1,\cdots,m_N$，使得

$$
\begin{aligned}
\sum_{i=1}^{N}m_i(\mu_i-\mu)&=m_1\left(\frac{1}{m_1}\sum_{x\in X_1}x-\frac{1}{N}\sum_{x\in X}x\right)+\cdots+m_N\left(\frac{1}{m_N}\sum_{x\in X_N}x-\frac{1}{N}\sum_{x\in X}x\right)\\
&=\sum_{i=1}^{N}\sum_{x\in X_i}x-\frac{\sum_{i=1}^{N}m_i}{N}\sum_{x\in X}x\\
&=\sum_{x\in X}x-\sum_{x\in X}x\\
&=0
\end{aligned}\tag{4.37}
$$

这说明 $(\mu_1-\mu),\cdots,(\mu_N-\mu)$ 线性相关，因此 $\operatorname{rank}(S_b)<N$ 或者写为 $\operatorname{rank}(S_b)\leqslant N-1$，进一步有 $\operatorname{rank}(S_w^{-1}S_b)\leqslant N-1$，即降维后最多能保留的特征个数为 $N-1$。

多类线性判别分析的优化目标可以表示为

$$\max_{W} \frac{\operatorname{tr}\left(W^{\mathrm{T}} S_b W\right)}{\operatorname{tr}\left(W^{\mathrm{T}} S_w W\right)} \tag{4.38}$$

式中，$W \in \mathbb{R}^{d\times(N-1)}$，$d$ 为数据样本 x_i 的维度；$\operatorname{tr}(\cdot)$ 为矩阵的迹，计算的分别为 $W^{\mathrm{T}}S_bW$ 和 $W^{\mathrm{T}}S_wW$ 对角线上的元素，该对角线上的元素 $w^{\mathrm{T}}S_bw$ 和 $w^{\mathrm{T}}S_ww$ 分别表示对应某个方向映射的类间散度和类内散度。可以构建如下的拉格朗日函数：

$$L(W,\lambda) = \operatorname{tr}\left(W^{\mathrm{T}} S_b W\right) - \lambda \operatorname{tr}\left(W^{\mathrm{T}} S_w W\right) \tag{4.39}$$

$$\begin{aligned}\frac{\partial L(W,\lambda)}{\partial W} &= \frac{\partial \operatorname{tr}\left(W^{\mathrm{T}} S_b W\right)}{\partial W} - \lambda \frac{\partial \operatorname{tr}\left(W^{\mathrm{T}} S_w W\right)}{\partial W} \\ &= \left(S_b + S_b^{\mathrm{T}}\right)W - \lambda\left(S_w + S_w^{\mathrm{T}}\right)W \\ &= 2S_bW - \lambda 2S_wW \end{aligned} \tag{4.40}$$

令式（4.40）为 0，可以得到

$$S_bW = \lambda S_wW \tag{4.41}$$

W 的解为 $S_w^{-1}S_b$ 的 $N-1$ 个最大广义特征值所对应的特征向量组成的矩阵。若将 W 设为一个投影矩阵，则多元分类线性判别分析将样本投影到 $N-1$ 维空间，$N-1$ 通常远小于原有的特征数，于是可通过这个投影来减少样本点的维数，且投影过程中使用了类别信息，因此线性判别分析也常被视为一种经典的监督降维技术。

4.2　模型评估与性能度量

4.2.1　数据集和有监督学习

有监督学习中数据通常分成训练集、测试集两部分。训练集用来训练模型，即被用来学习得到系统的参数。测试集用于最终获得模型的评价结果，因此在训练阶段，测试集中样本的标签未知。有时训练集会被进一步划分为训练集和验证集。验证集与测试集类似，也是用于评估模型性能，区别是验证集主要用于模型选择和超参数调整，因而一般不用于最终模型性能的评估。图 4.3 所示为数据模型构建的训练过程，以及对于测试集的标签预测过程。

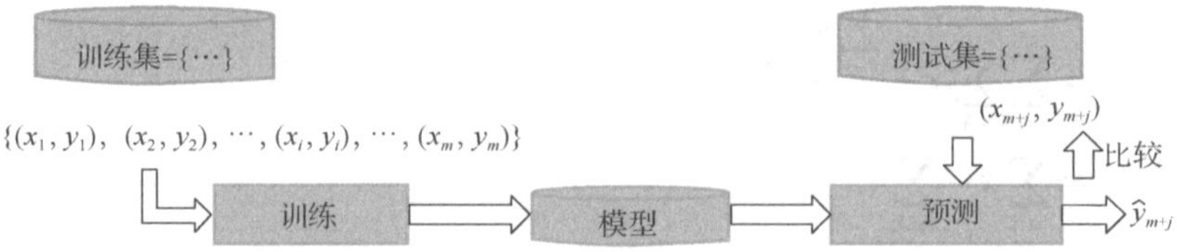

图 4.3　训练过程和预测过程示意图

4.2.2　训练集和测试集的生成

训练集和测试集的拆分主要用于模型训练和模型评估，其中训练集用于获取模型的参数，测试集用来衡量得到的模型的性能。训练集和测试集的拆分方法包括留出法和 k 折交叉验证两种。

1. 留出法

在模型训练和测试过程中，需要对数据进行拆分，将其分为训练集和测试集，用于参数训练和评估模型的分类性能。留出法是一种简单的训练集和测试集拆分方法，随机将数据分为两组，作为训练集和测试集。用训练集训练对应的分类器，通过测试器得到模型的评估结果。留出法数据拆分步骤如下。

（1）将数据随机分为两组，一组作为训练集，一组作为测试集。

（2）利用训练集训练分类器，然后利用测试集评估模型，记录最后的分类准确率，将其作为此分类器的性能指标。

留出法的优点是处理简单，而不足之处是在测试集上预测性能的高低与数据集拆分情况有很大的关系，所以在这种数据集拆分基础上的性能评价结果不够稳定。

2. k 折交叉验证

由于留出法中数据集的拆分对于模型的预测性能影响较大，因此常采用 k 折交叉验证法来评估模型的性能。k 折交叉验证法将数据集随机分为 k 组，每次选取其中的 $k-1$ 组用作模型训练，得到模型的参数，剩余 1 组用来测试模型，得到模型的评估结果，最后将全部评估结果取平均，得到对模型的性能评估。这种数据集拆分方式降低了数据拆分对模型性能的影响。k 折交叉验证法的处理步骤如下。

（1）数据集被分成 k 份（k 通常取 5 或者 10）。

（2）不重复地每次取其中一份作为测试集，用其他 $k-1$ 份作为训练集训练，这样会得到 k 个评价模型。

（3）将上述步骤（2）中的 k 次评价的性能均值作为最后评价结果。

k 折交叉验证有助于提高评估结果的稳定性。图 4.4 给出了 10 折交叉验证的数据集拆分过程。

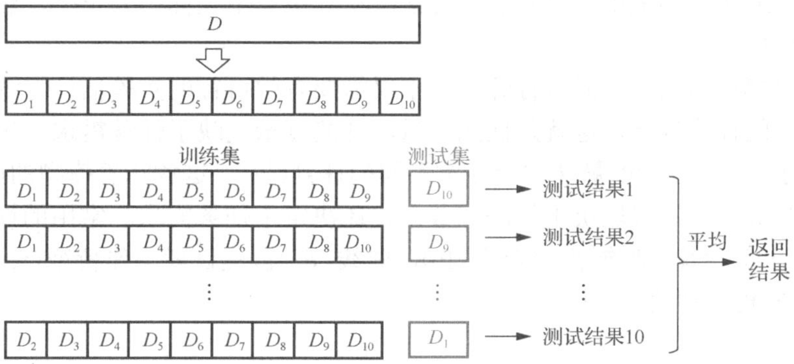

图 4.4　10 折交叉验证的数据集拆分过程

4.2.3　超参数设置

超参数指的是在进入学习过程之前需要设置其参数值的一些变量，而不是通过训练得到的参数数据，例如深度学习的学习速率等就是超参数。网格搜索法通过超参数组合，将超参数代入模型中以评估模型的性能。网格搜索法获取超参数的过程如下：假设模型中有 2 个超参数 A 和 B。A 的可能取值为 $\{a_1, a_2, a_3\}$，B 的可能取值是连续的，如在区间[0,1]。由于 B 值为连续的，通常进行离散化，如设置为{0,0.25,0.5,0.75,1.0}，如果使用网格搜索，就是尝试各种可能的(A,B)组合，找到能使模型取得最高性能的(A,B)，将其作为模型的最优参数。

图 4.5 给出了网格搜索与 k 折交叉验证结合调整超参数的过程，具体步骤如下。

（1）确定评价指标。

（2）对于超参数取值的每种组合，在训练集上使用交叉验证的方法求得其 k 次评价的性能均值。

（3）比较哪种超参数取值组合的性能最好，从而得到最优超参数的取值组合。

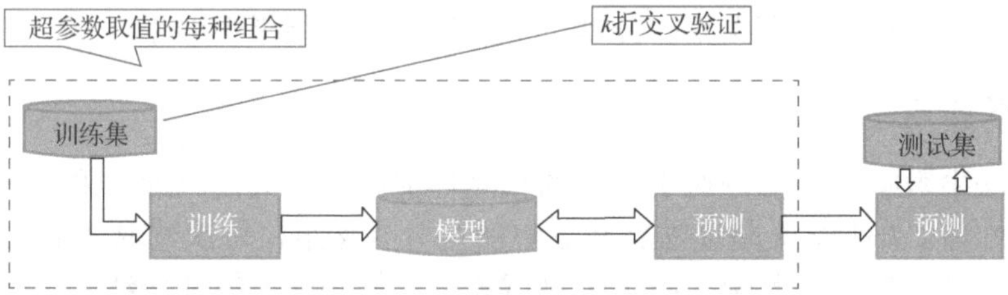

图 4.5　网格搜索与 k 折交叉验证结合调整超参数的过程

4.2.4　分类及其性能度量

分类问题是有监督学习的核心，作用是预测样本属于哪个或者哪些预定义的类别，此时输出变量通常取有限个离散值。分类的机器学习过程包含两个阶段：①从训练数据中学习得到一个分类决策函数或分类模型，称为分类器；②利用学习得到的分类器对新的输入样本进行类别预测。多类分类问题指进行分类的输出包含多个类别，通常多类分类问题可以转化为两类分类问题来解决，如采用一对其余的方法：将其中一个类标记为正类，然后将剩余的其他类都标记成负类。

对机器学习模型的泛化性能进行评估，不仅需要有效可行的实验估计方法，还需要有衡量模型泛化能力的评价标准，这就是性能度量。性能度量反映了任务需求，在对比不同模型的能力时，使用不同的性能度量往往会导致不同的评判结果。这意味着模型的好坏是相对的，什么样的模型是好的，不仅取决于算法和数据，还决定于任务需求。常用的性能度量包括：准确率、查准率和查全率、查准率-查全率（P-R）曲线、F 值、受试者工作特征（receiver operating characteristic，ROC）曲线。

1. 准确率

准确率定义为各类别样本中模型对其正确分类的样本和除以数据的总样本数，表征了模型对数据的正确分类能力。假设数据只有两类样本，即正例和负例。将数据原本为正例，经模型分类后也判定为正例的样本数记为 TP。将数据原本为正例，经模型分类后判定为负例的样本数记为 FN。将数据原本为负例，经模型分类后也判定为负例的样本数记为 TN。将数据原本为负例，经模型分类后判定为正例的样本数记为 FP。将数据中的正例个数记为 P，负例个数记为 N，因此有

$$\begin{cases} P = \mathrm{TP} + \mathrm{FN} \\ N = \mathrm{FP} + \mathrm{TN} \end{cases} \tag{4.42}$$

分类准确率（accuracy）定义式如下：

$$P_{\text{accuracy}} = \frac{\mathrm{TP} + \mathrm{TN}}{P + N} \tag{4.43}$$

该式表征分类器正确分类的样本数与总样本数之比，分类准确率也可以由下式计算：

$$P_{\text{accuracy}}(f, D) = \frac{1}{m}\sum_{i=1}^{m} \mathit{II}(f(x_i) = y_i) \tag{4.44}$$

式中，f 为分类函数；函数 $\mathit{II}(\cdot)$ 中的判断条件为“真”时，函数 $\mathit{II}(\cdot)$ 值为 1，否则函数 $\mathit{II}(\cdot)$ 值为 0；D 为数据集；m 为数据集样本的总数。分类错误率为分类错误的样本数占样本总数的比例，如下所示：

$$E(f, D) = \frac{1}{m}\sum_{i=1}^{m} \mathit{II}(f(x_i) \neq y_i) = 1 - P_{\text{accuracy}}(f, D) \tag{4.45}$$

2. 查准率和查全率

分类准确率和错误率虽然常用，但并不能满足所有任务需求，以西瓜问题为例，假定瓜农运来了一车西瓜，用训练好的模型对这些西瓜进行判别，错误率衡量了有多少比例的瓜被判别错误（包括好瓜被模型认为是坏瓜和坏瓜被模型认为是好瓜）。但我们更加关心的是模型判断为好瓜的有多少是真正的好瓜。

类似的需求在信息检索、网络搜索等应用中经常出现，例如在信息检索中，我们经常会关心“检索出的信息中有多少比例是用户感兴趣的”“用户感兴趣的信息中有多少被检索出来了”，查准率（precision）和查全率（recall）是更为适用于此类需求的性能度量。

查准率反映了模型判定的正例中真正正例的比例：

$$P_{\text{precision}} = \frac{\mathrm{TP}}{\mathrm{TP} + \mathrm{FP}} \tag{4.46}$$

式中，$\mathrm{TP} + \mathrm{FP}$ 为模型检出的全部正例。查全率反映了总正例中被模型正确判定正例的比例。

$$P_{\text{recall}} = \frac{\mathrm{TP}}{P} = \frac{\mathrm{TP}}{\mathrm{TP} + \mathrm{FN}} \tag{4.47}$$

式中，TP + FN 为用户关心的全部正例。查准率和查全率是一对矛盾的度量，查准率高时，查全率往往偏低。例如，若希望选出的瓜中好瓜比例尽可能高（高查准率），则可只挑选最有把握的瓜，但这样就难免会漏掉不少好瓜，使得查全率低。若希望将好瓜尽可能多地选出来（高查全率），则可通过增加选瓜的数量来实现，如果将所有西瓜都选上，那么所有的好瓜也必然都被选上，但这样查准率就会很低。

3. P-R 曲线

P-R 曲线的横轴为查全率，纵轴为查准率。横轴数值越大，说明所有正样本中被判定为正样本的数量越大，此时门限必定降低，因此虚警增高使得精确率下降。纵轴数值越大，说明所有被判定为正样本中的真实正样本越多，此时门限必定提高。为了平衡两个性能度量参数，通常采用曲线下区域（area under curve，AUC）进行衡量。AUC 有助于弥补查全率和查准率两个度量的局限，可以反映全局性能。

要绘制 P-R 曲线，需要一系列查准率和查全率数值，这些系列值是通过阈值来形成的。对于每个测试样本，分类器一般都会给出预测分值（score 值），表示该样本在多大概率上属于正例。

P-R 曲线绘制过程见图 4.6，具体过程如下。

（1）从高到低将预测分值排序。

（2）设置不同的阈值，预测分值大于或等于这个阈值的测试样本被认为正例，其他为负例，从而形成一组预测数据。

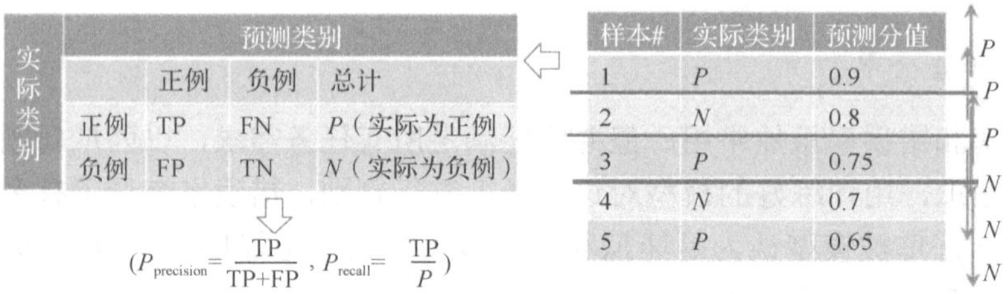

图 4.6　P-R 曲线绘制过程

P-R 曲线直观地显示出模型在样本总体上的查准率、查全率。如图 4.7 所示，如果一个模型的 P-R 曲线完全被另一个模型的 P-R 曲线包住，则后者的性能优于前者。如果两个模型的 P-R 曲线发生交叉，则难以一般性地判断两者孰优孰劣，只能在具体的查准率或查全率条件下进行比较。但人们仍希望对两个模型进行比较，这时比较合理的判据是比较 P-R 曲线下面积的大小，它在一定程度上表征了模型的查准率和查全率都有比较高的比例，但这个值同样不便于估算。此时可以将平衡点（break-event point，BEP）作为判据，它是查准率=查全率时的取值。平衡点距离原点远的模型在一定程度上优于平衡点距离原点近的模型。

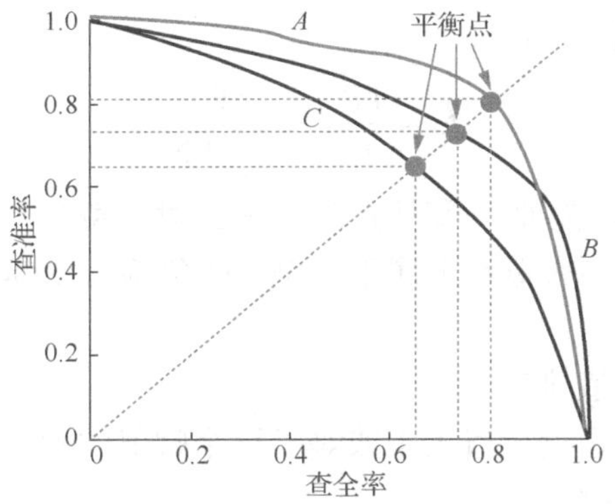

图 4.7　不同 P-R 曲线对比

4. *F* 值

（1）F_1 度量：

$$\frac{1}{F_1}=\frac{1}{2}\left(\frac{1}{P_{\text{precision}}}+\frac{1}{P_{\text{recall}}}\right) \tag{4.48}$$

因此有

$$F_1=\frac{2\times P_{\text{precision}}\times P_{\text{recall}}}{P_{\text{precision}}+P_{\text{recall}}} \tag{4.49}$$

F_1 度量的核心思想在于尽可能提高 $P_{\text{precision}}$ 和 P_{recall} 的同时，希望二者之间的差异尽可能小，可以避免查准率和查全率一个为 1 而另一个为 0 的情况。F_1 度量的大小反映了模型的稳定性，数值越大说明越稳定。

（2）F_β 度量。

在一些应用中，对查准率和查全率的重视程度有所不同。例如，在商品推荐系统中，为了尽可能少打扰用户，更希望推荐内容确实是用户感兴趣的，此时查准率更重要；而在逃犯信息检索系统中，更希望尽可能少漏掉逃犯，此时查全率更重要。F_1 度量的一般形式 F_β 度量可以表达出对查准率和查全率的不同偏好，定义为

$$\frac{1}{F_\beta}=\frac{1}{1+\beta^2}\left(\frac{1}{P_{\text{precision}}}+\frac{\beta^2}{P_{\text{recall}}}\right)\rightarrow F_\beta=\frac{(1+\beta^2)\times P_{\text{precision}}\times P_{\text{recall}}}{\beta^2\times P_{\text{precision}}+P_{\text{recall}}} \tag{4.50}$$

$\beta<1$ 时，查准率有更大的影响；$\beta>1$ 时，查全率有更大的影响。

5. ROC 曲线

ROC 曲线描绘了分类器在真正正例占总正例的比例和错误的正例占负例的比例间的平衡。对于 ROC 曲线，横轴为假正例率，其计算式如下：

$$f_p=\frac{\text{FP}}{N}=\frac{\text{FP}}{\text{TN}+\text{FP}} \tag{4.51}$$

纵轴为真正例率，其计算式如下：

$$t_p = \frac{\mathrm{TP}}{P} = \frac{\mathrm{TP}}{\mathrm{TP}+\mathrm{FN}} \tag{4.52}$$

要得到一个 ROC 曲线，需要一系列 f_p 和 t_p 值。对于每个测试样本，分类器一般都会给出预测分值，表示该样本在多大概率上属于正例（或负例）。ROC 曲线绘制过程见图 4.8，具体过程如下。

（1）从高到低将预测分值排序。

（2）设置不同的阈值，预测分值大于或等于这个阈值的测试样本被认为是正例，其他为负例，从而形成一组预测数据。

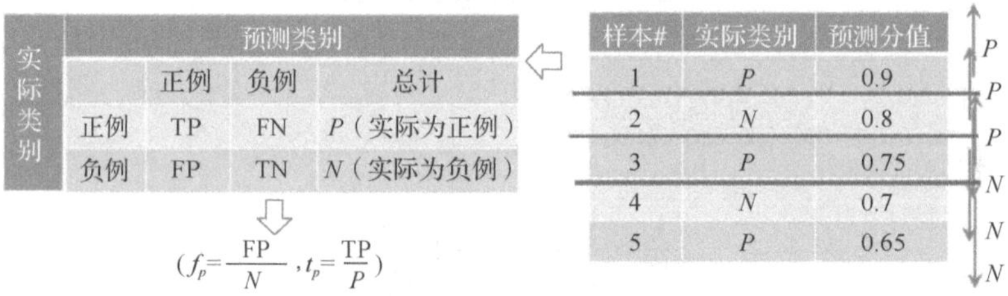

图 4.8　ROC 曲线绘制过程

ROC-AUC 定义为 ROC 曲线下的面积，ROC-AUC 提供了分类器的一个整体数值。通常 ROC-AUC 值越大，分类器性能越好，ROC-AUC 取值范围为[0,1]。图 4.9 为两个 ROC 曲线示例及其 ROC-AUC 值。

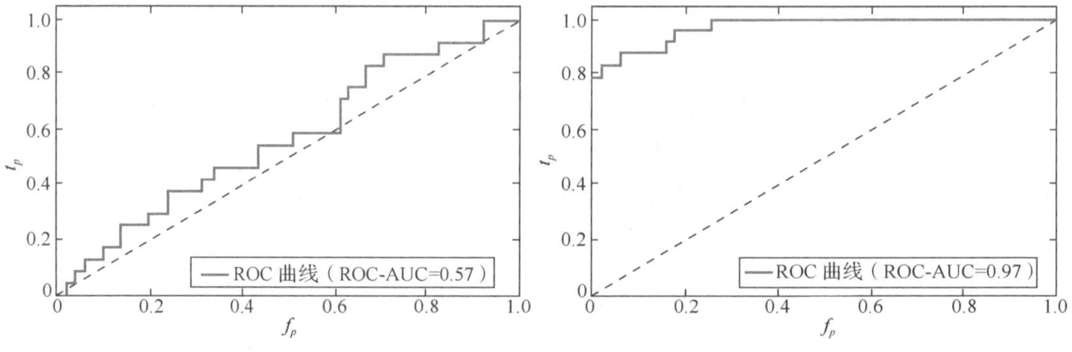

图 4.9　ROC 曲线示例

4.2.5　分类性能可视化

1. 混淆矩阵

混淆矩阵可以直观地展现类别的混淆情况（每个类有多少样本被错误地预测成另一个类），表征了分类器的分类性能。图 4.10 为分类结果统计和混淆矩阵示意图。

实际类别	预测类别		
	正例	负例	总计
正例	TP	FN	P(实际为正例)
负例	FP	TN	N(实际为负例)

（a）分类结果统计

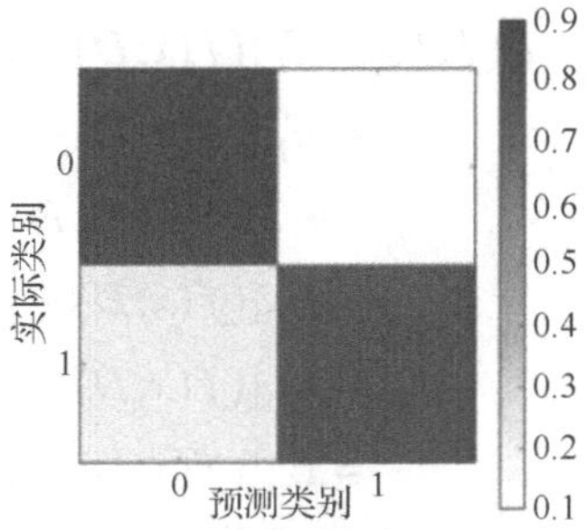

（b）混淆矩阵

图 4.10　分类结果统计和混淆矩阵示意图

图（b）中右侧图例表示当前分类的结果占样本总数的比例

2. Kappa 系数

Kappa 系数可以用来衡量识别精度，其计算基于混淆矩阵。Kappa 系数的计算公式如下：

$$k=\frac{p_{\mathrm{o}}-p_{\mathrm{e}}}{1-p_{\mathrm{e}}} \tag{4.53}$$

式中，p_{o} 为总体识别精度，等于每一类正确分类的样本数量之和除以总样本数。假设每一类的真实样本数分别为 $a_1,a_2,\cdots,a_N$，而预测出来的每一类的样本数分别为 $b_1,b_2,\cdots,b_N$，总样本个数为 n，则有

$$p_{\mathrm{e}}=\frac{a_1\times b_1+a_2\times b_2+\cdots+a_N\times b_N}{n\times n} \tag{4.54}$$

Kappa 系数计算结果为–1～1，但通常 Kappa 系数是落在 0～1 范围内，可分为五组来表示不同级别的一致性：0～0.20 极低的一致性，0.21～0.40 一般的一致性，0.41～0.60 中等的一致性，0.61～0.80 高度的一致性，0.81～1 几乎完全一致。

3. 偏差与方差

对于学习算法，除了通过实验估计其泛化性能，人们往往还希望了解它为什么具有这样的性能。偏差-方差分解是解释学习算法泛化性能的一种重要工具。算法在不同训练集上学得的结果很可能不同，即便这些训练集是来自同一个分布。对测试样本 x，令 y_D 是 x 在数据集 D 中的标记，y 为 x 的真实标记，$f(x;D)$ 为训练集 D 上学习模型 f 在 x 上的预测输出。以回归任务为例，学习算法的期望预测为

$$\bar{f}(x)=E_D[f(x;D)] \tag{4.55}$$

使用样本数相同的不同训练集产生的方差为

$$\mathrm{Var}(x)=E_D[(f(x;D)-\bar{f}(x))^2] \tag{4.56}$$

噪声为 $\varepsilon^2=E_D[(y_D-y)^2]$，期望输出与真实标记的偏差称为偏差，其计算公式为

$$\mathrm{bias}^2(x)=(\bar{f}(x)-y)^2 \tag{4.57}$$

假定噪声的期望为 0，$E_D[y_D-y]=0$，对算法的期望泛化误差进行分解

$$
\begin{aligned}
E(f,D) &= E_D[(f(x;D)-y_D)] = E_D[(f(x;D)-\bar{f}(x)+\bar{f}(x)-y_D)] \\
&= E_D[(f(x;D)-\bar{f}(x))^2]+E_D[(\bar{f}(x)-y_D)^2] \\
&\quad +2E_D[(f(x;D)-\bar{f}(x))(\bar{f}(x)-y_D)] \\
&= E_D[(f(x;D)-\bar{f}(x))^2]+E_D[(\bar{f}(x)-y_D)^2] \\
&= E_D[(f(x;D)-\bar{f}(x))^2]+E_D[(\bar{f}(x)+y-y-y_D)^2] \\
&= E_D[(f(x;D)-\bar{f}(x))^2]+E_D[(\bar{f}(x)-y)^2]+E_D[(y-y_D)^2] \\
&\quad +2E_D[(f(x)-y)(y-y_D)] \\
&= (\bar{f}(x)-y)^2+E_D[(f(x;D)-\bar{f}(x))^2]+E_D[(y-y_D)^2] \\
&= \mathrm{bias}^2(x)+\mathrm{Var}(x)+\varepsilon^2
\end{aligned} \tag{4.58}
$$

泛化误差可以分解为偏差、方差和噪声之和。偏差度量了学习算法的期望预测与真实结果的偏离程度，即刻画了学习算法本身的拟合能力。方差度量了同样大小训练集的变动所导致学习性能的变化，即刻画了数据扰动所造成的影响。噪声则表达了在当前任务上任何学习算法所能达到的期望泛化误差的下界，即刻画了学习问题本身的难度。图 4.11 为泛化误差与偏差和方差的关系示意图。随着训练程度增加，泛化误差越来越小。

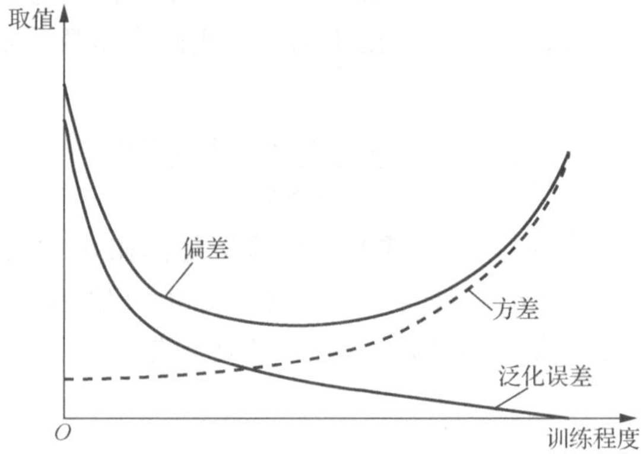

图 4.11　泛化误差与偏差和方差的关系示意图

偏差-方差分解说明，泛化性能是由学习算法的能力、数据的充分性以及学习任务本身的难度所共同决定。给定学习任务，为了取得好的泛化性能，需使偏差较小，即能够充分拟合数据，并且使方差较小，即使得数据扰动产生的影响小。

通常，偏差与方差是有冲突的，这称为偏差-方差窘境。给定学习任务，假定可以控制学习算法的训练长度，则在训练不足时，学习器的拟合能力不够强，训练数据的扰动不足以使学习器产生显著变化，此时偏差主导了泛化错误率；随着训练程度的加深，学习器的拟合能力逐渐增强，训练数据发生扰动渐渐能被学习器学到，方差逐渐主导了泛化错误率；在训练程度充足后，学习器的拟合能力已非常强，训练数据发生的轻微扰动都会导致学习器发生显著变化，若训练数据自身的、非全局的特性被学习器学到，则将发生过拟合。

4.3　容量、过拟合与欠拟合

机器学习算法的主要挑战是算法必须能够在新输入的样本上表现良好，而不只是在训练集上表现良好。在先前未观测到的输入上表现良好的能力被称为泛化。机器模型在训练过程中可以使用某个训练集，在训练集上得到的误差称为训练误差或经验误差。机器学习的目标是降低泛化误差，即在测试样本上得到的测试误差。通常我们通过衡量模型在测试样本上的性能，来估计机器学习模型的泛化误差。

机器学习过程中主要包括两个挑战：欠拟合和过拟合。其中欠拟合是指模型不能在训练集上获得足够低的训练误差，而过拟合是指训练误差和测试误差的差距太大。图 4.12 给出了一个欠拟合和过拟合示例。希望机器学习在新样本上能表现出很好的拟合能力，为了达到这个目的，模型应该从训练样本中尽可能学出适用于所有潜在样本的“普遍规律”，这样才能在遇到新样本时做出正确的判别。

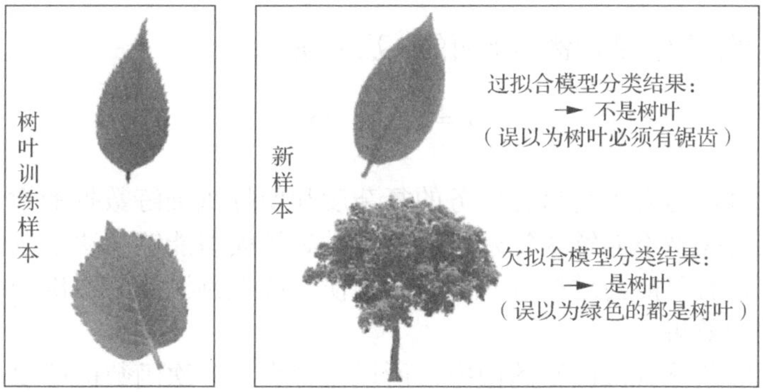

图 4.12　欠拟合和过拟合示例

然而，如果学习器在训练样本中学得“太好了”，很可能会把训练样本自身的一些特点当作所有潜在样本都会具有的一般性质，这样就会导致泛化能力下降，这种现象在机器学习中称为“过拟合”。多种因素可能导致过拟合，其中常见的情况是由于模型学习能力过于强大，以至于把训练样本所包含的不太一般的特性都学到了，而欠拟合则通常是由于模型学习能力低下而造成的。

模型的容量是指模型拟合各种函数的能力，通过调整模型的容量可以控制模型是否偏向于过拟合或者欠拟合。容量低的模型可能很难拟合训练集，容量高的模型可能会过拟合，因为记住了过多不适用于测试集的训练集性质。图 4.13 为欠拟合、适当容量和过拟合示例。

一种控制训练算法容量的方法是选择假设空间，即学习算法可以选择为解决方案的函数集。例如，线性回归函数将关于其输入的所有线性函数作为假设空间。广义线性回归的假设空间包括多项式函数，而非仅有线性函数，这样就增加了模型的容量。

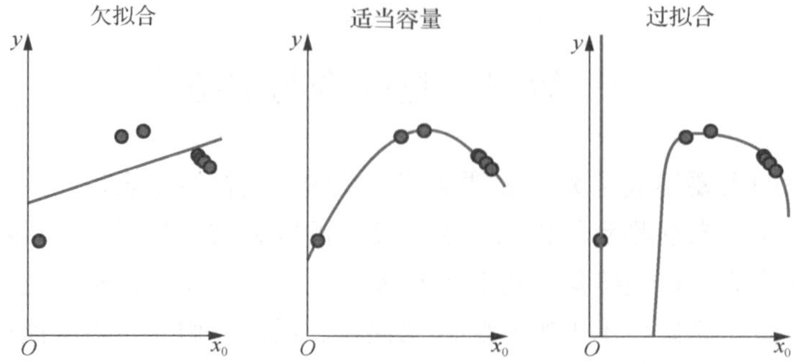

图 4.13　欠拟合、适当容量和过拟合示例

一次多项式提供线性回归模型：

$$y = b + wx \tag{4.59}$$

通过引入 x^2 作为线性回归模型的另一个特征，能够学习关于 x 的二次函数模型：

$$y = b + w_1 x + w_2 x^2 \tag{4.60}$$

继续添加 x 的更高幂作为特征，例如下面的 9 次多项式：

$$y = b + \sum_{i=1}^{9} w_i x^i \tag{4.61}$$

当机器学习算法的容量适合于所执行任务的复杂度和所提供训练数据的数量时，算法效果通常最佳。容量不足的模型不能解决复杂任务，容量高的模型能够解决复杂的任务，但当其容量高于任务所需时，有可能会过拟合。下面分别使用线性预测器、二次预测器和 9 次预测器拟合真实二次函数的效果。

线性预测器无法刻画真实函数的曲率，所以欠拟合。9 次函数能够表示正确的函数，但因为模型参数比训练样本还多，所以它能够表示无限多个刚好穿过训练样本点的其他函数，因此过拟合，此时无法准确预测新的测试样本。二次模型非常符合任务的真实结构，可以很好地泛化到新数据。

简单的模型函数可以使得模型尽可能地泛化，即训练误差和测试误差的差距缩小，但此时训练误差和测试误差均较大，因此必须适当提高模型的复杂度。当模型容量上升时，训练误差会下降，直到其接近最小可能误差（假设误差度量有最小值）。通常，泛化误差是一个关于模型容量的 U 形曲线函数，如图 4.14 所示。

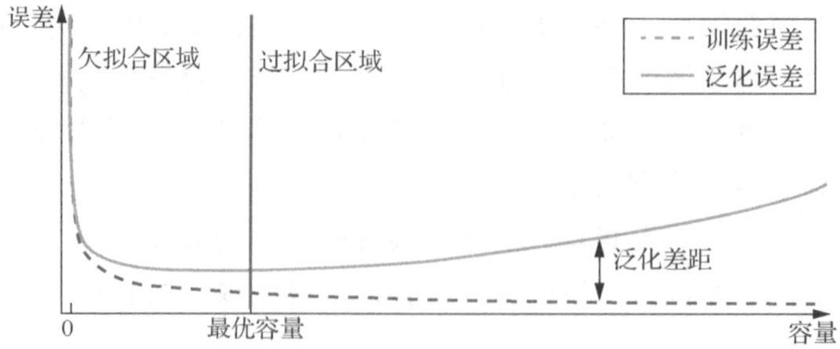

图 4.14　关于模型容量的 U 形曲线函数

4.4　高维数据降维方法

4.4.1　*k* 近邻学习

k 近邻学习是一种监督学习方法，给定测试样本，基于某种距离度量找出训练集中与其最靠近的 *k* 个训练样本，然后基于这 *k* 个“邻居”的信息来进行预测。分类任务中，可使用“投票法”选择 *k* 个样本中出现最多的类别标签作为预测结果。在回归任务中使用“平均法”，即将这 *k* 个样本的实值输出结果的平均值作为预测结果。*k* 近邻学习过程如图 4.15 所示，当 *k* 取不同值时，分类结果会有显著不同。

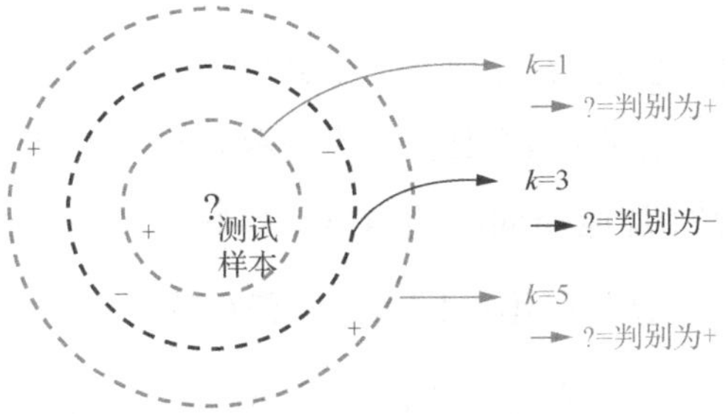

图 4.15　*k* 近邻学习过程

k 近邻学习方法建立的一个假设是：任意测试样本 x 附近任意小的 δ 距离范围内总能找到一个训练样本，即训练样本密度足够大。这在现实任务中很难满足，例如若 δ=0.001，且样本的特征个数为 1，则仅需 1000 个样本点平均分布在归一化后的特征取值范围内，即任意测试样本在其 0.001 距离范围内总能找到一个训练样本。如果特征维度为 20，若要求样本满足上述样本点间的距离条件，则至少需要 $(10^3)^{20}=10^{60}$ 个样本。

许多学习方法都涉及距离计算，而高维空间会给距离计算带来很大的麻烦。高维空间会带来维数灾难问题，维数灾难是指在涉及向量计算的问题中，随着维数的增加，计算量呈指数级增长的一种现象。

当维度增加时，空间的体积增大得很快，使得可用的数据变得稀疏。稀疏性对于任何要求有统计学意义的方法而言都是一个问题。为了获得在统计学上正确并且可靠的结果，用来支撑这一结果所需要的数据量通常随着维数的提高而呈指数级增长。在组织和搜索数据时也有赖于检测对象区域，这些区域中的对象通过相似度属性而形成分组。然而在高维空间中，所有的数据都很稀疏，从很多角度看都不相似，因而平常使用的数据组织策略变得极其低效。

缓解维数灾难的一个重要途径是降维，即通过某种数学变换将原始高维特征空间转变为一个低维子空间，在这个子空间中样本密度大幅提高，距离计算也变得更为容易。有些时候观测的数据样本虽然是高维的，但与学习任务密切相关的也许仅是某个低维分布。如图 4.16 所示，将数据样本点从三维投影到某一个平面降到二维。

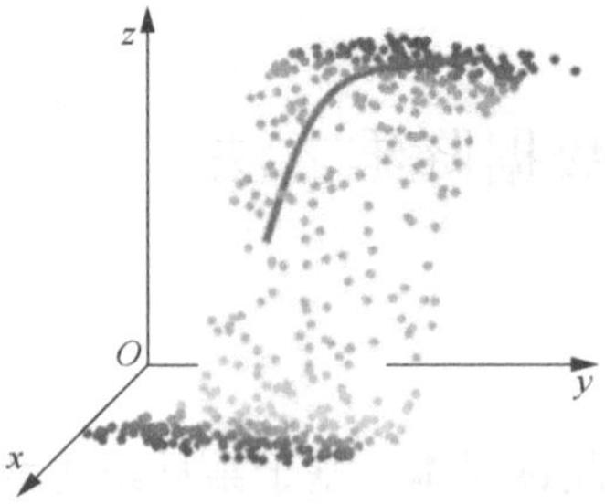

（a）三维空间中观察到的样本点

（b）二维空间中的曲面

图 4.16　数据的三维和二维分布

4.4.2　多维缩放降维算法

假定 m 个样本在原始空间的距离矩阵为 $D \in \mathbb{R}^{m \times m}$，其第 i 行 j 列的元素 dist_{ij} 为样本 x_i 到 x_j 的距离。我们的目的是获得样本在 d' 维空间的表示 $Z \in \mathbb{R}^{d' \times m}, d' \leqslant d$，且任意两个样本在 d' 维空间中的欧几里得距离等于原始空间中的距离，即 $\|z_i - z_j\| = \mathrm{dist}_{ij}$。

令 $B = Z^{\mathrm{T}} Z \in \mathbb{R}^{m \times m}$，其中 B 为降维后样本的内积矩阵，$b_{ij} = z_i^{\mathrm{T}} z_j$，且有

$$\mathrm{dist}_{ij}^2 = \|z_i - z_j\|^2 = \|z_i\|^2 + \|z_j\|^2 - 2 z_i^{\mathrm{T}} z_j = b_{ii} + b_{jj} - 2b_{ij} \tag{4.62}$$

令降维后的样本 Z 被中心化，即 $\sum_{j=1}^{m} z_j = 0$，显然矩阵 B 的行与列之和均为 0，即

$$\sum_{i=1}^{m} b_{ij} = \sum_{i=1}^{m} z_i^{\mathrm{T}} z_j = \sum_{i=1}^{m} z_i^{\mathrm{T}} = 0^{\mathrm{T}} z_j = 0, \quad \sum_{j=1}^{m} b_{ij} = 0 \tag{4.63}$$

由上面的推导可以得到

$$\begin{aligned} &\sum_{i=1}^{m} \mathrm{dist}_{ij}^2 = \sum_{i=1}^{m} (b_{ii} + b_{jj} - 2b_{ij}) = \mathrm{tr}(B) + m b_{jj} \\ &\sum_{j=1}^{m} \mathrm{dist}_{ij}^2 = \sum_{j=1}^{m} (b_{ii} + b_{jj} - 2b_{ij}) = \mathrm{tr}(B) + m b_{ii} \\ &\sum_{i=1}^{m} \sum_{j=1}^{m} \mathrm{dist}_{ij}^2 = \sum_{i=1}^{m} \left(\mathrm{tr}(B) + m b_{ii} \right) = 2m\mathrm{tr}(B) = 2m \sum_{i=1}^{m} \| z_i \|^2 \end{aligned} \tag{4.64}$$

令

$$\begin{aligned} &\mathrm{dist}_{i\cdot}^2 = \frac{1}{m} \sum_{j=1}^{m} \mathrm{dist}_{ij}^2 \\ &\mathrm{dist}_{\cdot j}^2 = \frac{1}{m} \sum_{i=1}^{m} \mathrm{dist}_{ij}^2 \\ &\mathrm{dist}_{\cdot\cdot}^2 = \frac{1}{m^2} \sum_{i=1}^{m} \sum_{j=1}^{m} \mathrm{dist}_{ij}^2 = \frac{2}{m} \mathrm{tr}(B) \end{aligned} \tag{4.65}$$

由 $\text{dist}_{ij}^2 = b_{ii} + b_{jj} - 2b_{ij}$ 可以得到 $B = Z^{\mathrm{T}}Z \in \mathbb{R}^{m\times m}$，

$$\begin{aligned} b_{ij} &= -\frac{1}{2}\left(\text{dist}_{ij}^2 - b_{ii} - b_{jj}\right) \\ &= -\frac{1}{2}\left(\text{dist}_{ij}^2 - \frac{1}{m}\left(\sum_{j=1}^{m}\text{dist}_{ij}^2 - \text{tr}(B)\right) - \frac{1}{m}\left(\text{dist}_{\cdot j}^2 - \text{tr}(B)\right)\right) \\ &= -\frac{1}{2}\left(\text{dist}_{ij}^2 - \text{dist}_{i\cdot}^2 - \text{dist}_{\cdot j}^2 + \text{dist}_{\cdot\cdot}^2\right) \end{aligned} \tag{4.66}$$

式中，$\text{dist}_{i\cdot}^2$ 和 $\text{dist}_{\cdot j}^2$ 分别表示 dist_{ij}^2 的第 j 列和第 i 行向量。由此即可通过降维前后保持不变的距离矩阵 D 求取内积矩阵 B。对矩阵 B 做特征值分解，$B = V\Lambda V^{\mathrm{T}}$，其中 $\Lambda = \text{diag}(\lambda_1,\cdots,\lambda_d)$ 为特征值构成的对角矩阵，$\lambda_1 \geqslant \cdots \geqslant \lambda_d$，$V$ 为特征向量矩阵。假定其中有 d^* 个非零特征值，它们构成的对角矩阵 $\Lambda_* = \text{diag}(\lambda_1,\cdots,\lambda_{d^*})$，令 V_* 表示特征向量矩阵，则有 $Z = \Lambda_*^{1/2}V_*^{\mathrm{T}} \in \mathbb{R}^{d^*\times m}$。在现实应用中为了有效降维，往往仅需降维后的距离与原始空间中的距离尽可能接近，而不必严格相等。此时可取 $d' \ll d$ 个最大特征值构成对角矩阵 $\tilde{\Lambda} = \text{diag}(\lambda_1,\cdots,\lambda_{d'})$，令 $\tilde{V}$ 表示相应的特征向量矩阵，则 Z 可以表示为

$$Z = \tilde{\Lambda}^{1/2}\tilde{V}^{\mathrm{T}} \in \mathbb{R}^{d'\times m} \tag{4.67}$$

通常，欲获得低维子空间，较为常用的办法是对原始高维空间进行线性变换，给定 d 维空间中的样本 $X = (x_1,\cdots,x_m) \in \mathbb{R}^{d\times m}$，变换之后得到 $d' \ll d$ 维空间中的样本：

$$Z = W^{\mathrm{T}}X \tag{4.68}$$

式中，$Z \in \mathbb{R}^{d'\times m}$ 是样本在新空间中的表达；$W \in \mathbb{R}^{d\times d'}$ 是变换矩阵。

变换矩阵 W 可视为 d' 个 d 维基向量，$z_i = W^{\mathrm{T}}x_i$ 是第 i 个样本与这 d' 个基向量分别做内积而得到的 d' 维属性向量。换言之，z_i 是原特征向量 x_i 在新坐标系 $\{w_1,\cdots,w_{d'}\}$ 中的坐标向量。若 w_i 与 w_j 正交，则新坐标系是一个正交坐标系，此时 W 为正交变换。显然，新空间中的特征是原空间中特征的线性组合。基于线性变换来进行降维的方法称为线性降维方法，都符合 $Z = W^{\mathrm{T}}X$ 的基本形式，不同之处是对低维子空间的性质有不同的要求，相当于对 W 施加了不同的约束。

4.4.3　主成分分析

主成分分析（principal component analysis，PCA）是一种常用的降维方法。在介绍主成分分析之前，先考虑如下问题：对于正交特征空间中的样本点，如何用一个超平面对所有的样本进行恰当的表达。

假定数据样本进行了中心化，即 $\sum_i x_i = 0$，投影变换后得到的新坐标系为 $\{w_1,\cdots,w_{d'}\}$，变换矩阵为 $W = [w_1,\cdots,w_{d'}], W \in \mathbb{R}^{d\times d'}$，并且投影变换 w_i 为标准正交基向量，$\|w_i\|_2 = 1$，$w_i^{\mathrm{T}}w_j = 0\ (i \neq j)$，有

$$z_{ij} = w_j^{\mathrm{T}}x_i \tag{4.69}$$

$$z_i = \begin{pmatrix} w_1^{\mathrm{T}} \\ \vdots \\ w_{d'}^{\mathrm{T}} \end{pmatrix} x_i = W^{\mathrm{T}} x_i \tag{4.70}$$

$$WW^{\mathrm{T}} x_i = W z_i \tag{4.71}$$

$$W^{\mathrm{T}} W = \left[w_1, \cdots, w_{d'}\right]^{\mathrm{T}} \left[w_1, \cdots, w_{d'}\right] = I \tag{4.72}$$

$$WW^{\mathrm{T}} = I \tag{4.73}$$

$$\hat{x}_i = W z_i \tag{4.74}$$

考虑整个训练集，原样本点 x_i 与基于投影重构的样本点 $\hat{x}_i$ 之间的距离为

$$\begin{aligned} \sum_{i=1}^{m} \| \hat{x}_i - x_i \|_2^2 &= \sum_{i=1}^{m} \| W z_i - x_i \|_2^2 = \sum_{i=1}^{m} \left(W z_i - x_i\right)^{\mathrm{T}} \left(W z_i - x_i\right) \\ &= \sum_{i=1}^{m} \left(z_i^{\mathrm{T}} W^{\mathrm{T}} W z_i - 2 z_i^{\mathrm{T}} W^{\mathrm{T}} x_i + x_i^{\mathrm{T}} x_i\right) = \sum_{i=1}^{m} z_i^{\mathrm{T}} z_i - 2 \sum_{i=1}^{m} z_i^{\mathrm{T}} W^{\mathrm{T}} x_i + \mathrm{const} \\ &= \sum_{i=1}^{m} x_i^{\mathrm{T}} W W^{\mathrm{T}} x_i - 2 \sum_{i=1}^{m} x_i^{\mathrm{T}} W W^{\mathrm{T}} x_i + \mathrm{const} = -\sum_{i=1}^{m} x_i^{\mathrm{T}} W W^{\mathrm{T}} x_i + \mathrm{const} \\ &\propto -\mathrm{tr}\left(W^{\mathrm{T}} \left(\sum_{i=1}^{m} x_i x_i^{\mathrm{T}}\right) W\right) \end{aligned} \tag{4.75}$$

由于 x_i 为标准正交基，因此 $\sum_{i=1}^{m} x_i x_i^{\mathrm{T}}$ 是协方差矩阵。上式的优化过程可以写为

$$W^* = \arg\min_{W} -\mathrm{tr}\left(W^{\mathrm{T}} X X^{\mathrm{T}} W\right) \quad \mathrm{s.t.}\, W^{\mathrm{T}} W = I \tag{4.76}$$

该式为主成分分析的优化目标，样本点在新空间中超平面的投影是 $W^{\mathrm{T}} x_i$ ，如图 4.17 所示的一个数据分布示例，若要所有样本点的投影尽可能分开，则应使投影后样本点的方差最大化。

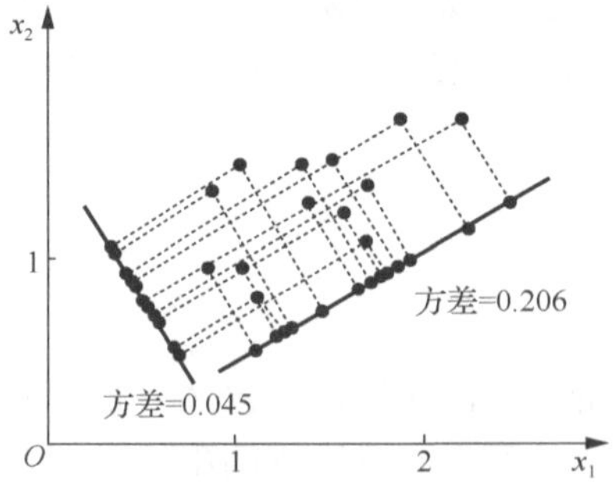

图 4.17　数据分布示例

所有样本点投影后的方差为 $\mathrm{tr}\left(\sum_{i} W^{\mathrm{T}} x_i x_i^{\mathrm{T}} W\right) = \mathrm{tr}\left(W^{\mathrm{T}} X X^{\mathrm{T}} W\right)$，于是优化目标为

$$W^* = \arg\max_{W} \mathrm{tr}\left(W^{\mathrm{T}} X X^{\mathrm{T}} W\right) \quad \mathrm{s.t.}\, W^{\mathrm{T}} W = I \tag{4.77}$$

构建如下所示拉格朗日乘子：

$$L(W,\lambda)=\mathrm{tr}\left(W^{\mathrm{T}}XX^{\mathrm{T}}W\right)-\lambda\mathrm{tr}\left(G\left(W^{\mathrm{T}}W-I\right)\right) \tag{4.78}$$

式中，$G\in\mathbb{R}^{d'\times d'}$ 为乘子矩阵。由于矩阵 W 的列向量正交，因此 $W^{\mathrm{T}}W-I$ 为对角矩阵，可以取 $G=\varLambda=\mathrm{diag}(\lambda_1,\cdots,\lambda_{d'})$，拉格朗日函数为

$$L(W,\lambda)=\mathrm{tr}\left(W^{\mathrm{T}}XX^{\mathrm{T}}W\right)-\lambda\mathrm{tr}\left(\varLambda\left(W^{\mathrm{T}}W-I\right)\right) \tag{4.79}$$

$$\begin{cases}\dfrac{\partial\mathrm{tr}(AXBX^{\mathrm{T}}C)}{\partial X}=A^{\mathrm{T}}C^{\mathrm{T}}XB^{\mathrm{T}}+CAXB\\ \dfrac{\partial\mathrm{tr}(AXBX^{\mathrm{T}}C)}{\partial X^{\mathrm{T}}}=BX^{\mathrm{T}}CA+B^{\mathrm{T}}X^{\mathrm{T}}A^{\mathrm{T}}C^{\mathrm{T}}\end{cases} \tag{4.80}$$

$$\begin{cases}\dfrac{\partial\mathrm{tr}(AX^{\mathrm{T}}BXC)}{\partial X^{\mathrm{T}}}=A^{\mathrm{T}}C^{\mathrm{T}}X^{\mathrm{T}}B^{\mathrm{T}}+CAX^{\mathrm{T}}B\\ \dfrac{\partial\mathrm{tr}(AX^{\mathrm{T}}BXC)}{\partial X}=BXCA+B^{\mathrm{T}}XA^{\mathrm{T}}C^{\mathrm{T}}\end{cases} \tag{4.81}$$

因此有

$$\begin{aligned}\frac{\partial L(W,\lambda)}{\partial W}&=\frac{\partial\mathrm{tr}\left(W^{\mathrm{T}}XX^{\mathrm{T}}W\right)}{\partial W}-\lambda\frac{\partial\mathrm{tr}\left(\varLambda\left(W^{\mathrm{T}}W-I\right)\right)}{\partial W}\\&=2XX^{\mathrm{T}}W-\lambda W\varLambda-\lambda W\varLambda^{\mathrm{T}}\\&=2XX^{\mathrm{T}}W-2\lambda W\varLambda\end{aligned} \tag{4.82}$$

令上式等于零矩阵可以得到

$$XX^{\mathrm{T}}W=\lambda W\varLambda \tag{4.83}$$

$$\begin{aligned}XX^{\mathrm{T}}\left[w_1,\cdots,w_{d'}\right]&=\lambda\left[w_1,\cdots,w_{d'}\right]\begin{bmatrix}\lambda_1&&\\&\ddots&\\&&\lambda_{d'}\end{bmatrix}\\&=\lambda\left[\lambda_1w_1,\cdots,\lambda_{d'}w_{d'}\right]\end{aligned} \tag{4.84}$$

$$XX^{\mathrm{T}}w=\lambda'w \tag{4.85}$$

因此主成分分析的变换矩阵中的列向量为式（4.85）求解的特征向量，降维前的特征向量维数为 d，降维后的特征向量维数为 d'。降维后保留的特征个数所占的比例为 $\sum_{i=1}^{d'}\lambda_i'\Big/\sum_{i=1}^{d}\lambda_i'$。

4.4.4　核化线性降维

线性降维方法假设从高维空间到低维空间的函数映射是线性的，然而在很多现实任务中，需要非线性映射才能找到恰当的低维映射。对于图 4.18 所示的三维空间样本点分布，若直接使用线性降维方法对三维空间观察到的样本点进行降维，则将丢失原本的低维结构。为了对“原本采样的”低维空间与降维后的低维空间加以区别，称前者为“本真”低维空间。

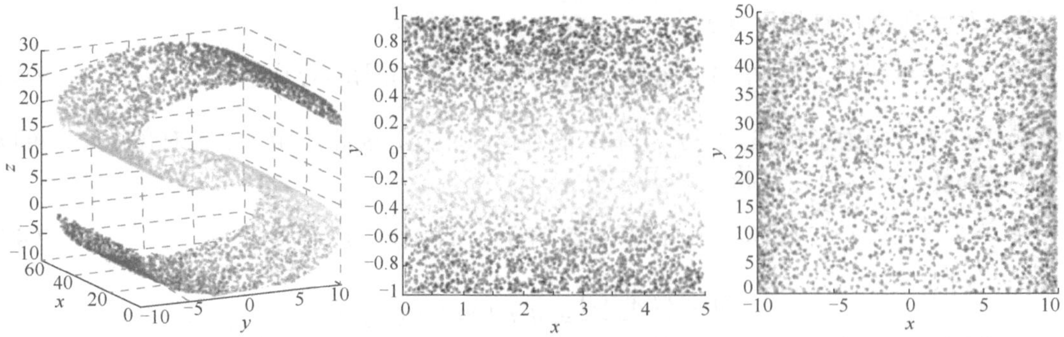

（a）三维空间中观察到的样本点　　（b）本真二维结构　　（c）主成分分析降维结果

图 4.18　数据分布与降维结果

假设 z_i 是样本点 x_i 通过非线性映射 ϕ 在高维空间中的映射结果，即

$$z_i = \phi(x_i) \tag{4.86}$$

线性主成分分析的特征变换向量 w 通过下式求解：

$$XX^{\mathrm{T}} w = \sum_{i=1}^{m} x_i x_i^{\mathrm{T}} w = \lambda w \tag{4.87}$$

在特征映射空间的特征变换向量将通过下式求解：

$$\sum_{i=1}^{m} \phi(x_i) \phi^{\mathrm{T}}(x_i) w = \lambda w \tag{4.88}$$

上式可以写为

$$w = \sum_{i=1}^{m} \phi(x_i) \frac{\phi^{\mathrm{T}}(x_i) w}{\lambda} = \sum_{i=1}^{m} \alpha_i \phi(x_i) \tag{4.89}$$

式中，$\alpha_i = \dfrac{1}{\lambda} \phi^{\mathrm{T}}(x_i) w$。

$$[\phi(x_1), \cdots, \phi(x_m)] \begin{bmatrix} \alpha_1 \\ \vdots \\ \alpha_m \end{bmatrix} = w \tag{4.90}$$

上式两边同时左乘 $\begin{bmatrix} \phi(x_1)^{\mathrm{T}} \\ \vdots \\ \phi(x_m)^{\mathrm{T}} \end{bmatrix}$，可以得到

$$\begin{bmatrix} \phi(x_1)^{\mathrm{T}} \\ \vdots \\ \phi(x_m)^{\mathrm{T}} \end{bmatrix} [\phi(x_1), \cdots, \phi(x_m)] \begin{bmatrix} \alpha_1 \\ \vdots \\ \alpha_m \end{bmatrix} = \begin{bmatrix} \phi(x_1)^{\mathrm{T}} \\ \vdots \\ \phi(x_m)^{\mathrm{T}} \end{bmatrix} w \tag{4.91}$$

$$\begin{bmatrix} \phi(x_1)^{\mathrm{T}} \phi(x_1) & \cdots & \phi(x_1)^{\mathrm{T}} \phi(x_m) \\ \vdots & \ddots & \vdots \\ \phi(x_m)^{\mathrm{T}} \phi(x_1) & \cdots & \phi(x_m)^{\mathrm{T}} \phi(x_m) \end{bmatrix} \begin{bmatrix} \alpha_1 \\ \vdots \\ \alpha_m \end{bmatrix} = \begin{bmatrix} \phi(x_1)^{\mathrm{T}} \\ \vdots \\ \phi(x_m)^{\mathrm{T}} \end{bmatrix} w = \lambda \begin{bmatrix} \alpha_1 \\ \vdots \\ \alpha_m \end{bmatrix} \tag{4.92}$$

$$Ka = \lambda a \tag{4.93}$$

式中，$(K)_{ij} = \kappa(x_i, x_j)$，因此向量 a 为上式求解的特征向量。特征映射向量为

$$w' = \sum_{i=1}^{m} \alpha_i \phi(x_i) \tag{4.94}$$

降维后的向量为 z，降维后向量的第 j 维如下式所示：

$$z_j = w_j'^{\mathrm{T}} \phi(x) = \sum_{i=1}^{m} \alpha_{ji} \phi^{\mathrm{T}}(x_i) \phi(x) = \sum_{i=1}^{m} \alpha_{ji} \kappa(x_i, x) \tag{4.95}$$

式中，$a_j = \left[\alpha_{j1}, \cdots, \alpha_{jm}\right]^{\mathrm{T}}$。

4.4.5　度量学习

在机器学习中，对高维数据进行降维的主要目的是希望找到一个合适的低维空间，在此空间中进行学习比原始空间性能更好。事实上每个空间对应了在样本属性上定义的一个距离度量，而寻找合适的空间，实质上就是在寻找一个合适的距离度量，那么是否有一种方法可以学习出一个合适的距离度量？这就是度量学习的基本动机。对于两个 d 维样本 x_i 与 x_j，它们之间的欧几里得距离平方可写为

$$\mathrm{dist}_{\mathrm{ed}}^2(x_i, x_j) = \| x_i - x_j \|_2^2 = \mathrm{dist}_{ij,1}^2 + \cdots + \mathrm{dist}_{ij,d}^2 \tag{4.96}$$

式中，$\mathrm{dist}_{ij,k}^2$ 表示 x_i 和 x_j 在第 k 维上的距离。若假定不同属性的重要性不同，则可引入属性权值 w，得到

$$\begin{aligned} \mathrm{dist}_{\mathrm{wed}}^2(x_i, x_j) &= w_1 \mathrm{dist}_{ij,1}^2 + \cdots + w_d \mathrm{dist}_{ij,d}^2 \\ &= (x_i - x_j)^{\mathrm{T}} W (x_i - x_j) \end{aligned} \tag{4.97}$$

式中，$W = \mathrm{diag}(w)$。上式中 W 的非对角线均为 0，即属性之间无关，但现实问题中往往属性之间是相关的，例如西瓜的重量和体积，因此将上式中的 W 替换为半正定矩阵 M，于是就得到了马哈拉诺比斯距离

$$\mathrm{dist}_{\mathrm{mah}}^2(x_i, x_j) = (x_i - x_j)^{\mathrm{T}} M (x_i - x_j) = \| x_i - x_j \|_M^2 \tag{4.98}$$

式中，M 亦称为度量矩阵，度量学习的目的就是对 M 进行学习。为了保持距离非负且对称，M 必须是半正定对称矩阵，即必有正交基 P 使得 M 能写为 $M = PP^{\mathrm{T}}$。对 M 学习需要设置一个目标，可以将 M 直接嵌入到近邻分类器的评价指标中，通过优化该性能指标相应地求得 M。下面以近邻成分分析（neighborhood component analysis，NCA）为例进行讨论。

近邻分类器在进行判别时通常使用多数投票法，邻域中的每个样本投 1 票，邻域外的样本投 0 票。对于任意样本 x_j，它对样本 x_i 分类结果影响的概率为

$$p_{ij} = \frac{\exp\left(-\| x_i - x_j \|_M^2\right)}{\sum_l \exp\left(-\| x_i - x_l \|_M^2\right)} \tag{4.99}$$

则与样本 x_i 同类别的样本对样本 x_j 分类正确的概率为

$$p_i = \sum_{j \in \Omega_i} p_{ij} \tag{4.100}$$

式中，Ω_i 表示与 x_i 属于相同类别样本的下标集合。于是整个样本集上分类正确的概率为

$$\sum_{i=1}^{m} p_i = \sum_{i=1}^{m} \sum_{j \in \Omega_i} p_{ij} \tag{4.101}$$

由以上两个式子可以得到近邻成分分析的优化目标为

$$\min_{M} \left[1 - \sum_{i=1}^{m} \sum_{j \in \Omega_i} \frac{\exp\left(-\| x_i - x_j \|_M^2\right)}{\sum_l \exp\left(-\| x_i - x_l \|_M^2\right)} \right] \tag{4.102}$$

4.5 特征选择与特征提取

对当前学习任务有用的属性称为相关特征，没用的属性称为无关特征。从给定的特征集合中选择出相关特征子集的过程称为特征选择，而提取特征的过程称为特征提取。特征提取必须保证不丢失重要特征，否则后续学习过程会因为重要信息的缺失而无法获得好的性能。欲从初始的特征集合中选取一个包含所有重要信息的特征子集，若没有任何先验假设，只能遍历所有可能的子集，但这样会遭遇组合爆炸。

4.5.1 过滤式特征选择

过滤式方法先对数据集进行特征选择，然后再训练学习器，特征选择过程与后续学习器无关，相当于先用特征选择过程对初始特征进行过滤，再用过滤后的特征来训练模型。

Relief（相关特征，relevant features）是一种著名的过滤式特征选择方式，该方法设计了一个相关统计量来度量特征的重要性。给定训练集 $\{(x_1, y_1), \cdots, (x_m, y_m)\}$，对每个样本 x_i，Relief 先在 x_i 的同类样本中寻找其最近邻 $x_{i,\mathrm{nh}}$，称为“猜中近邻”（near-hit），再从 x_i 的异类样本中寻找其最近邻 $x_{i,\mathrm{nm}}$，称为“猜错近邻”（near-miss），统计量 δ 对应于属性 j 的分量为

$$\delta^j = \sum_i \left[-\mathrm{diff}(x_i^j, x_{i,\mathrm{nh}}^j)^2 + \mathrm{diff}(x_i^j, x_{i,\mathrm{nm}}^j)^2 \right] \tag{4.103}$$

式中，δ^j 越大，说明对应属性的分类能力越强。

Relief 是为二分类问题设计的，其扩展变体 Relief-F 能处理多元分类问题。假定数据集 D 中的样本来自 N 个类别，对于样本 x_i，若它属于第 k 类，则 Relief-F 先在第 k 类的样本中寻找与 x_i 的最近邻样本 $x_{i,\mathrm{nh}}$ 作为猜中近邻，然后在第 k 类之外的每个类中找到一个 x_i 的最近邻样本作为猜错近邻，记为 $x_{i,l,\mathrm{nm}}$，于是相关统计量对应于属性 j 的分量为

$$\delta^j = \sum_i \left[-\mathrm{diff}(x_i^j, x_{i,\mathrm{nh}}^j)^2 + \sum_{l \neq k} \left(p_l \times \mathrm{diff}(x_i^j, x_{i,l,\mathrm{nm}}^j)^2 \right) \right] \tag{4.104}$$

式中，p_l 为第 l 类样本在数据集 D 中所占的比例。

4.5.2　包裹式特征选择

与过滤式特征选择不考虑后续学习器不同，包裹式特征选择直接把最终将要使用的学习器的性能作为特征子集的评价准则，即包裹式特征选择的目的就是为给定学习器选择最有利于其性能的特征子集。包裹式特征选择依赖于预定义的学习算法来评估所选特征的质量。这种方法通过两个主要步骤进行：首先搜索特征子集，然后评估这些特征子集的性能。如果性能满足或超过预设标准，则选择该特征子集作为最优特征集。这种方法能够针对具体问题选择不同的评价方法，因此在评估所选特征时具有很大的灵活性。

4.5.3　嵌入式特征选择与 L1 正则化

在过滤式和包裹式特征选择方法中，特征选择过程与学习器训练过程有明显的分别。嵌入式特征选择是将特征选择过程与学习器训练过程融为一体，两者在同一个优化过程中完成。

给定数据集 $D=\{(x_1,y_1),\cdots,(x_m,y_m)\}$，其中 $x\in\mathbb{R}^d, y\in\mathbb{R}$，考虑线性回归模型，以平方误差作为损失函数，则优化目标为

$$\min_w \sum_{i=1}^{m}(y_i - w^{\mathrm{T}}x_i)^2 \tag{4.105}$$

当样本特征很多，而样本数量较少时，上式容易陷入过拟合。为了缓解过拟合问题，对上式引入正则化项，若使用 L2 范数正则化，有

$$\min_w \sum_{i=1}^{m}(y_i - w^{\mathrm{T}}x_i)^2 + \lambda\|w\|_2^2 \tag{4.106}$$

如果将 L2 范数替换为 L1 范数，则上式写为

$$\min_w \sum_{i=1}^{m}(y_i - w^{\mathrm{T}}x_i)^2 + \lambda\|w\|_1 \tag{4.107}$$

该式称为最小绝对值收敛和选择算子（least absolute shrinkage and selection operator，LASSO），L1 范数和 L2 范数正则化都有助于降低过拟合风险，但 L1 范数还有一个额外的好处：它比后者更容易获得稀疏解，即它求得的 w 会有更少的非零分量。w 取得稀疏意味着初始的 d 个特征中仅有对应着 w 的非零分量特征才会出现在最终的模型中，即 L1 正则化的学习方法就是一种嵌入式特征选择方法，其特征选择过程与学习器训练过程融为一体。

L1 正则化问题的求解可使用近端梯度下降（proximal gradient descent，PGD）算法，其优化目标为

$$\min_w f(w) + \lambda\|w\|_1 \tag{4.108}$$

令 ∇ 表示微分算法，若 $f(w)$ 可导，且 $f'(w)$ 满足 L-利普希茨（L-Lipschitz）条件，即存在常数 $L>0$ 使得

$$|f'(w) - f'(w_k)| \leqslant L|w - w_k| \tag{4.109}$$

因此有

$$f''(w_k)=\lim_{w\to w_k}\frac{|f'(w)-f'(w_k)|}{|w-w_k|}\leqslant L \tag{4.110}$$

由泰勒公式有

$$\begin{aligned}f(w)&=f(w_k)+f'(w_k)(w-w_k)+\frac{f''(w_k)}{2}(w-w_k)^2+\cdots\\&\approx f(w_k)+f'(w_k)(w-w_k)+\frac{L}{2}(w-w_k)^2\\&=\frac{L}{2}\left\|w-\left(w_k-\frac{1}{L}f'(w_k)\right)\right\|_2^2+\text{const}\end{aligned} \tag{4.111}$$

令上式取最小值可以得到

$$w_{k+1}=w_k-\frac{1}{L}f'(w_k) \tag{4.112}$$

因此通过上述迭代，可以实现对 $f(w)$ 的最小化。将这个思想推广到高维模型

$$\min_w f(w)+\lambda\|s\|_1 \tag{4.113}$$

可以类似地得到其每一步迭代过程为

$$w_{k+1}=\arg\min_w\frac{L}{2}\left\|w-\left(w_k-\frac{1}{L}\nabla f(w_k)\right)\right\|_2^2+\lambda\|s\|_1 \tag{4.114}$$

上式的优化过程需要兼顾考虑 w 的 L1 范数的最小化。

令 $z=w_k-\frac{1}{L}\nabla f(w_k)$，因此有

$$\begin{aligned}w_{k+1}&=\arg\min_w\frac{L}{2}\left(w-\left(w_k-\frac{1}{L}\nabla f(w_k)\right)\right)^2+\lambda\|w\|_1\\&=\arg\min_w\frac{L}{2}\|w-z\|^2+\lambda\|w\|_1\\&=\arg\min_w\frac{L}{2}\sum_{i=1}^{d}(w^i-z^i)^2+\lambda\sum_{i=1}^{d}|w^i|\end{aligned} \tag{4.115}$$

式中，w^i 为 w 的第 i 个分量，上式中各分量最小化过程彼此独立，互不影响。对于第 i 个分量，如果 $w^i>0$，有

$$\begin{aligned}\frac{L}{2}\left(w^i-z^i\right)^2+\lambda|w^i|&=\frac{L}{2}\left(\left(w^i\right)^2+2\left(\frac{\lambda}{L}-z^i\right)w^i+\left(z^i\right)^2\right)\\&=\frac{L}{2}\left(w^i+\left(\frac{\lambda-Lz^i}{L}\right)\right)^2+\text{const}\end{aligned} \tag{4.116}$$

此时如果 $\frac{\lambda-Lz^i}{L}<0$，即 $z^i>\lambda/L$，才能让 $\left(w^i+\left(\frac{\lambda-Lz^i}{L}\right)\right)$ 更接近 0，因此有

$$w_{k+1}^i = z^i - \lambda / L \tag{4.117}$$

如果 $w^i < 0$，有

$$\frac{L}{2}\left(w^i - z^i\right)^2 + \lambda\left|w^i\right| = \frac{L}{2}\left(\left(w^i\right)^2 + 2\left(-\frac{\lambda}{L} - z^i\right)w^i + \left(z^i\right)^2\right)$$

$$= \frac{L}{2}\left(w^i - \left(\frac{\lambda + Lz^i}{L}\right)\right)^2 + \text{const} \tag{4.118}$$

此时如果 $\frac{\lambda + Lz^i}{L} < 0$，即 $z^i < -\lambda / L$，才能让 $\left(w^i - \left(\frac{\lambda + Lz^i}{L}\right)\right)$ 更接近 0，因此有

$$w_{k+1}^i = z^i + \lambda / L \tag{4.119}$$

当 $|z^i| \leqslant \lambda / L$ 时，令 $w_{k+1}^i = 0$，即该分量在降维过程中被去除。

4.5.4　短时信号分析技术

在海洋环境中，被动声呐传感器感知到的舰船辐射噪声往往具有高冗余、低信噪比的特点，这使得直接利用获得的舰船辐射噪声进行分类识别往往可行度不高。这就需要对舰船辐射噪声进行特征提取。通过预处理、特征变换、特征检测和参数估计给出相应的水声目标特征提取结果或者参数。传统的特征提取方法主要通过对信号时域与频域信息进行分析而忽略了目前仍然广泛存在的声呐员的听觉感知作用。实际上人耳在低信噪比以及多目标干扰环境下具有很好的识别性能，因此研究人耳声学特征提取对于提高水下目标分类识别精度有着重要意义。

音频信号从整体来看通常是不断变化的。但很多音频处理技术都是基于概率模型进行的，其要求信号是平稳信号。因此我们处理声学信号时一般会先将其进行分帧处理，如图 4.19 所示。这是因为音频信号在短时尺度上变化并不大，能够在一帧的时间内将声信号当作平稳信号处理。之后再分别提取各帧特征参量并将其沿时间序列排列。为了保证帧之间的连续性，相邻帧之间存在交叠，交叠的部分称为帧移，交叠的长度一般小于信号长度的一半。

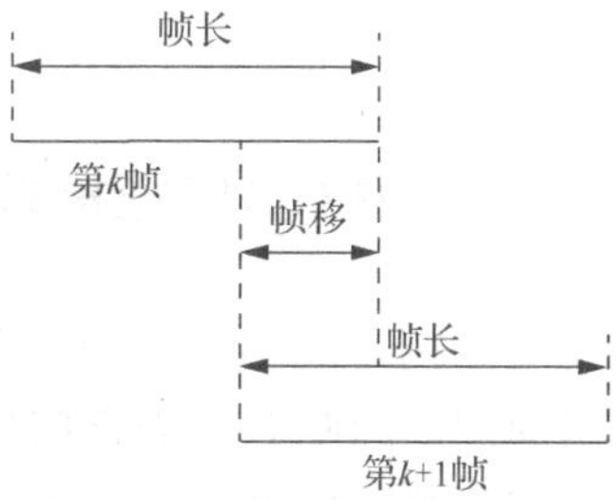

图 4.19　信号分帧示意图

信号分帧后为保证信号边缘平滑需要加窗处理，通常采用汉明窗。设帧信号为 $x(n)$，窗函数为 $w(n)$，则加窗之后每帧信号表示为 $y(n) = x(n) \cdot w(n)$。汉明窗形式为

$$\begin{cases} 0.54 - 0.46\cos(2\pi n / N), & 0 \leqslant n \leqslant N-1 \\ 0, & n = \text{其他} \end{cases} \tag{4.120}$$

在短时信号分析中，所提取的参数分辨率等将会受到窗函数的类型以及长度影响，因此对于不同的分析应该选取合适的窗函数。

4.5.5　LOFAR 谱分析技术

在数字信号处理中傅里叶变换是对信号进行频域分析的基本方法，但是其只能对信号进行全局傅里叶变换，无法用于非平稳的舰船辐射噪声。这就需要通过短时傅里叶变换技术得到低频阵列（low frequency array，LOFAR）谱对信号进行频域分析。在基于短时信号分析技术进行预处理之后，可以对每一帧信号做傅里叶变换，这就是短时傅里叶变换。短时傅里叶变换可以用函数表示为

$$\mathrm{STFT}\{s(t)\}=S(\tau,\omega)=\int_{-\infty}^{\infty}s(t)w(t-\tau)\mathrm{e}^{-\mathrm{j}\omega t}\mathrm{d}t \tag{4.121}$$

式中，$S(\tau,\omega)$ 为输出信号；$s(t)$ 为原始信号；$w(t)$ 为窗函数。短时傅里叶变换得到的矩阵称为 LOFAR 谱。LOFAR 谱分析的基本步骤包括预处理和快速傅里叶变换两部分。

对信号用短时信号分析技术进行预处理，经过分帧加窗之后得到时域分帧信号。为了统一信号标度，需要对每一帧信号 $L_k(n)(k=1,2,\cdots,M;\ n=1,2,\cdots,N)$ 进行归一化和中心化处理，使得信号的幅度和方差在 0～1 范围内，且样本均值为 0。

归一化处理：

$$y_k=\frac{L_k(n)}{\max\limits_{1\leqslant i\leqslant N}[L_k(i)]} \tag{4.122}$$

中心化处理：

$$x_k(n)=y_k(n)-\frac{1}{N}\sum_{i=1}^{N}y_k(i) \tag{4.123}$$

对分帧处理后的信号 $x_k(n)$ 进行傅里叶变换获得其频域信号 $X_k(\omega)$，即为第 k 帧信号的 LOFAR 谱信息，将 M 帧信息在时间轴上排列获得原始信号在时间、频率轴上的 LOFAR 谱图。

$$X_k(\omega)=\mathrm{NFFT}[x_k(n)] \tag{4.124}$$

4.5.6　MFCC 特征提取技术

早期声呐员对水下各种目标进行听声识别与人对于语音或者说话人的识别作用机理是相同的。因此对于语音信号的特征分析方法也可以用于对于水下目标的特征提取。梅尔频率倒谱系数（Mel-frequency cepstrum coefficient，MFCC）的相关理论自 1980 年被提出之后，便被广泛应用于自动语音识别及说话人的辨识之中。MFCC 的理论结合了人类听音机理，人类耳蜗会根据进入的声音的频率在不同的点振动。根据耳蜗中振动的位置，不同神经将会向大脑传递信号，使得大脑辨别出有哪些频率，因此人耳对于不同频率的声音具有不同的听觉灵敏度。在语音识别的研究中，引入了梅尔频率来描述人耳对于声音的非线性感知，梅尔频率 $\mathrm{Mel}(f)$ 与频率 f 的关系见式（4.125），图 4.20 为梅尔频率与实际频率关系。

$$\mathrm{Mel}(f)=2595\lg(1+f/700) \tag{4.125}$$

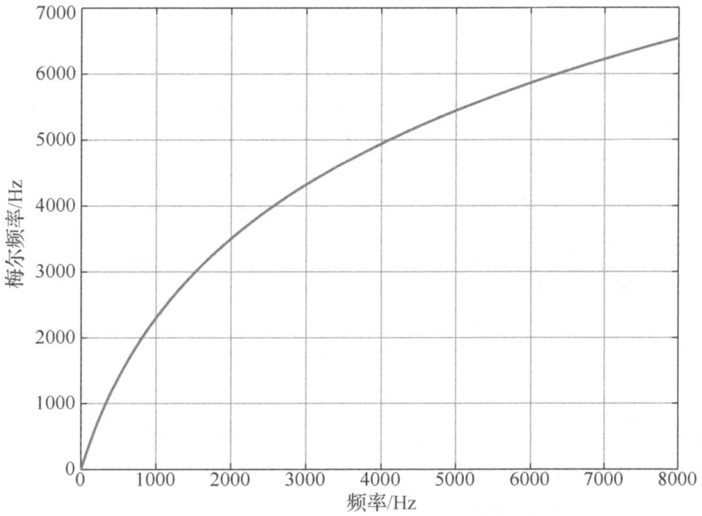

图 4.20　梅尔频率与实际频率关系

音调的区分门限通常也会随着音调频率的变化而变化。频率较低时，人耳对频率区分门限较小。当强度为 40dB 时，2000Hz 音调改变 3Hz 就会被人耳察觉；而声音频率为 10kHz 时，区分门限为 30Hz。实验表明，在 1000Hz 以下，区分临界频率带宽基本呈线性分布，频率带宽约为 100Hz，当声音频率超过 1000Hz 时，区分带宽呈对数增长，也就是说人耳对低频信号分辨率比高频信号更高。仿照人类对于不同频率声音的区分门限不同，可以在信号的频率范围内按照带宽的大小设置一组三角滤波器组，即梅尔频率滤波器组。梅尔频率滤波器组中心频率按照梅尔频率刻度均匀划分，对每个带通滤波器输出信号能量做对数运算，再进一步做离散余弦变换就可以得到梅尔频率倒谱系数。

设一组包含 M 个滤波器的三角滤波器组的中心频率为 $f(m)$，$m=1,2,3,\cdots,M$，则对滤波器频率响应 $H_m(K)$，有

$$H_m(k)=\begin{cases}0, & k<f(m-1)\text{或}k\geqslant f(m+1)\\ \dfrac{2[k-f(m-1)]}{f(m)-f(m-1)}, & f(m-1)\leqslant k<f(m)\\ \dfrac{2[f(m+1)-k]}{f(m+1)-f(m)}, & f(m)\leqslant k<f(m+1)\end{cases} \tag{4.126}$$

式中，$\sum_{m=0}^{M-1}H_m(K)=1$。每个滤波器中心频率 $f(m)$ 如下：

$$f(m)=\left(\frac{N}{f_s}\right)B^{-1}\left[B(f_1)+m\frac{B(f_h)-B(f_l)}{M+1}\right] \tag{4.127}$$

式中，$B(f)=2595\lg(1+f/700)$；f_s 为信号采样率；f_h 和 f_l 分别为滤波器的最高频率、最低频率；N 为信号分帧长度；M 为滤波器个数。

MFCC 特征提取流程主要包含 4 个部分，即预处理、快速傅里叶变换、梅尔频率滤波和离散余弦变换。图 4.21 为 MFCC 特征提取流程。

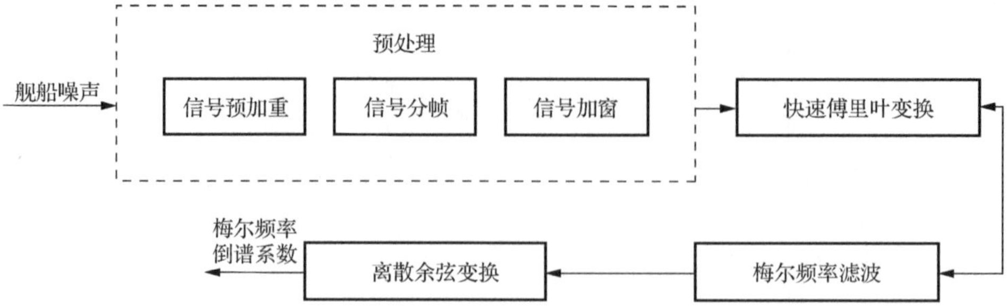

图 4.21　MFCC 特征提取流程

预处理通常包括：信号预加重、信号分帧、信号加窗。如果信号的起始点未知，还需加入端点检测。信号预加重的目的是通过一个一阶有限激励响应滤波器来提升信号之中高频部分的频谱，使得信号频谱变得更为平坦，突出高频共振峰。激励响应函数通常表示为

$$H(z)=1-\mu z^{-1} \tag{4.128}$$

式中，系数 μ 通常取 $\mu=0.95$。信号分帧是利用声学信号的短时平稳性，将 10～30ms 以内 N 个采样数据组合为一个集合来进行处理。为了避免两集合之间信号变化过大，相邻集合会存在 50%以下的重叠。加窗处理同样是为了保证信号的连续性，设帧信号为 $x(n)$，窗函数为 $w(n)$，通常选用汉明窗，加窗之后每帧信号表示为 $y(n)=x(n)\cdot w(n)$。离散傅里叶变换将时域分帧信号 $x(n)$ 经过 N 点的离散傅里叶变换后得到线性频谱 $X(k)$，公式如下：

$$X(k)=\sum_{n=0}^{N-1}x(n)\mathrm{e}^{-\mathrm{j}2\pi nk/N},\quad 0\leqslant n,k\leqslant N-1 \tag{4.129}$$

梅尔频率滤波将所得的线性频谱 $X(k)$ 通过梅尔频率滤波器组 $H_m(k)$ 滤波得到梅尔频谱。信号的截止频率决定了所用的梅尔频率滤波器组中三角滤波器个数。取对数之后使得结果对噪声和谱估计误差有更好的鲁棒性。最后得到一组系数 $m_1,m_2,\cdots,m_n$，n 为所用滤波器中三角滤波器个数。

$$S(m)=\ln\left[\sum_{k=1}^{N}|X(k)|^2\ H_m(k)\right],\quad m=1,2,\cdots,M \tag{4.130}$$

式中，

$$H_m(k)=\begin{cases}0, & k<f(m-1)\text{或}k\geqslant f(m+1)\\ \dfrac{2[k-f(m-1)]}{[f(m+1)-f(m-1)][f(m)-f(m-1)]}, & f(m-1)\leqslant k<f(m)\\ \dfrac{2[f(m+1)-k]}{[f(m+1)-f(m-1)][f(m+1)-f(m)]}, & f(m)\leqslant k<f(m+1)\end{cases} \tag{4.131}$$

$f(m)$ 为三角滤波器中心频率，前 20 阶的三角滤波器带宽与中心频率见表 4.1。

表 4.1　梅尔频率滤波器三角滤波器参数表

滤波器标号	临界带宽/Hz	中心频率/Hz	滤波器标号	临界带宽/Hz	中心频率/Hz
1	100	100	11	160	1149
2	100	200	12	184	1320
3	100	300	13	211	1516
4	100	400	14	242	1741
5	100	500	15	278	2000
6	100	600	16	320	2297
7	100	700	17	367	2639
8	100	800	18	422	3031
9	100	900	19	484	3482
10	100	1000	20	556	4000

因为经过上述处理过程得到的梅尔系数都是实数，通过离散余弦变换（discrete cosine transform，DCT）将对数梅尔频谱变换到时域可得到梅尔频率倒谱系数。

$$c(n)=\sum_{m=1}^{M}S(m)\cos\left(n(m-0.5)\frac{\pi}{M}\right),\quad 1\leqslant n\leqslant m \tag{4.132}$$

4.5.7　log-Mel 频谱与 MFCC

上一节中经过式(4.130)并取对数之后的数组也是一种常用的声音特征，被称作 log-Mel 频谱或者梅尔声谱图。其在通过梅尔频率滤波器组之后减小了声谱图的规模，也模拟了人耳对于声音的敏感程度。而 MFCC 在 log-Mel 频谱的基础上进一步做离散余弦变换，这一步的实质是通过离散余弦变换的方式剥离频谱细节，取得 log-Mel 频谱的频谱包络，以获得声音中共振峰等信息。

4.5.8　基于 MFCC 的水声目标特征提取

从样本库 A 中随机抽取五个样本，对其进行特征提取。在预处理中信号分帧长度为 25ms，帧移为 10ms，将 1s 的信号分为 98 帧进行处理。对每帧进行快速傅里叶变换，得到 LOFAR 谱。图 4.22 给出了五个样本 LOFAR 谱特征可视化显示。第一行为不同样本的时域波形图，上方数字为仿真时样本类型编号，其与舰船类型的关系在表 4.2 中列出。第二行为对应的 LOFAR 谱。

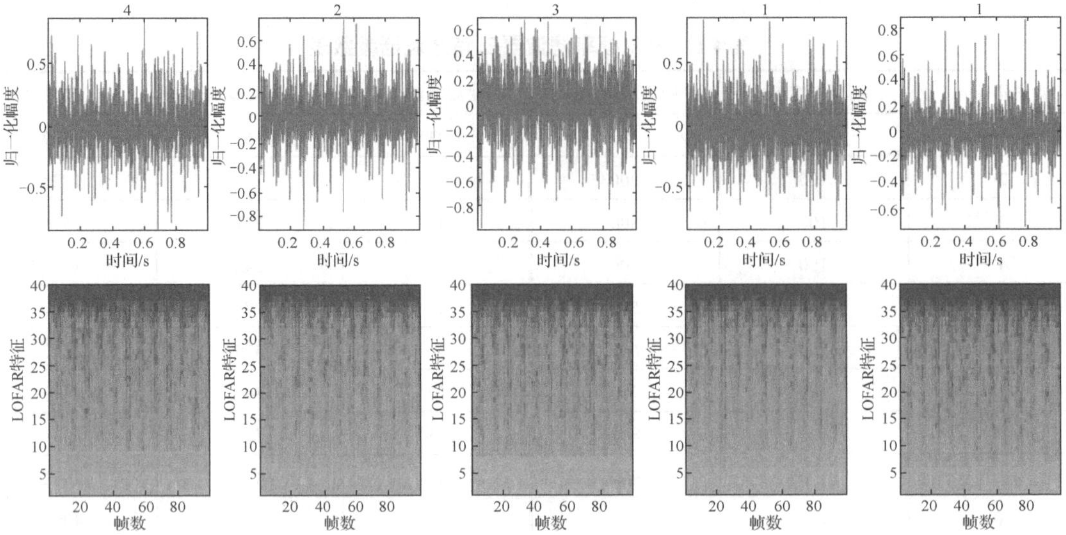

图 4.22　不同样本的 LOFAR 谱特征提取效果图

表 4.2　样本编号及对应舰船类型表

类型编号	舰船类型	类型编号	舰船类型
1	中型船舶	4	大型船舶 b
2	小型船舶 a	5	小型船舶 b
3	大型船舶 a		

对信号进行快速傅里叶变换之后通过梅尔频率滤波器处理后取对数，如果不对信号进行离散余弦变换处理，则可以得到 log-Mel 频谱图，如图 4.23 所示。可以看到不同舰船类型的 log-Mel 频谱图同样具备一定的差异，而同类舰船的不同样本之间存在一定的相似处。所以 log-Mel 频谱图也能作为一种特征提取方法用于之后的工作之中。

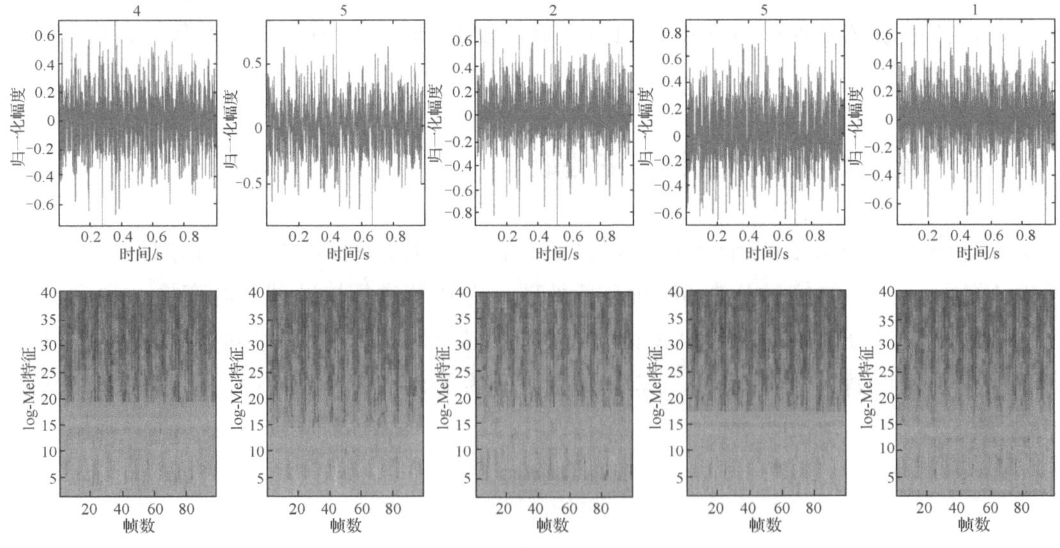

图 4.23　log-Mel 频谱特征提取效果图

如果对信号进行离散余弦变换，则可得到大小为40×98的 MFCC 特征矩阵。图 4.24 给出了五个样本 MFCC 谱特征可视化显示。第一行为样本的时域波形图，第二行为对应的MFCC谱特征可视化显示图。可以看到不同舰船类型之间的MFCC特征系数具有较大的差异，特别是前20维MFCC特征系数之间的差异比较明显，而同一类舰船的不同样本之间的MFCC特征存在一些相同点。因此之后的分类运用 MFCC 进行特征提取具有可行性。

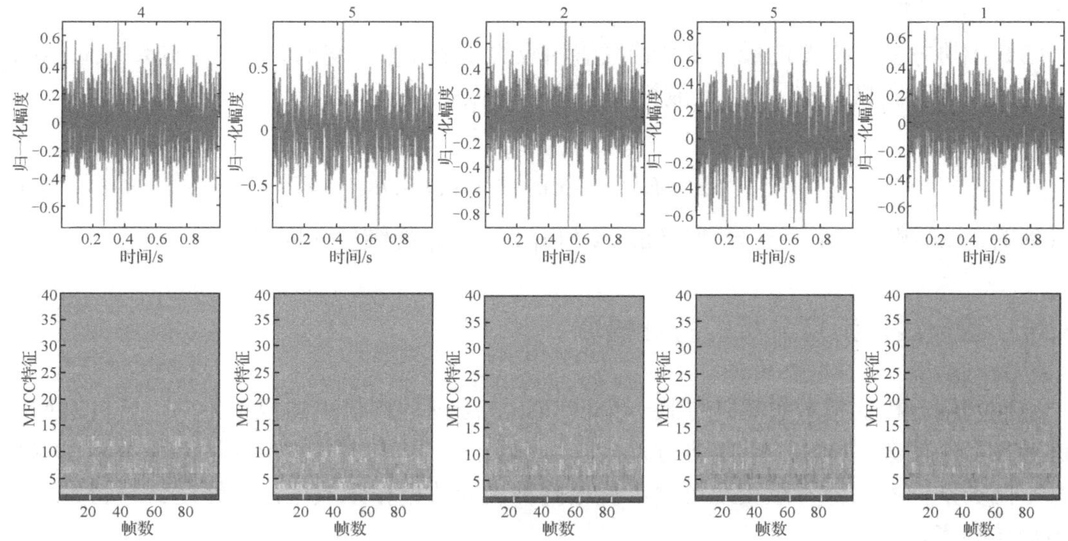

图 4.24　MFCC 谱特征提取效果图

4.5.9　基于主成分分析的特征选择

主成分分析常用于实验数据分析和线性预测模型。如果数据分布满足高斯模型并且符合全局线性结构，可以将原始相关的特征变量通过线性变换成为不相关的低维空间特征变量，即提取原始数据的主成分。主成分分析二维空间示意图如图 4.25 所示。

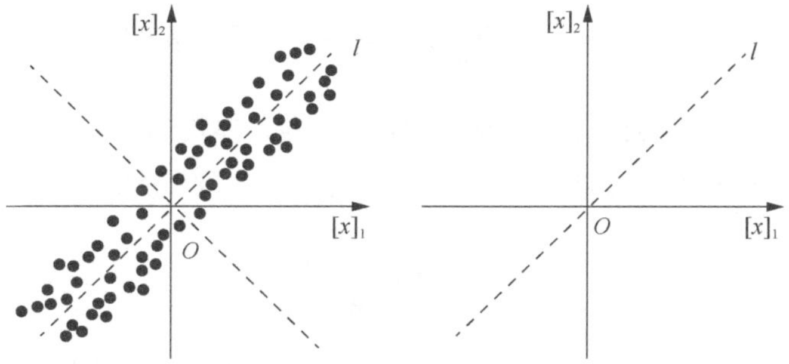

图 4.25　主成分分析二维空间示意图

主成分分析算法的流程如下。

（1）对于给定的原始训练样本集 $T=\{(x_1,y_1),(x_2,y_2),\cdots,(x_n,y_n)\}\in(\mathbb{R}^N,Y)$，$x_i\in\mathbb{R}^N$，

$y_i \in Y=\{-1,1\}$，$i=1,2,\cdots,n$，和欲推断其类别归属的样本输入 x，设降维后的维数 $d<n$。

（2）构造集合 $\{x_0,x_1,\cdots,x_n\}$，其中 $x_0=x$。计算该集合的协方差矩阵

$$\Sigma=\frac{1}{n+1}\sum_{i=0}^{n}(x_i-\overline{x})^{\mathrm{T}}(x_i-\overline{x}) \tag{4.133}$$

式中，$\overline{x}=\dfrac{1}{n+1}\sum_{i=0}^{n}x_i$。

（3）求协方差矩阵 Σ 的最大 d 个特征值相应的 d 个互相正交的单位特征向量 $v_1,v_2,\cdots,v_d$。

（4）用特征向量 $v_1,v_2,\cdots,v_d$ 组成投影矩阵 $V=[v_1,v_2,\cdots,v_d]$。

（5）计算

$$\overline{x}_i=V^{\mathrm{T}}(x_i-\overline{x}),\quad i=0,1,\cdots,n \tag{4.134}$$

所得到的 $\tilde{x}=\tilde{x}_0$ 和 $\tilde{x}_1,\tilde{x}_2,\cdots,\tilde{x}_n$ 分别为输入 x 和 $x_1,x_2,\cdots,x_n$ 降维后的向量。

4.5.10　基于线性判别分析的特征提取

线性判别分析的基本思想是寻找一个使 Fisher 准则达到最大的投影方向，通过对原始数据进行投影，使数据样本的类间协方差矩阵达到最大，类内协方差矩阵达到最小，也就是令具有不同类别标签的样本点相距更远，使相同种类的数据相距较近，能够达到对特征空间数据的最佳分离。

给定 $x_i \in X$ 个样本，$X=\{x_1,x_2,\cdots x_n\}\in\mathbb{R}^N$ 每一个样本的维度为 $x_i\in X_{\mathrm{U}}$，原始数据集包含的类别数为 S，数据集对应的类间散度矩阵 S_b、类内散度矩阵 S_w、总体协方差矩阵 S_t 分别由以下公式给出：

$$S_b=\sum_{i=1}^{c}n_i(m_i-m)(m_i-m)^{\mathrm{T}}=\varPhi_b\varPhi_b^{\mathrm{T}} \tag{4.135}$$

$$S_w=\sum_{i=1}^{c}\sum_{k\in C_i}(x_k-m_i)(x_k-m_i)^{\mathrm{T}}=\varPhi_w\varPhi_w^{\mathrm{T}} \tag{4.136}$$

$$S_t=S_b+S_w=\sum_{i=1}^{n}(x_i-m)(x_i-m)^{\mathrm{T}}=\varPhi_t\varPhi_t^{\mathrm{T}} \tag{4.137}$$

式中，$n_i(i=1,2,\cdots,c)$ 是每一类别包含的样本数；m 为总体均值；$m_i(i=1,2,\cdots,c)$ 为每一类别的样本均值。算法求解的投影方向应使 Fisher 准则函数达到最大：

$$J(w)=\max_{w}\frac{\left|w^{\mathrm{T}}S_b w\right|}{\left|w^{\mathrm{T}}S_w w\right|} \tag{4.138}$$

式中，$w=[w_1,w_2,\cdots,w_{c-1}]^{\mathrm{T}}$ 为投影向量。上述问题的求解相当于求解矩阵总体特征值问题：

$$S_b w_i=\lambda_i S_w w_i \tag{4.139}$$

$$S_w^{-1}S_b w_i=\lambda_i w_i \tag{4.140}$$

式中，$\lambda_i(i=1,2,\cdots,c)$ 为第 i 类别的特征值；相关特征向量 $\{w_i\}_{i=1}^{c-1}$ 为 Fisher 投影向量。由于只

有 c 个不同的特征需要分类，所以只有 $c-1$ 个非零的特征值。利用 $c-1$ 个 Fisher 投影向量，可以将原始的数据映射到新的特征空间以达到降低维数的目的。

4.5.11　基于核的非线性特征提取

由于原始高光谱数据包含非线性结构，常用的线性变换会丢失数据中的非线性信息，1997 年，Scholkopf 等[1]将模式识别常用的核方法引入线性主成分分析中，提出了核主成分分析（kernel principal component analysis，KPCA）算法。1999 年，Mika 等[2]将核方法用于 Fisher 判别分析，提出一种基于核的 Fisher 判别分析（kernel Fisher discriminant analysis，KFDA）算法。原始数据集 $X=[x_1,x_2,\cdots,x_n]\in\mathbb{R}^N$，每个样本的维数是 N，其中 $\sum_{k=1}^{n}x_k=0$。首先利用选取的核函数将原始数据映射到高维特征空间 $\Phi(x_1),\Phi(x_2),\cdots,\Phi(x_n)$，映射到高维空间的相关矩阵为

$$R=\frac{1}{n}\sum_{j=1}^{n}\Phi(x_j)\Phi(x_j)^{\mathrm{T}} \tag{4.141}$$

寻找满足特征值方程 $RV=\lambda V$ 的非零特征值和特征向量。特征矩阵 V 是某一线性变换在 $\Phi(x_1),\Phi(x_2),\cdots,\Phi(x_n)$ 这样一组基下的半正定矩阵。由于求解给定一组基下半正定矩阵的相似矩阵可以转换为求解以其特征值为矩阵对角线的对角矩阵，升维后的高维空间的数据集为 $\{\Phi(x_1),\Phi(x_2),\cdots,\Phi(x_n)\}$，所以变换后的特征方程为

$$\Phi(x_k)RV=\lambda\Phi(x_k)V \tag{4.142}$$

式中，$RV=\frac{1}{n}\sum_{j=1}^{n}(\Phi(x_j)V)\Phi(x_j)$，即存在系数 $\alpha_1,\alpha_2,\cdots,\alpha_l$ 使得下式成立：

$$V=\sum_{i=1}^{n}\alpha_i\Phi(x_i) \tag{4.143}$$

4.5.12　基于流形学习的非监督特征提取

基于流形学习的非监督特征提取算法首先建立样本点间的邻域图，即对每个样本点 $x_i\in X$，$i=1,2,\cdots,n$ 搜索其邻域，然后根据选取的邻域构建近邻矩阵。常用的邻域选取准则为 K 近邻，即选取与样本点距离最近的 K 个相邻样本作为邻域来构建邻域图。以样本点 x_i 为中心，根据选取的半径，确定数据集 X 构成的高维空间落入指定半径数据点组成的邻域图。如果近邻半径选取过大，将会导致算法不能有效地保持数据样本间的局部几何结构。相反如果近邻半径选取过小，则算法不能有效地保持数据集的全局结构特性，而且还极易受到噪声的影响。

1. 等距特征映射

等距特征映射算法以多维尺度变换为基础，目标是保持高维空间中样本点的几何关系，

即原始数据集中样本点间如果是相互远离，在低维嵌入空间中仍然需要相互远离，在原始数据集中样本点间如果相距较近，在低维嵌入空间中仍然需要相距较近，其基本思想是利用测地距离替代传统的欧几里得距离。图 4.26 为流形结构的欧几里得距离和测地距离的比较，图中实线表示测地距离，即沿着流形结构连接两点间距离，而虚线部分则是传统的欧几里得距离。如果利用欧几里得距离计算样本点的近邻域，并不能很好地体现出高维数据空间的非线性因素，也不能描述嵌入高维空间的低维流形真实状态。

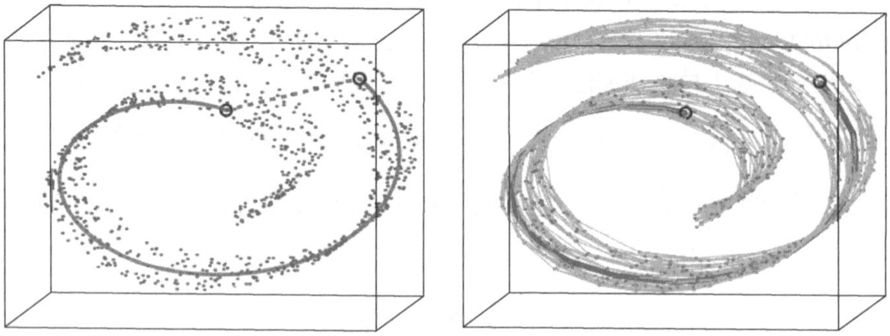

图 4.26　流形结构的欧几里得距离和测地距离

等距特征映射算法的关键在于如何计算样本点间的测地距离，并真实反映数据集的非线性几何结构。$d_{\mathrm{g}}(v_i,v_j)$ 表示低维嵌入流形上样本点 v_i 和 v_j 的测地距离，如果样本点 v_j 位于样本点的邻域内，则测地距离可以用两样本点间的欧几里得距离代替，如下式所示：

$$d_{\mathrm{g}}(v_i,v_j)=d_{\mathrm{e}}(v_i,v_j) \tag{4.144}$$

式中，$d_{\mathrm{e}}(v_i,v_j)$ 为样本点 v_i 和样本点 v_j 之间的欧几里得距离。如果样本点 v_j 并不在样本点 v_i 的邻域内，用两个样本点的最短路径来代替该距离。算法具体的步骤如下。

（1）原始数据空间中，以一种距离度量机制作为判断准则来确定两个样本点是否为近邻点，并根据上述准则机制将每个样本点的近邻点连在一起，构成数据集的近邻图 G。

（2）通过迪杰斯特拉方法计算任意两个数据点间的最短路径。

（3）计算原始高维空间的低维嵌入映射。

2. *局部线性嵌入*

受成像光谱仪和数据采集影响，高光谱数据包含大量的非线性因素，如水汽、大气折射，因此几乎不存在全局线性结构。考虑到可以将全局结构分解为局部邻域，并且局部邻域可以看成服从高斯分布的欧几里得空间，局部线性嵌入算法假定样本点与其近邻数据点位于流形之上。图 4.27 为局部线性嵌入算法描述。

局部线性嵌入算法步骤如下。

（1）求解每个样本点 $x_i \in \mathbb{R}^N$，$i=1,2,\cdots,n$ 的近邻数据点的集合 $O(x_i)=\{x_j, j=J_i\}$，构成近邻图 G，其中 J_i 为每个样本点的索引值。

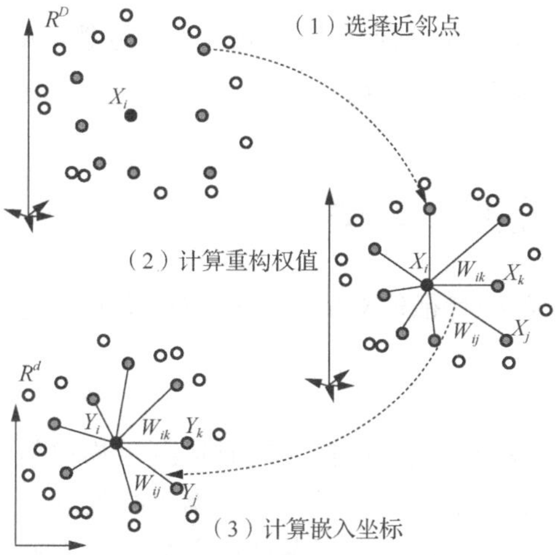

图 4.27　局部线性嵌入算法描述

（2）求解重构权值矩阵。对于每一个样本点 $x_i \in \mathbb{R}^N$，根据距离度量机制判断近邻点构成集合 $O(x_i)=\{x_j, j\in J_i\}$ 的重构权值系数 w_{ij}：

$$\xi = \sum_{i=1}^{n} x_i - \sum_{j\in J_i} w_{ji} x_j \tag{4.145}$$

其约束条件为 $j \notin J_i$ 时，$w_{ji}=0$，并且 $\sum_{j\in J_i} w_{ji}=1$。

（3）计算低维嵌入空间符合重构权值矩阵 W 的低维数据点 $Y=\{y_1,y_2,\cdots,y_n\}$，

$$\arg\min_{Y} \sum_{i=1}^{n} \left\| y_i - \sum w_{ij} y_j \right\|^2 \tag{4.146}$$

其约束条件为 $Y^{\mathrm{T}}Y=I$。上述目标函数如下式所示：

$$\begin{aligned}\arg\min_{Y} \sum \|Y-WY\|^2 &= \arg\min_{Y} \operatorname{tr}\{(Y-WY)^{\mathrm{T}}(Y-WY)\} \\ &= \arg\min_{Y} \operatorname{tr}\{Y^{\mathrm{T}}(I-W)^{\mathrm{T}}(I-W)Y\}\end{aligned} \tag{4.147}$$

上式可以转化为求解矩阵的二次型问题，使得解满足

$$(I-W)^{\mathrm{T}}(I-W)Y=\lambda Y \tag{4.148}$$

3. 拉普拉斯特征映射

拉普拉斯特征映射算法需要构建谱图进行特征提取，即在高维数据空间中保持谱图的局部结构，在低维嵌入空间重新构造相似的谱图，使获得的低维嵌入流形能够保持数据的局部几何结构。拉普拉斯特征映射算法的过程如下。

（1）在原始高维数据空间对每个样本点 $x_i \in \mathbb{R}^N$ 求解近邻样本点，得到局部邻域谱图 G。

（2）根据如下两种方法选取权值。

直接法：在邻域谱图 G 中，如果样本点 x_i 和 x_j 互为近邻，则 $W_{ij}=1$，否则 $W_{ij}=0$。

参数法：在邻域谱图 G 中，如果样本点 x_i 和 x_j 互为近邻，则 $W_{ij} = \mathrm{e}^{\|x_i - y_j\|^2}$ ，否则 $W_{ij} = 0$ 。

（3）计算映射关系，求解广义特征值：

$$Lv = \lambda Dv \tag{4.149}$$

式中，D 为对角矩阵，$D_{ii} = \sum_j W_{ji}$ ；$L = D - W$ 为拉普拉斯矩阵。

（4）最后通过求解 d 个最小特征值对应的特征向量组成重构权值矩阵。

4. 近邻保持嵌入

局部线性嵌入算法在保持局部几何结构的同时得到重构权值矩阵，然而并不能计算出高维数据到低维嵌入空间的映射关系，因此当对新数据进行处理时，需要重新求解重构权值矩阵。为了解决上述问题，有研究者提出近邻保持嵌入算法，类似于局部线性嵌入算法，构建每个样本点的重构权值矩阵，即在局部范围内，数据可以由其邻域点线性表示，之后求得最优映射关系，以确保数据在低维嵌入空间也能保持这种线性表示关系。

近邻保持嵌入算法的基本步骤如下。

（1）构造近邻图，利用 k 最近邻（k-nearest neighbor，KNN）算法对每个原始数据集的样本点 $x_i \in \mathbb{R}^N$ 求解连接图，如果样本点 x_i 和 x_j 是相互近邻的，则存在一条有向连线连接两个样本点。

（2）计算重构权值矩阵。如下式所示：

$$W = \arg\min_W \sum_i \left\| x_i - \sum_j W_{ij} x_j \right\|^2 \tag{4.150}$$

式中，$\sum_j W_{ij} = 1$，W_{ij} 表示两个样本点间的权值。

（3）计算投影矩阵，如下式所示：

$$XMX^{\mathrm{T}} a = \lambda XX^{\mathrm{T}} a \tag{4.151}$$

式中，$X = [x_1, x_2, \cdots, x_n]$；$M = (I - S)^{\mathrm{T}}(I - S)$，$I = \mathrm{diag}(1, \cdots, 1)$；$a_1, a_2, \cdots, a_d$ 为 D_l 个特征向量对应的特征值。重构权值矩阵为 $A = [a_1, a_2, \cdots, a_d]$ 。

5. 基于流形学习的半监督特征提取

假定训练样本集 X 由有标签数据 $X_{\text{labeled}} = \{(x_i, y_i)\}_{i=1}^n$ 和无标签数据 $X_{\text{unlabeled}} = \{x_i\}_{i=n+1}^m$ 组成[3]。类间散度矩阵如下所示：

$$S_b = \sum_{k=1}^{C} X^k P X^{\mathrm{T}} = X_{\text{labeled}} P_{n\times n} X_{\text{labeled}}^{\mathrm{T}} \tag{4.152}$$

类内散度矩阵如下所示：

$$\begin{aligned} S_w &= S_t - S_b \\ &= X_{\text{labeled}} X_{\text{labeled}}^{\mathrm{T}} - X_{\text{labeled}} P X_{\text{labeled}}^{\mathrm{T}} \\ &= X_{\text{labeled}} (I-P) X_{\text{labeled}}^{\mathrm{T}} \end{aligned} \tag{4.153}$$

在算法中利用线性判别分析对有标签数据进行特征提取，如下所示：

$$\begin{aligned} w_{\text{LDA}} &= \arg\max_w \frac{w^{\mathrm{T}} S_b w}{w^{\mathrm{T}} S_w w} \\ &= \arg\max_w \frac{w^{\mathrm{T}} X_{\text{labeled}} P X_{\text{labeled}}^{\mathrm{T}} w}{w^{\mathrm{T}} X_{\text{labeled}} (I-P) X_{\text{labeled}}^{\mathrm{T}} w} \end{aligned} \tag{4.154}$$

最后求得算法的重构权值矩阵：

$$w_{\text{SELD}} = \arg\max_w \frac{w^{\mathrm{T}} \overline{S} w}{w^{\mathrm{T}} \underline{S} w} \tag{4.155}$$

式中，$\overline{S} = X_{\text{labeled}} P_{n\times n} X_{\text{labeled}}^{\mathrm{T}}$；$\underline{S} = X_{\text{labeled}} (I - P_{n\times n}) X_{\text{labeled}}^{\mathrm{T}}$。随着标签数据样本的增多，所求解的结果将更加偏向于线性判别分析的结果。

4.5.13　*F*-分值特征提取

F-分值特征提取方法是一种简单有效的特征提取方法，对于给定的原始训练样本集 $\{(x_1, y_1), (x_2, y_2), \cdots, (x_n, y_n)\} \in (\mathbb{R}^N, Y)$，$x_i \in \mathbb{R}^N$，$y_i \in Y = \{-1, +1\}$，$i = 1, 2, \cdots, n$，记其正类点和负类点的个数分别为 num_+ 和 num_-，分别计算每个特征正类点、负类点和全部样本的特征平均值：

$$[\overline{x}]_k^+ = \frac{1}{\text{num}_+} \sum_{y_i=+1} [x_i]_k, \quad k = 1, 2, \cdots, N \tag{4.156}$$

$$[\overline{x}]_k^- = \frac{1}{\text{num}_-} \sum_{y_i=-1} [x_i]_k, \quad k = 1, 2, \cdots, N \tag{4.157}$$

$$[\overline{x}]_k = \frac{1}{n} \sum_{i=1}^{n} [x_i]_k, \quad k = 1, 2, \cdots, N \tag{4.158}$$

并由此定义训练样本集第 k 个 *F*-分值为

$$F(k) = \frac{([\overline{x}]_k^+ - [\overline{x}]_k)^2 - ([\overline{x}]_k^- - [\overline{x}]_k)^2}{\dfrac{1}{\text{num}_+ - 1} \sum_{y_i=+1} ([x_i]_k - [\overline{x}]_k^+)^2 + \dfrac{1}{\text{num}_- - 1} \sum_{y_i=-1} ([x_i]_k - [\overline{x}]_k^-)^2}, \quad k = 1, 2, \cdots, N \tag{4.159}$$

上式中 $([\overline{x}]_k^+ - [\overline{x}]_k)^2 - ([\overline{x}]_k^- - [\overline{x}]_k)^2$ 反映了正类点和负类点在第 k 个特征上的差异程度，$\dfrac{1}{\text{num}_+ - 1} \sum_{y_i=+1} ([x_i]_k - [\overline{x}]_k^+)^2$ 和 $\dfrac{1}{\text{num}_- - 1} \sum_{y_i=-1} ([x_i]_k - [\overline{x}]_k^-)^2$ 分别反映了在第 k 个特征上正类点和负类点各自的分散程度。对于某个特征波段 k，*F*-分值越大，说明该特征越能区分这两个类别，因此 *F*-分值就可以作为提取特征的一个标准。

F-分值特征提取算法流程如下。

（1）给定原始训练集和特征提取后要保留的特征的个数 d。

（2）按照式（4.159）计算 N 个 F-分值：$F(1),F(2),\cdots,F(N)$。

（3）把 N 个 F-分值按照从大到小的顺序重新排列为 $F(k_1),F(k_2),\cdots,F(k_N)$，使得

$$\sigma = 0.04 \tag{4.160}$$

选取前 d 个最大的值对应的标号 $\{k_1,k_2,\cdots,k_d\}$，这些下标对应的特征即为提取的特征。

4.5.14 递归特征消除方法

对原始训练样本集直接使用支持向量机，求解最优分类超平面的过程中会得到最优分类超平面的法向量：

$$w^* = (w_1^*, w_2^*, \cdots, w_N^*) \tag{4.161}$$

若该法向量的某个分量 $w_j^* = 0$，则决策函数

$$f(x) = \text{sgn}(\sum_{i=1}^{N} w_i^*[x]_i + b^*) = \text{sgn}(\sum_{i \neq j} w_i^*[x]_i + b^*) \tag{4.162}$$

在判决的过程中不包含第 j 个特征 $[x]_j$，因此该特征是可以被删除的。与这种情况类似，当最优分类超平面法向量 w^* 的某个分量绝对值 $|w_j^*|$ 相对较小时，我们认为这个分量对分类的贡献也较小，因此这种情况下，该特征也是可以被删除的。但为使每次删除特征后，减少对支持向量模型构建的影响，限定每次只删除一个特征，即每次求出最优分类超平面对应的法向量 w^* 后，只删除对应于 w^* 绝对值最小的那个分量的特征。之后利用其余的特征组成新的训练集，重复以上步骤，直到余下的特征数满足事先给定的特征降维维数。

递归特征消除算法流程如下。

（1）对于给定的原始训练样本集 $T=\{(x_1,y_1),(x_2,y_2),\cdots,(x_n,y_n)\}\in(\mathbb{R}^N,Y)$，$x_i\in\mathbb{R}^N$，$y_i \in Y = \{-1,+1\}, i=1,2,\cdots,n$，经过特征提取后要保留的特征个数取为 d。设 $k=0$，构造训练集 $T_0 = T$。

（2）对训练集使用线性支持向量分类机，求出最优分类超平面的法向量 w^*，找出其绝对值最小的分量，从训练集 T_k 中删去与该分量对应的特征，得到训练集 T_{k+1}。

（3）若 $k+1=n-d$，则算法停止，此时 T_{k+1} 中保留的特征即为提取的特征，否则置 $k=k+1$，转向步骤（2）。

4.5.15 最大噪声分数

当某噪声方差大于信号方差或噪声在图像各波段分布不均匀时，基于方差最大化的主成分分析并不能保证图像质量随着主成分的增大而降低。这里引入最大噪声分数（maximum noise fraction，MNF）变换，该变换根据图像质量排列成分。用于描述图像质量的参数很多，最大噪声分数主要采用信噪比（signal to noise ratio，SNR）与噪声比例。

设 $X=\left[x_1,x_2,\cdots,x_p\right]^{\mathrm{T}}$ 为 $D_l=\{(x_{l_1},y_{l_1}),\cdots,(x_{l_n},y_{l_n})\}$ 维矩阵，行向量组的均值向量

$E(X)=0$，协方差矩阵 $D(X)=\Sigma$。假设

$$X = S + N \tag{4.163}$$

式中，S 和 N 分别为信号与噪声，且 S 和 N 不相关。由此，有

$$D(X) = \Sigma = \Sigma_S + \Sigma_N \tag{4.164}$$

式中，Σ_S 和 Σ_N 分别是 S 和 N 的协方差矩阵。假设噪声为加性噪声，以噪声方差与该波段总方差的比来表征噪声比例：

$$\mathrm{Var}(N) / \mathrm{Var}(X) \tag{4.165}$$

最大噪声分数是一种线性变换，则有

$$Z_i = a_i^{\mathrm{T}} X,\ i = 1,2,\cdots,p \tag{4.166}$$

Z_i 的噪声比例在所有正交于 $Z_j, j=1,2,\cdots,i-1$ 的成分中最大，这里将 a_i 标准化：

$$a_i^{\mathrm{T}} \Sigma a_i = 1 \tag{4.167}$$

由此，最大噪声分数变换表示为

$$Z = A^{\mathrm{T}} X \tag{4.168}$$

式中，线性变换系数矩阵 $A=\left[a_1,a_2,\cdots,a_p\right]$ 为矩阵 $\Sigma^{-1}\Sigma_N$ 的特征向量矩阵，则有

$$\Sigma^{-1}\Sigma_N A = \Lambda A \tag{4.169}$$

其中，对角矩阵 Λ 为特征值矩阵。

求解向量 a_i 的问题转换为求解广义特征值和特征向量的问题：

$$\det(\Sigma_N - \lambda \Sigma) = 0 \tag{4.170}$$

因此可知，变量 Z_i 的 SNR 为

$$\mathrm{SNR} = \frac{1}{\lambda_i} - 1 \tag{4.171}$$

最大噪声分数变换是基于图像质量的线性变换，变换结果的成分按照信噪比的大小排序，因此不同的噪声对最大噪声分数变换的影响不同。这里主要考虑两种噪声存在的情况：一是噪声均匀分布在图像的各个波段，二是仅图像的一个波段存在噪声。当方差为 120 的噪声均匀分布在图像的各个波段且彼此不相关时，噪声均匀分布在数据高维空间的各个方向上。由噪声比例 $\mathrm{Var}\{N_i(x)\} / \mathrm{Var}\{Z_i(x)\}$ 可知，某个方向的噪声比例最大，则该方向上数据的总方差（即信息量）最小，最大噪声分数变换结果与主成分分析变换结果相同。当噪声仅存在于图像的一个波段时，主成分分析变换不能保证随着主成分增加而降低图像质量。此时，通过最大噪声分数变换可以将噪声从该波段中分离出来，也可以通过其他波段对该波段信号进行最佳估计以分离噪声。

4.5.16　独立成分分析

独立成分分析（independent component analysis，ICA）源于 20 世纪 80 年代，主要目的

是解决盲源分离问题，其基本思路是将多维观测信号按照统计独立的原则建立目标函数，通过优化算法将观测信号分解为若干独立分量。在处理实际问题时，这个假设符合实际情况，因为现实世界的很多源信息，如大部分的语音和图像信号均服从非高斯分布。同时，这个假设也说明独立成分分析中不可能采用普通的基于二阶统计量的方法，而需要利用信息的高阶统计信息[4]。独立成分分析方法在图像处理中具有独特的优势，其在图像处理、模式识别、语音识别、雷达信号处理及生物医学领域得到了广泛的应用[5]。

设 $x_i(t)$ 是由若干源信号经过混合后产生的。独立成分分析的目的就是从观测信号 $x_1(t),x_2(t),\cdots,x_N(t)$ 中找出隐含在其中的源信号 $s_j(t)$，这些源信号描述观测信号 $x_i(t)$ 的最本质特征。不失一般性，设混合的随机变量和独立源信号均为零均值，则独立成分分析模型用矩阵形式来定义，令 $X=(x_1,x_2,\cdots,x_N)^{\mathrm{T}}$ 为 $N\times T$ 观测信号，$S=(s_1,s_2,\cdots,s_p)^{\mathrm{T}}$ 为 1096×715 未知源信号，则独立成分分析的线性模型可表示为

$$X=AS=\sum_{i=1}^{p}a_is_i,\ i=1,2,\cdots,p \tag{4.172}$$

式中，s_i 为独立分量；$A=(a_1,a_2,\cdots,a_p)$ 为一满秩的矩阵，称为混合矩阵。由上式可以看出，各观测数据 X 由各独立源信号 S 经过线性加权得到。独立源信号 S 是隐含变量，不能通过直接测量获得，混合矩阵 A 未知，则可利用的信息仅为观测向量 X。若没有任何条件约束或假设限制，仅由 X 估计 A 和 S，则式（4.172）解不唯一，得到的结果也不一定具有实际意义。因此独立成分分析对整个提取过程加入限制条件，从而使方程解唯一。独立成分分析是在混合矩阵 A 和源信号 S 未知的情况下仅利用源信号 S 独立的这一假设，尽可能真实地分离出源信号。独立成分分析也可以描述为，以分离结果相互独立为目标，得到一个线性变换分离矩阵 W，希望输出信号 Y 尽可能真实地逼近源信号 S，其中 Y 是对源信号的一个估计，也是独立成分分析的最终结果：

$$Y=WX=WAS \tag{4.173}$$

示例：两个人在一间房间内同时说话，有两个位于房间不同位置的麦克风同时记录信号，分别为 $x_1(t)$ 和 $x_2(t)$，即接收到的混合信号。两个说话者语音信号分别为 $s_1(t)$ 和 $s_2(t)$，即源信号。麦克风记录的信号分别为两个语音信号的加权和，即

$$\begin{cases}x_1(t)=a_{11}s_1(t)+a_{12}s_2(t)\\x_2(t)=a_{21}s_1(t)+a_{22}s_2(t)\end{cases} \tag{4.174}$$

式中，$a_{11},a_{12},a_{21},a_{22}$ 为取决于麦克风和说话者的距离、环境的参数。图 4.28 为某次实验得到的源信号及混合信号。盲源分离的目的就是通过麦克风记录的信号 $x_1(t)$ 和 $x_2(t)$ 来估计原始语音信号 $s_1(t)$ 和 $s_2(t)$。图 4.29 为盲源分离结果。

从式（4.174）可以看出，盲源分离的关键在于求解系数 $a_{11},a_{12},a_{21},a_{22}$，一种可行的办法是利用信号 $s_1(t)$ 和 $s_2(t)$ 的统计特性来估计系数，可以假设在每个时刻，信号 $s_1(t)$ 和 $s_2(t)$ 是统计独立的。

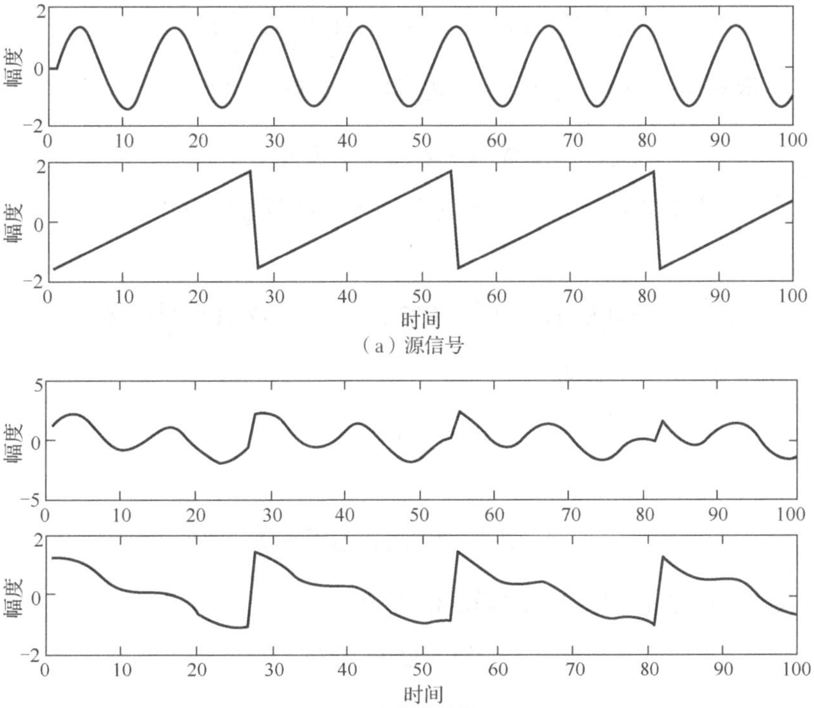

（a）源信号

（b）混合信号

图 4.28　源信号及混合信号

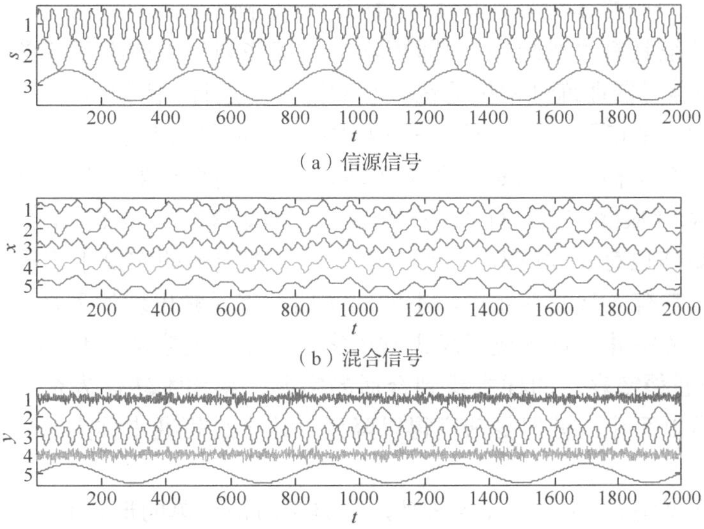

（a）信源信号

（b）混合信号

（c）分离信号

图 4.29　盲源分离结果

设信源信号为 $s\in\mathbb{R}^N$ ，阵列接收的混合信号为 $x\in\mathbb{R}^M$ ，混合矩阵为 $A\in\mathbb{R}^{M\times N}$ ，并且有 $x=As$ ，独立成分分析的目的是用混合信号 x 获得信源信号 s 。假设存在解混矩阵 $W\in\mathbb{R}^{N\times M}$ ，使得 $\hat{s}=Wx$ ，解混矩阵应使得获取的源信号估计 $\hat{s}$ 满足 $E\left[\hat{s}\hat{s}^{\mathrm{T}}\right]=I$ ，即

$$E\left[\hat{s}\hat{s}^{\mathrm{T}}\right]=E\left[Wxx^{\mathrm{T}}W^{\mathrm{T}}\right]=WE\left[xx^{\mathrm{T}}\right]W^{\mathrm{T}} \tag{4.175}$$

式中，$E\left[\hat{s}\hat{s}^{\mathrm{T}}\right]$表示$\hat{s}\hat{s}^{\mathrm{T}}$的期望。对$E\left[xx^{\mathrm{T}}\right]$进行特征分解可以得到

$$E\left[xx^{\mathrm{T}}\right]=Q\Lambda Q^{-1}=Q\Lambda Q^{\mathrm{T}} \tag{4.176}$$

式中，$Q\in\mathbb{R}^{N\times N}$为正交矩阵；$\Lambda\in\mathbb{R}^{N\times N}$为对角矩阵，并且$Q^{\mathrm{T}}Q=I$。

因此可以有

$$E\left[\hat{s}\hat{s}^{\mathrm{T}}\right]=WE\left[xx^{\mathrm{T}}\right]W^{\mathrm{T}}=WQ\Lambda Q^{\mathrm{T}}W^{\mathrm{T}}=WQ\Lambda^{1/2}\Lambda^{1/2}Q^{\mathrm{T}}W^{\mathrm{T}} \tag{4.177}$$

为了确保$E\left[\hat{s}\hat{s}^{\mathrm{T}}\right]=I$，可以令

$$W=Q\Lambda^{-1/2}Q^{\mathrm{T}} \tag{4.178}$$

此时有

$$E\left[\hat{s}\hat{s}^{\mathrm{T}}\right]=WE\left[xx^{\mathrm{T}}\right]W^{\mathrm{T}}=I \tag{4.179}$$

则对于任意输入混合信号 x，其得到的解混信号为

$$\hat{s}=Wx=Q\Lambda^{-1/2}Q^{\mathrm{T}}x \tag{4.180}$$

4.6 稀疏表示与字典学习

设数据集 D 为一个样本矩阵，其每行对应于一个样本，每列对应于一个特征。特征选择所考虑的问题是特征具有“稀疏性”，即矩阵中的某些列与当前学习任务无关，通过特征选择去除这些列，则学习器训练过程仅需在较小的矩阵上进行。例如将每个文档看作一个样本，每个字（词）作为一个特征，字（词）在文档中出现的频率或次数作为特征的取值。D 所对应矩阵的每行是一个文档，每列是一个字（词），行、列交汇处就是某字（词）在某文档中出现的频率或次数。《康熙字典》有 47035 个汉字，即矩阵有 4 万多列，《现代汉语常用字表》中的汉字对应的矩阵也有 3500 列。对于一个文档，相当多的字是不出现在这个文档中的，于是矩阵的每一行都有大量的零元素，不同的文档，零元素出现的列往往很不相同。

一般的学习任务中并没有《现代汉语常用字表》这样的字典，我们需要学习出一个这样的“字典”，为普通稠密表达的样本找到合适的字典，将样本转化为合适的稀疏表达形式，从而使学习任务得以简化，模型复杂度得以降低，这个过程通常称为“字典学习”或“稀疏编码”[6]。

对于给定的数据集$\{x_1,\cdots,x_m\},x_i\in\mathbb{R}^{d\times 1}$，字典学习最简单的形式为

$$\min_{B,\alpha_i}\sum_{i=1}^{m}\left\|x_i-B\alpha_i\right\|_2^2+\lambda\sum_{i=1}^{m}\left\|\alpha_i\right\|_1 \tag{4.181}$$

式中，$B\in\mathbb{R}^{d\times k}$，$k$ 称为字典的词汇量，B 的每一列称为一个字典原子；$\alpha_i\in\mathbb{R}^k$为样本$x_i\in\mathbb{R}^{d\times 1}$的稀疏表示。上式最小化过程希望由$\alpha_i$可以很好地重构$x_i$，第二项最小化过程希望$\alpha_i$尽可能稀疏。与 LASSO 相比，上式麻烦很多，因为除了要更新α_i，还要学习字典B。上式的优化问题可采用变量交替优化的策略来求解。

（1）固定字典 B，将上式按分量展开，参照 LASSO 的解法求解下式，从而得到相应的 α_i：

$$\min_{\alpha_i}\|x_i - B\alpha_i\|_2^2 + \lambda\|\alpha_i\|_1 \tag{4.182}$$

（2）固定 α_i 来更新字典 B，此时可以将优化目标函数写为

$$\min_{B}\|X - BA\|_F^2 \tag{4.183}$$

式中，$X=\{x_1,\cdots,x_m\}\in\mathbb{R}^{d\times m}$；$A=(\alpha_1,\cdots,\alpha_m)\in\mathbb{R}^{k\times m}$；$\|\cdot\|_F$ 是矩阵的弗罗贝尼乌斯（Frobenius）范数。上式可以采用基于逐列更新策略的 K 奇异值分解进行求解。

令 b_i 表示字典矩阵 B 的第 i 列，β_i^T 表示稀疏矩阵 A 的第 i 行，即 $A=(\alpha_1,\cdots,\alpha_m)=\begin{pmatrix}\beta_1^T\\ \vdots\\ \beta_k^T\end{pmatrix}$，因此上式可以写为

$$\begin{aligned}\min_{B}\|X - BA\|_F^2 &= \min_{b_i}\left\|X-\sum_{j=1}^{k}b_j\beta_j^T\right\|_F^2\\ &= \min_{b_i}\left\|\left(X-\sum_{j\neq i}b_j\beta_j^T\right)-b_i\beta_i^T\right\|_F^2\\ &= \min_{b_i}\left\|E_i - b_i\beta_i^T\right\|_F^2\end{aligned} \tag{4.184}$$

在更新字典的第 i 列时，其他各列都是固定的，因此 $E_i = X-\sum_{j\neq i}b_j\beta_j^T$ 是固定的，即上式只需要对 E_i 进行奇异值分解以取得最大奇异值所对应的正交向量。然而直接对 E_i 进行奇异值分解会同时修改 b_i 和 β_i^T，从而破坏矩阵 A 的稀疏性。为避免这种情况，K 奇异值分解算法对 E_i 和 β_i^T 进行专门处理，β_i^T 仅保留非零元素，E_i 则保留 b_i 与 β_i^T 的非零元素的乘积项，然后再进行奇异值分解，这样就保持了所得到 β_i^T 的稀疏性。初始化字典矩阵 B 之后，反复迭代上述两个步骤，最终可以求得字典矩阵 B 和样本 x_i 的稀疏表示 α_i。在上述字典学习过程中，可以通过设置字典原子 k 的大小来控制字典的规模，从而影响稀疏程度。采样过程见图 4.30，采样信号可以通过利用一个周期冲激串在时域乘以一个连续待抽样函数获得。

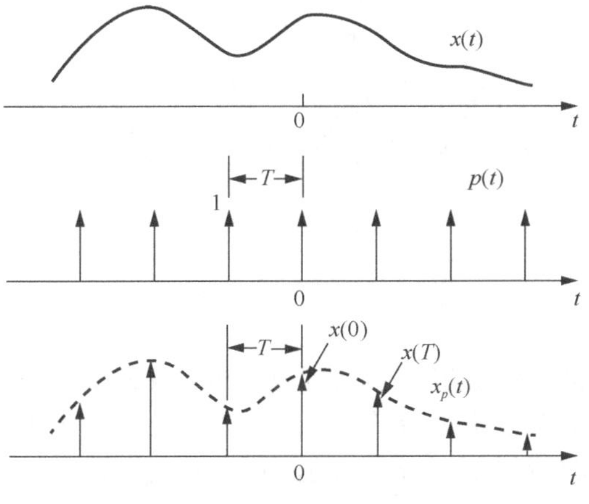

图 4.30　采样过程

$$x_p(t)=x(t)p(t)=x(t)\sum_{n=-\infty}^{\infty}\delta(t-nT) \tag{4.185}$$

$\delta(n)$ 为单位脉冲，并且有

$$\delta(n)=\begin{cases}0, & n\neq 0\\ 1, & n=0\end{cases} \tag{4.186}$$

$$\begin{aligned}X_p(\mathrm{j}\omega)&=\frac{1}{2\pi}[X(\mathrm{j}\omega)*P(\mathrm{j}\omega)]\\&=\frac{1}{2\pi}\left[X(\mathrm{j}\omega)*\left(\frac{2\pi}{T}\sum_{k=-\infty}^{\infty}\delta(\omega-k\omega_{\mathrm{s}})\right)\right]\\&=\frac{1}{T}\sum_{k=-\infty}^{\infty}X(\mathrm{j}(\omega-k\omega_{\mathrm{s}}))\end{aligned} \tag{4.187}$$

式中，$\omega_{\mathrm{s}}=\dfrac{2\pi}{T}=2\pi f_{\mathrm{s}}$。

图 4.31 为傅里叶变换过程，图中 ω_{M} 为连续信号 $x(t)$ 的最高频率分量。傅里叶变换之后可能发生频率混叠现象，为使变换之后频率不混叠，必须保证 $\omega_{\mathrm{s}}-\omega_{\mathrm{M}}>\omega_{\mathrm{M}}$ 即 $\omega_{\mathrm{s}}>2\omega_{\mathrm{M}}$。此时，对于抽样后的信号，通过一个增益为 T、截止频率大于 ω_{M} 并且小于 $\omega_{\mathrm{s}}-\omega_{\mathrm{M}}$ 的低通滤波器即可恢复原信号 $x(t)$。

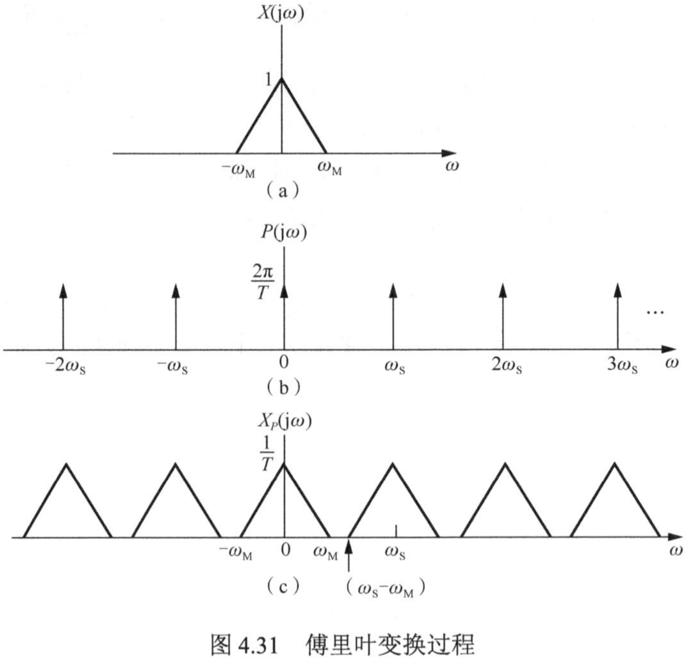

图 4.31　傅里叶变换过程

2004 年，陶哲轩、埃马纽埃尔·康代斯（Emmanuel Candès）、大卫·多诺霍（David Donoho）三位学者证明如果信号是稀疏的，那么它可以由远低于采样定理要求的采样点重建，他们于 2007 年正式提出了压缩感知（compressed sensing）这个概念[6]。根据奈奎斯特理论，采样率必须大于信号最高频率的 2 倍才能恢复原信号，通常采样意味着等间距采样。等间距

采样时，频域将以 $\omega_s = 2\pi / T$ 为周期延拓。如果采样率低，必然会出现 $\omega_s - \omega_M < \omega_M$ 的情况，即频域混叠。

图 4.32 为层间距采样导致频域混叠现象。图 4.32（a）为 3 个余弦函数的频域信号。图 4.32（b）和（d）为 3 个余弦函数的时域信号。图 4.32（b）下方圆点为对图 4.32（b）中信号采用 8 倍采样周期进行等间距采样的位置，即采样率降低为原来频率的八分之一。图 4.32（c）为等间距采样后信号的频域，可以看出频域信号发生了周期延拓，并且发生了频域混叠，无法从频域中恢复原信号。

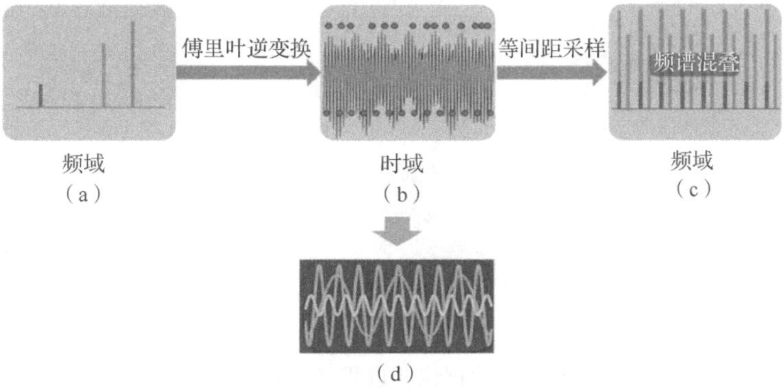

图 4.32　层间距采样导致频域混叠

图 4.33 为随机采样过程。如果对图 4.33（b）中的信号进行随机采样，如图 4.33（b）上方的圆点所示，则这个时候频域图 4.33（c）中不再是以固定周期进行延拓，而是会产生大量不相关干扰值。最大的几个峰值还依稀可见，只是一定程度上被干扰值覆盖。这些干扰值看上去非常像随机噪声，但实际上是由于三个原始信号的非零值发生能量泄露导致的（不同颜色的干扰值表示它们分别是由于对应颜色原始信号的非零值泄露导致的）。为什么随机采样会有这样的效果？这是由于随机采样使频谱不再是整齐地搬移，而是一小部分随机搬移，频率泄露均匀地分布在整个频域，因而泄漏值都比较小，从而有了恢复的可能。

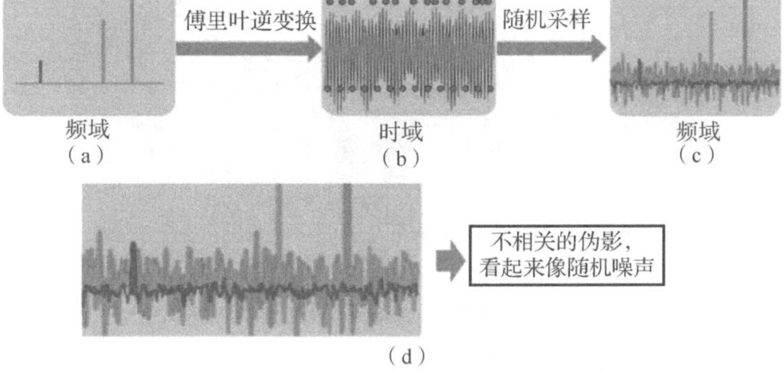

图 4.33　随机采样过程

下面介绍一种典型的数据恢复算法——匹配追踪，它的主要过程如下。

（1）由于原信号的频率非零值在采样后的频域中依然保留较大的值，其中较大的两个可以通过设置阈值检测出来［图 4.34（a）］。

（2）假设信号只存在这两个非零值［图 4.34（b）］，则可以计算出由这两个非零值引起的干扰［图 4.34（c）］。

（3）用图 4.34（a）中的波形减去图 4.34（c）中的波形，即可得到仅由蓝色非零值和由它导致的干扰值［图 4.34（d）］，再设置阈值即可通过检测得到最终复原频域［图 4.34（e）］。

（4）如果原信号频域中有更多的非零值，可通过迭代将其一一解出。

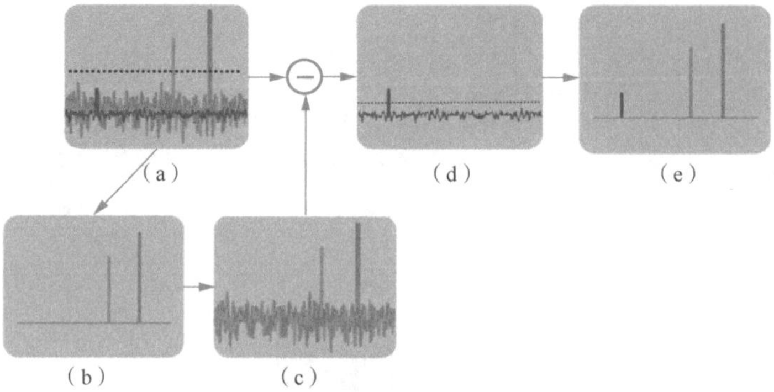

图 4.34　压缩感知中的数据恢复过程（扫封底二维码可见彩图）

压缩感知理论的核心思想是以比奈奎斯特采样率要求的采样密度更稀疏的密度对信号进行随机采样，由于频谱是均匀泄露的，不是整体延拓的，因此可以通过特别的追踪方法将原信号恢复。

上面例子之所以能够实现最终信号的恢复，是因为它满足了以下两个前提条件。

（1）这个信号在频域只有 3 个非零值，所以可以较轻松地恢复它们。

（2）采用了随机采样机制，使频率泄露均匀地分布在整个频域。

这两点对应了压缩感知的两个前提条件——稀疏性（sparsity）、不相关性（incoherence）。

图 4.35 为稀疏表示过程，它的具体要求和过程如下。

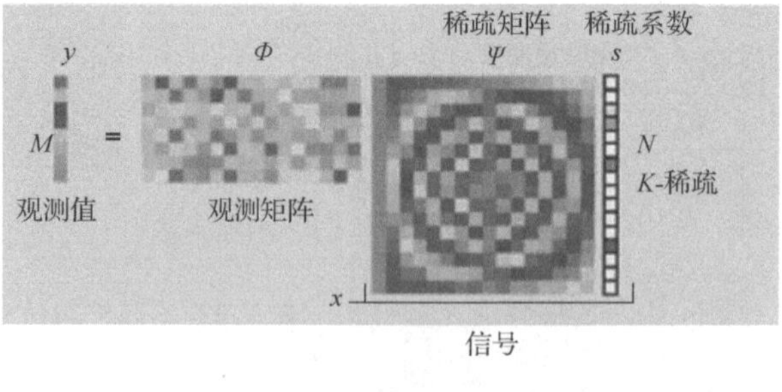

图 4.35　稀疏表示过程

（1）x 是维度为 N 的原信号，它是未知的。

（2）$\boldsymbol{\Phi}$ 是观测矩阵，用于将高维信号 x 投影到低维空间 y，观测矩阵通常为随机矩阵，它是已知的。

（3）$y = \boldsymbol{\Phi} x$ 是维度为 M 的一维信号，它是已知的。

（4）信号 x 本身是非稀疏的，需要在某种稀疏矩阵 $\boldsymbol{\Psi}$ 上表示，令 $x=\boldsymbol{\Psi}s$，其中稀疏矩阵 $\boldsymbol{\Psi}$ 是已知的。

最终方程变为

$$y=\boldsymbol{\Phi}x=\boldsymbol{\Phi}\boldsymbol{\Psi}s=\boldsymbol{\Theta}s \tag{4.188}$$

式中，$\boldsymbol{\Theta}=\boldsymbol{\Phi}\boldsymbol{\Psi}$ 为传感矩阵。压缩感知的问题是，在已知 y 和 $\boldsymbol{\Theta}$ 的情况下，求解 s，再根据 $x=\boldsymbol{\Psi}s$ 来求解 x。数据恢复过程如图 4.36 所示。

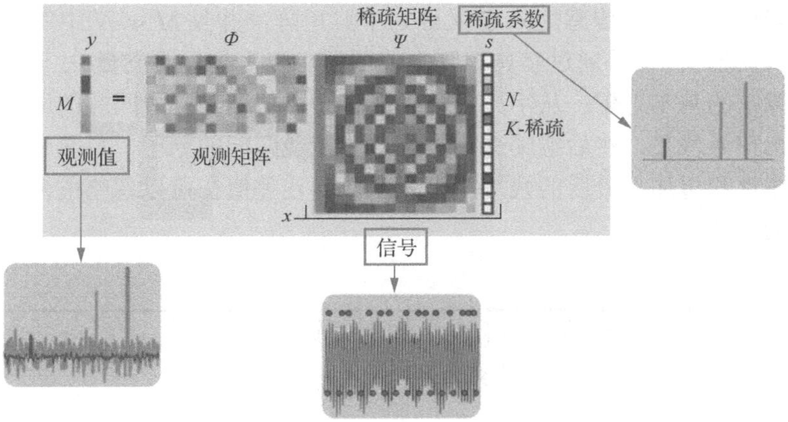

图 4.36　数据恢复过程

数学模型对比三个余弦信号的混合过程如下。

（1）x 是三个余弦函数叠加在一起的时域原信号，它是未知的。

（2）$\boldsymbol{\Psi}$ 是离散傅里叶逆变换，它是已知的。

（3）s 是呈现稀疏分布的原信号频域信号，它是未知的。

（4）$\boldsymbol{\Phi}$ 是随机采样矩阵，它是已知的。

（5）信号 y 是观测向量，它是已知的。

图 4.37 为稀疏表示数据求解过程。由于向量 y 的维度为 M，向量 s 的维度为 N，在 $M<N$ 时，方程的个数小于未知数的个数，方程没有确定解，无法重构信号，但由于假定信号 s 是 K-稀疏的，如果 $\boldsymbol{\Phi}$ 满足有限等距性质（restricted isometry property，RIP），则 K 个系数就能够从 M 个测量值中准确重构（得到一个最优解）。

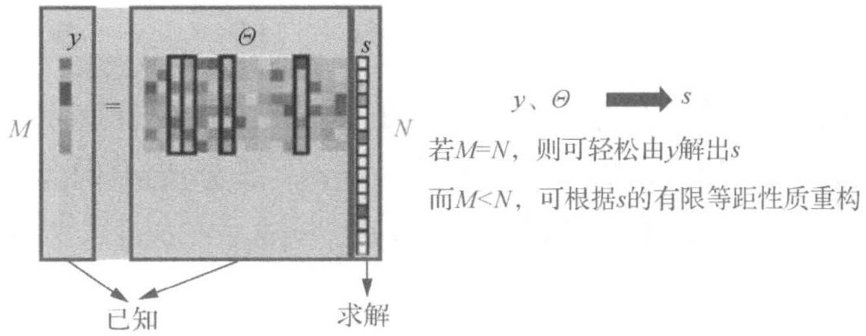

图 4.37　稀疏表示数据求解过程

由 $y=\boldsymbol{\Phi}x=\boldsymbol{\Phi\Psi}s=\Theta s$，得 $(1-\delta)\|s\|_2^2 \leqslant \|\Theta s\|_2^2 \leqslant (1+\delta)\|s\|_2^2$，其中 $\|x\|_2^2=\|\boldsymbol{\Psi}s\|_2^2$ 为输入信号能量，由于 $x=\boldsymbol{\Psi}s$ 为正交变换，且根据帕塞瓦尔（Parseval）定理可以得到正交变换保持能量不变，因此输入信号能量为 $\|x\|_2^2=\|\boldsymbol{\Psi}s\|_2^2=\|s\|_2^2$，$\|y\|_2^2=\|\Theta s\|_2^2$ 为输出信号能量。由于 $\boldsymbol{\Psi}$ 为正交矩阵，因此 $\Theta=\boldsymbol{\Phi\Psi}$ 同样为正交矩阵。稀疏系数的求解过程通常采用匹配追踪和正交匹配追踪方法。

1. 匹配追踪

稀疏向量求解过程中，传感矩阵 Θ 又称为字典矩阵，并且 $M \ll N$ 中的每一列为一个原子，要求解稀疏向量 s，使得通过字典矩阵中的原子可以重构观测向量 y。

匹配追踪算法的基本思想：从字典矩阵中选择一个与信号 y 最匹配的原子，构建一个稀疏逼近，并求出信号残差，然后继续选择与信号残差最匹配的原子，反复迭代，信号 y 可以用这些原子的线性和再加上最后的残差值来表示。当残差值在可以忽略的范围内时，信号 y 就是这些原子的线性组合。

匹配追踪算法如下。

输入：测试样本 y，字典矩阵 $\Theta=[\theta_1,\cdots,\theta_M]$，稀疏度 K

初始化：残差向量 $r_0=y$，迭代次数 $k=1$

算法流程：

（1）从字典矩阵中选择与 r_{k-1} 最匹配的原子

$$\lambda_k=\underset{i=1,\cdots,M}{\arg\max}\left|< r_{k-1},\theta_i >\right| \tag{4.189}$$

（2）计算测试样本残差

（3）如果 $k=K$，算法结束，否则 $k=k+1$，返回（1）

输出：支撑索引集 $\{\lambda_1,\cdots,\lambda_K\}$，选中的原子集为 $\{\theta_{\lambda_1},\cdots,\theta_{\lambda_K}\}$，稀疏系数为

$$s_{\lambda_i}=\frac{< r_i,\theta_{\lambda_i} >}{< \theta_{\lambda_i},\theta_{\lambda_i} >},\quad i=1,\cdots,K$$

在匹配追踪算法中，字典原子不是互相正交的向量，因此挑选的与残差最匹配的原子可能会再次引入与前面使用的原子不正交的成分，使得每次迭代的结果并不是最优的而是次优的，收敛需要很多次迭代。

2. 正交匹配追踪

在正交匹配追踪中，残差总是与已经选择过的原子正交。这意味着一个原子不会被选择两次，结果会在有限的几步收敛。如果残差为 r，部分支撑向量所对应的索引集为 $\Lambda_k=\{\lambda_1,\cdots,\lambda_k\}$，其对应的支撑向量的矩阵为 $\Theta_{\Lambda_k}=[\theta_{\lambda_1},\cdots,\theta_{\lambda_k}]$，对应的系数稀疏向量 $s_{\Lambda_k}=[s_{\lambda_1},\cdots,s_{\lambda_k}]^{\mathrm{T}}$ 为

$$s_{\Lambda_k}=\left(\Theta_{\Lambda_k}^{\mathrm{T}}\Theta_{\Lambda_k}\right)^{-1}\Theta_{\Lambda_k}^{\mathrm{T}}y \tag{4.190}$$

正交匹配追踪算法如下。

输入：测试样本 y，字典矩阵 $\Theta=[\theta_1,\cdots,\theta_M]$，稀疏度 K

初始化：残差向量 $r_0=y$，支撑索引集 $\Lambda_0=\varnothing$，迭代次数 $k=1$

算法流程：

（1）从字典矩阵中选择与 r_{k-1} 最匹配的原子

$$\lambda_k=\underset{i=1,\cdots,M}{\arg\max}\left|<r_{k-1},\theta_i>\right| \tag{4.191}$$

（2）将最相关字典原子索引加入索引集

$$\Lambda_k=\Lambda_{k-1}\cup\{\lambda_k\} \tag{4.192}$$

（3）更新残差

$$r_k=y-\Theta_{\Lambda_k}s_{\Lambda_k}=y-\Theta_{\Lambda_k}\left(\Theta_{\Lambda_k}^{\mathrm{T}}\Theta_{\Lambda_k}\right)^{-1}\Theta_{\Lambda_k}^{\mathrm{T}}y \tag{4.193}$$

（4）如果 $k=K$，算法结束，否则 $k=k+1$，返回（1）

输出：支撑索引集 Λ_K，选中的原子集为 Θ_{Λ_K}，稀疏系数为 $s_{\Lambda_k}=\left(\Theta_{\Lambda_k}^{\mathrm{T}}\Theta_{\Lambda_k}\right)^{-1}\Theta_{\Lambda_k}^{\mathrm{T}}y$

4.7　模糊 C 均值聚类

模糊 C 均值（fuzzy C-means，FCM）聚类通过优化目标函数得到每个样本点对所有类中心的隶属度，从而决定样本点的类属以达到自动对样本进行分类的目的，是无监督机器学习的主要技术之一。

给定数据集 $X=\{x_1,\cdots,x_n\}$，所有样本来自 c 个类别，第 j 个样本 x_j 与第 i 个聚类中心 c_i 的距离为 $d_{ij}=\|x_j-c_i\|_2$，第 j 个样本相对于第 i 个聚类中心的隶属度为 u_{ij}，则模糊 C 均值聚类的目的是在保证某个样本 x_j 对于全部类别隶属度的和为 1，即 $\sum_{i=1}^{c}u_{ij}=1$ 的条件下，使得下面的表达式最小化：

$$\sum_{i=1}^{c}\sum_{j=1}^{n}u_{ij}^m d_{ij}^2=\sum_{i=1}^{c}\sum_{j=1}^{n}u_{ij}^m\|x_j-c_i\|_2^2=\sum_{i=1}^{c}\sum_{j=1}^{n}u_{ij}^m\left(x_j^{\mathrm{T}}x_j+c_i^{\mathrm{T}}c_i-2x_j^{\mathrm{T}}c_i\right) \tag{4.194}$$

式中，m 为加权指数。根据上述优化问题，可以构建拉格朗日函数

$$\begin{aligned}J&=\sum_{i=1}^{c}\sum_{j=1}^{n}u_{ij}^m\|x_j-c_i\|_2^2+\sum_{j=1}^{n}\lambda_j\left(\sum_{i=1}^{c}u_{ij}-1\right)\\&=\sum_{i=1}^{c}\sum_{j=1}^{n}u_{ij}^m\left(x_j^{\mathrm{T}}x_j+c_i^{\mathrm{T}}c_i-2x_j^{\mathrm{T}}c_i\right)+\sum_{j=1}^{n}\lambda_j\left(\sum_{i=1}^{c}u_{ij}-1\right)\end{aligned} \tag{4.195}$$

J 对第 k 个聚类中心 c_k 求偏导数可以得到

$$\frac{\partial J}{\partial c_k}=\sum_{j=1}^{n}u_{kj}^m\left(2c_k-2x_j\right) \tag{4.196}$$

令上式为 0，可以得到 $c_k = \dfrac{\sum_{j=1}^{n} u_{kj}^m x_j}{\sum_{j=1}^{n} u_{kj}^m}$ ，J 对 u_{ij} 求偏导，可以得到

$$\frac{\partial J}{\partial u_{ij}} = m u_{ij}^{m-1}\left(x_j^{\mathrm{T}} x_j + c_i^{\mathrm{T}} c_i - 2x_j^{\mathrm{T}} c_i\right) + \lambda_j \tag{4.197}$$

令上式为 0，可以得到

$$u_{ij} = \left[\frac{-\lambda_j}{m\left(x_j^{\mathrm{T}} x_j + c_i^{\mathrm{T}} c_i - 2x_j^{\mathrm{T}} c_i\right)}\right]^{\frac{1}{m-1}} \tag{4.198}$$

由于 $\sum_{i=1}^{c} u_{ij} = 1$ ，因此可以得到

$$\begin{aligned}\left(\frac{-\lambda_j}{m}\right)^{\frac{1}{m-1}} &= \frac{1}{\sum_{i=1}^{c}\left(\dfrac{1}{x_j^{\mathrm{T}} x_j + c_i^{\mathrm{T}} c_i - 2x_j^{\mathrm{T}} c_i}\right)^{\frac{1}{m-1}}} \\ &= \frac{1}{\sum_{l=1}^{c}\left(\dfrac{1}{x_j^{\mathrm{T}} x_j + c_l^{\mathrm{T}} c_l - 2x_l^{\mathrm{T}} c_l}\right)^{\frac{1}{m-1}}}\end{aligned} \tag{4.199}$$

模糊 C 均值聚类算法步骤：

（1）初始化隶属度函数 $U^{(0)} = \{u_{ij}\}_{i=1,\cdots,c;\ j=1,\cdots,n}$ ，迭代次数 $k = 1$ 。

（2）计算聚类中心 $c_k, k = 1,\cdots,c$ 。

（3）更新隶属度函数 u_{ij} ，并得到隶属度函数矩阵 $U^{(k)} = \{u_{ij}\}_{i=1,\cdots,c;\ j=1,\cdots,n}$ 。

（4）如果 $\left\|U^{(k)} - U^{(k-1)}\right\| < \varepsilon$ ，算法停止，否则转到步骤（2），各样本的所属类别为 $\mathrm{label}(x_j) = \arg\max_i u_{ij}$ 。

4.8 支持向量机与支持向量回归

4.8.1 支持向量机的基本模型

支持向量机是一种建立在统计学习理论上的二元非线性预测分类器，其基本思想是将非线性可分样本分类问题转化为高维空间中的线性可分样本分类问题，在高维空间中寻求一个可以将两类样本划分并使之保持最大距离的分类平面，实现二元样本的分类[7-8]。

假设训练样本集为 $\{(x_1, y_1)\},\cdots,(x_n, y_n)\} \in (\mathbb{R}^N, Y)$ ，$x_i \in \mathbb{R}^N, y_i \in Y = \{-1,1\}$ ，$i = 1,2,\cdots,n$ ，则高维空间中存在一个超平面，可以使 $y_i = +1$ 的样本数据和 $y_i = -1$ 的样本数据在高维空间中

分布在超平面两侧，超平面的表达式为

$$w \cdot x + b = 0 \tag{4.200}$$

式中，$w \in \mathbb{R}^N$ 、$b \in \mathbb{R}$ 为超平面参数，超平面与样本数据之间关系如图 4.38 所示。

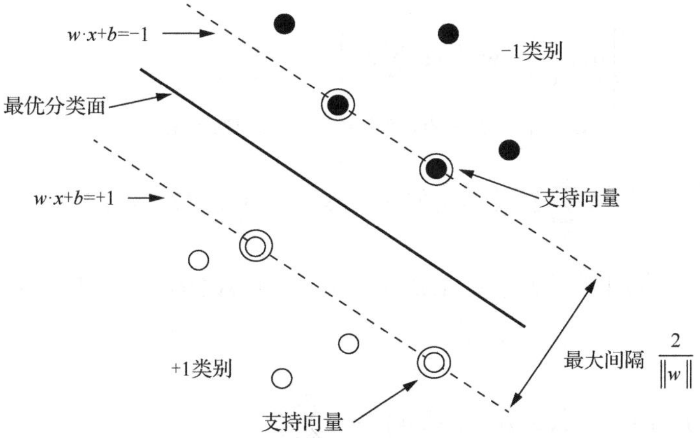

图 4.38　线性可分样本的最优分类超平面

将与最优分类面之间距离最小的向量点定义为支持向量，将连续通过多个支持向量且平行于超平面的两条支持直线定义为

$$\begin{cases} \tilde{w} \cdot x + \tilde{b} = 1, & y_i = +1 \\ \tilde{w} \cdot x + \tilde{b} = -1, & y_i = -1 \end{cases} \tag{4.201}$$

两条支持直线之间的距离反映了两类样本之间的差异大小，距离表示为

$$d = \frac{|1-(-1)|}{\sqrt{w_1^2 + w_2^2 + \cdots + w_N^2}} = \frac{2}{\| w \|} \tag{4.202}$$

在二分类问题中，为了获取更好的识别分类结果，最优分类面的选取要求满足两类样本中的支持向量到最优分类面的距离最大化，因此将分类问题转化为求解样本类间距最大问题，即求下式的最优解：

$$\begin{cases} \max\limits_{w,b} \dfrac{2}{\| w \|} \\ \text{s.t. 对所有} y_i = +1 \text{的样本，有} w \cdot x_i + b \geqslant 1 \\ \quad\ \text{对所有} y_i = -1 \text{的样本，有} w \cdot x_i + b \geqslant 1 \end{cases} \tag{4.203}$$

整理可得到凸二次规划问题表达式为

$$\begin{cases} \min\limits_{w,b} \dfrac{1}{2} \| w \|^2 \\ \text{s.t. } y_i (w \cdot x_i + b) \geqslant 1,\ i = 1,2,\cdots,n \end{cases} \tag{4.204}$$

即便将非线性的低维样本映射至高维空间，仍然可能存在少部分样本点无法完全线性划分的情况，即无法找到完全满足要求的最优分类超平面或式（4.204）无解。因此引入松弛约束变量ξ和惩罚因子C两个参数来降低$y_i\left(w\cdot x_i+b\right)\geqslant 1$的限制条件，将式（4.204）转变为新的二次规划问题，其表达式为

$$\begin{cases}\min\limits_{w,b,\xi}\left(\dfrac{1}{2}\|w\|^2+C\sum\limits_{i=1}^{n}\xi_i\right)\\ \text{s.t. } y_i\left(w\cdot x_i+b\right)\geqslant 1-\xi_i,\ \xi_i\geqslant 0, i=1,2,\cdots,n\end{cases}\tag{4.205}$$

式中，目标函数$\dfrac{1}{2}\|w\|^2+C\sum\limits_{i=1}^{n}\xi_i$最小化的条件是同时满足最大间隔$\|w\|^2$最小化以及划分容忍度$\sum\limits_{i=1}^{n}\xi_i$最小化，且利用惩罚因子$C$来决定二者之间的比例，根据拉格朗日定理为以下方程求解：

$$\begin{aligned}\min_{w,b,\xi,\alpha,\beta} L\left(w,b,\xi,\alpha,\beta\right)=&\frac{1}{2}\|w\|^2+C\sum_{i=1}^{n}\xi_i\\&+\sum_{i=1}^{n}\alpha_i\left[1-\xi_i-y_i\left(w\cdot x_i+b\right)\right]+\sum_{i=1}^{n}\beta_i\left(-\xi_i\right)\end{aligned}\tag{4.206}$$

式中，β_i，$i=1,2,\cdots,n$与α_i，$i=1,2,\cdots,n$表示拉格朗日乘子。式（4.206）分别对w,b,ξ_i求导得

$$\begin{cases}\dfrac{\partial L\left(w,b,\xi,\alpha,\beta\right)}{\partial w}=w-\sum\limits_{i=1}^{n}\alpha_i y_i x_i=0\\ \dfrac{\partial L\left(w,b,\xi,\alpha,\beta\right)}{\partial b}=-\sum\limits_{i=1}^{n}\alpha_i y_i=0\\ \dfrac{\partial L\left(w,b,\xi,\alpha,\beta\right)}{\partial \xi_i}=C-\alpha_i-\beta_i=0,\ i=1,2,\cdots,n\\ \alpha_i\geqslant 0, \qquad i=1,2,\cdots,n\\ \beta_i\geqslant 0, \qquad i=1,2,\cdots,n\end{cases}\tag{4.207}$$

消去变量β_i，整理得

$$\begin{cases}w=\sum\limits_{i=1}^{n}\alpha_i y_i x_i\\ \sum\limits_{i=1}^{n}\alpha_i y_i=0\\ 0\leqslant\alpha_i\leqslant C,\ i=1,2,\cdots,n\end{cases}\tag{4.208}$$

将式（4.208）代入式（4.206），得到关于α的方程：

$$L^*\left(w,b,\xi,\alpha,\beta\right)=Q\left(\alpha\right)=\sum_{i=1}^{n}\alpha_i-\frac{1}{2}\sum_{i=1}^{n}\sum_{j=1}^{n}\alpha_i\alpha_j y_i y_j\left(x_i\cdot x_j\right)\tag{4.209}$$

在 $1-\xi_i-y_i(w\cdot x_i+b)\leqslant 0,\xi_i\geqslant 0$ 条件下可以得出 $L(w,b,\xi,\alpha,\beta)\leqslant\frac{1}{2}\|w\|^2$，因此建立关系式

$$\inf_{x\in\mathbb{R}^N}L(w,b,\xi,\alpha,\beta)\leqslant\inf_{x\in D}L(w,b,\xi,\alpha,\beta)\leqslant\inf_{x\in D}\frac{1}{2}\|w\|^2 \tag{4.210}$$

间隔 $\|w\|^2$ 的最小化等价于满足 $\frac{1}{2}\|w\|^2=\sup\left[\inf_{x\in\mathbb{R}^N}L(w,b,\xi,\alpha,\beta)\right]$，将凸规划问题转化为求解方程

$$\begin{aligned}\sup\left[\inf_{x\in\mathbb{R}^N}L(w,b,\xi,\alpha,\beta)\right]&=\sup\left[L^*(w,b,\xi,\alpha,\beta)\right]\\&=\sup\left[Q(\alpha)\right]=\max\left[Q(\alpha)\right]\\&=\max\left[\sum_{i=1}^{n}\alpha_i-\frac{1}{2}\sum_{i=1}^{n}\sum_{j=1}^{n}\alpha_i\alpha_jy_iy_j\left(x_i\cdot x_j\right)\right]\end{aligned} \tag{4.211}$$

将最优化的解 α^* 代入式（4.210）求得对应的 $w^*=\sum_{i=1}^{n}\alpha_i^*y_ix_i$，再将 w^* 代入式（4.205）得

$$\begin{cases}\min\limits_{y_i=+1}\left(w^*\cdot x_i\right)+b^*=1\\ \max\limits_{y_i=-1}\left(w^*\cdot x_i\right)+b^*=-1\end{cases} \tag{4.212}$$

$$b^*=-\frac{\min\limits_{y_i=+1}\left(w^*\cdot x_i\right)+\max\limits_{y_i=-1}\left(w^*\cdot x_i\right)}{2} \tag{4.213}$$

式中，$x\cdot x'$ 表示内积函数。将问题转化为高维空间中可以线性划分的问题，最终获得支持向量机的判别函数为

$$f(x)=\operatorname{sgn}\left(w^*\cdot x+b^*\right)=\operatorname{sgn}\left[\sum_{i=1}^{n}\alpha_i^*y_iK\left(x_i,x\right)+b^*\right] \tag{4.214}$$

$$\begin{cases}w^*=\sum\limits_{i=1}^{n}\alpha_ix_iy_i,\ 0\leqslant\alpha_i\leqslant C\\ b^*=-\frac{1}{2}\left[\min\limits_{y_i=+1}\left(w^*\cdot x_i\right)+\max\limits_{y_i=-1}\left(w^*\cdot x_i\right)\right]\end{cases} \tag{4.215}$$

以二维特征的观测样本分类问题为例，对支持向量机的分类模型进行仿真。仿真条件：观测样本通过随机数形式产生，其中正类样本是取值在[1,2]范围内的二维随机矩阵，负类样本是取值在[5,6]范围内的二维随机矩阵，支持向量机惩罚因子 C=10，仿真模型的样本分类情况见图 4.39。

图 4.39 中“·”表示负类样本，“×”表示正类样本，输入支持向量机分类模型进行训练，得到最优分类面的位置为图中线条所示，“○”表示支持向量的位置。图中选取的最优分类超平面位置使得正类和负类样本分布在超平面两侧。对于测试数据，通过与超平面位置进行比对即可判断其类型。

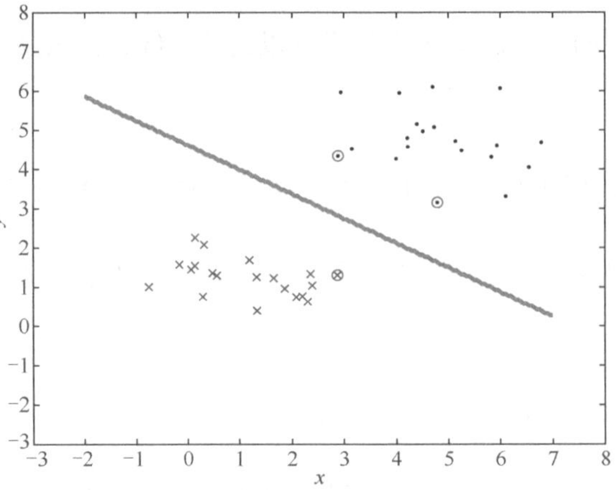

图 4.39　二维特征样本的二元支持向量机分类仿真

1. 支持向量机模型训练及参数优选方法

支持向量机的模型训练及参数优选方法对其分类的性能有至关重要的影响，通常情况下用预测结果与所属真实类别进行对比来评价模型的识别精度。在支持向量机的模型训练中将观测样本划分为两个部分，一部分用来选取模型的最优参数，另一部分用来对参数进行修正。在此选择支持向量机的 k 折交叉验证和核函数及网格搜索法作为支持向量机模型训练方法。

1）k 折交叉验证

k 折交叉验证是机器学习算法评价准则中常用的验证方法之一，其基本思想如下。

（1）将 n 个观测数据均匀且随机地组合为 k 个互不交叉的观测子集 $S_1,S_2,\cdots,S_k$ 。

（2）将每一个样本集 S_i 输入至分类器中进行训练与测试。以第 i 次支持向量机模型迭代过程为例：将 S_i 作为测试集，其余的 $k-i$ 个子集合并用于对支持向量机模型进行训练以获取最优决策函数 f_i ，将测试集 S_i 输入决策函数 f_i 进行预测识别，假设正确的分类次数为 t_i ，第 i 个支持向量机模型的识别精度为

$$a_i=\frac{t_i}{\dfrac{t}{k}} \tag{4.216}$$

（3）经过 k 次模型迭代运算后，各模型获得的正确识别次数分别为 $t_1,t_2,\cdots,t_k$ ，则支持向量机的平均识别精度为

$$a=\frac{1}{k}\sum_{i=1}^{k}a_i=\frac{1}{k}\sum_{i=1}^{k}\frac{t_i}{\dfrac{t}{k}}=\sum_{i=1}^{k}\frac{t_i}{t} \tag{4.217}$$

将平均识别精度作为支持向量机模型的优劣评价标准，值得一提的是支持向量机模型的平均识别精度仅表示模型具有识别性能，与测试集预测识别无关。

2）核函数及网格搜索法

在模式识别问题中，受观测数据集的类间差异可能导致存在观测空间中无法实现线性划分的情况，但是在高维空间中可能具有相对容易划分的分布情况。

图 4.40 描述了一个训练集数目为 20 的二分类问题，符号“○”和“△”分别对应着类别标签为“+1”和“-1”的训练样本。左图表示在二维空间内存在一个以原点为圆心的圆使得两类训练样本分布在圆的内外两侧，属于非线性划分；右图表示利用内积函数将二维数据映射至高维空间后，存在一条直线使得两类样本线性划分。

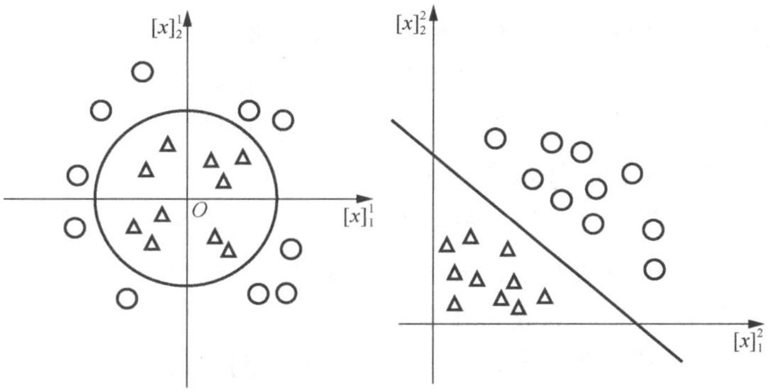

图 4.40　二维空间的非线性划分

对于空间映射问题，给出关于核函数的定义：假设 $X \subset \mathbb{R}^n$ 表示输入样本空间，φ 表示输入样本空间 X 的输入特征空间映射，得到映射的核函数表达式为

$$K(u,v) = \varphi(u) \cdot \varphi(v) \tag{4.218}$$

式中，$\varphi(u) \cdot \varphi(v)$ 表示内积函数。

核函数必须满足默瑟（Mercer）条件：假设一个对称函数 $K(u,v)$ 对系数 $\alpha_k > 0$ 展开得到

$$K(u,v) = \sum_{k=1}^{\infty} \alpha_k \varphi_k(u) \varphi_k(v) \tag{4.219}$$

式（4.219）成立的充分必要条件是在

$$\int g^2(u) \mathrm{d}u < \infty, \quad g \neq 0 \tag{4.220}$$

成立的条件下满足

$$\iint K(u,v) g(u) g(v) \mathrm{d}u \mathrm{d}v > 0 \tag{4.221}$$

综上所述，核函数需要具备以下两条性质：第一，具有对称性，即满足 $K(u,v) = K(v,u)$；第二，函数使得不等式 $K^2(u,v) \leqslant K(u,v) K(v,u)$ 成立。常用的支持向量机核函数主要有以下三种。

（1）线性核函数：

$$K(x,x') = \left(x^{\mathrm{T}} \cdot x'\right) \tag{4.222}$$

（2）q 阶非齐次多项式核函数：

$$K(x,x') = \left(x^{\mathrm{T}} \cdot x' + 1\right)^q \tag{4.223}$$

（3）高斯径向基核函数：

$$K(x,x')=\exp\left(-\frac{\|x-x'\|^2}{\sigma^2}\right) \tag{4.224}$$

三种核函数具有不同的特性。线性核函数具有很强的推广性且计算简单，复杂度较低；q 阶非齐次多项式核函数具有极好的整体性，在阶数低时同样具有极强的推广能力，且在阶数高时具有较好的学习能力，但是复杂度较高；高斯径向基核函数具有极好的局部分析能力，且其推广能力与 σ 成反比，相比于前两者具有更好的优选能力。

网格搜索法寻找最优参数的基本步骤如下。

（1）根据经验确定惩罚因子 C 以及核函数系数 γ 的搜索区间，惩罚因子 C 根据样本间差异大小进行选取，样本间差异越大惩罚因子 C 的取值范围越小。当选择高斯径向基核函数时核函数系数 γ 对应参数 σ，与核函数的外推能力成反比。

（2）在参数范围内选择适合的步长，建立二维搜索网格 (C,γ)。

（3）遍历全部网格内的参数组合对分类器进行训练，选择使支持向量机模型对测试样本识别精度最高的组合作为支持向量机的结构参数。

仿真条件：选择公开数据集中 A 类舰船与 B 类舰船的仿真辐射噪声数据作为观测样本[9]，A 类舰船训练样本个数为 500，标记为正类，B 类舰船训练样本个数为 500，标记为负类。惩罚因子 $C=1\sim10$，$C_{\text{step}}=1$；高斯径向基核函数系数 $\gamma=1\sim10, \gamma_{\text{step}}=1$。仿真结果如图 4.41 所示。

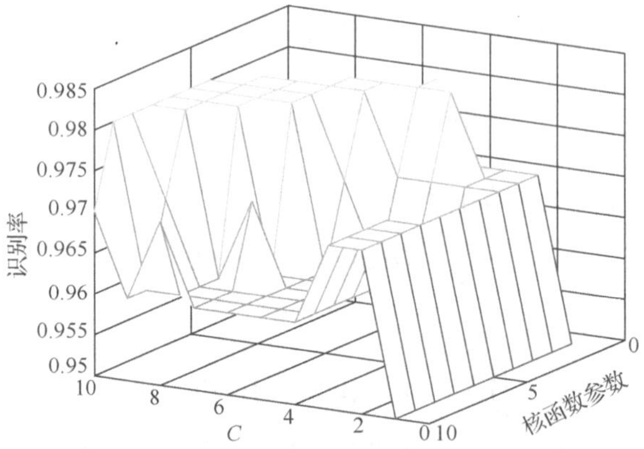

图 4.41　支持向量机识别率随参数变化图

图 4.41 中反映了在不同参数条件下模型的正确识别率的变化。在本次仿真实验中最优的参数选择结果是惩罚因子 $C=4$，核函数系数 $\gamma=1$。用网格搜索法为分类器设计选取最优结构，是支持向量机模型设计中不可或缺的一步。

2. 支持向量机多分类

支持向量机是典型的基于统计学习的二分类预测模型，然而舰船目标识别问题中包含客船、摩托艇、打桩船、远航轮渡等多种不同吨位、不同结构的识别目标，因此支持向量机的多分类问题在舰船辐射噪声识别中有重要的研究价值。多分类问题通常可以转换成多个二分类问题，依据每个二分类的结果进行多分类的判决，实现支持向量机的多元分类。本节中详细介绍了以下三种多分类器的设计方式："一对一"多分类器、"一对余"多分类器和纠错编码分类器。

1）"一对一"多分类器

"一对一"多分类器是多分类拆分为二分类的常用方法之一，其基本思想是：对于一个 M 分类问题，假设其训练样本集为 $\{x_1,x_2,\cdots,x_M\}$，分别对应了 M 类样本；将训练样本集中每两个样本类别的数据组成一个训练样本子集，即训练样本子集 $T_{i-j}(x_i,x_j)$ 满足 $(i,j)\in\{(i,j)\mid i<j,i,j=1,2,\cdots,M\}$；对每一个子集中的训练样本进行标记，标号为 i 的样本标记为"+1"，标号为 j 的样本为"−1"，其决策函数为

$$f^{i-j}(x)=\operatorname{sgn}\left[\sum_{i=1}^{n}\alpha_i y_i K(x_i,x_j)+b\right] \tag{4.225}$$

根据式（4.225）建立支持向量机二分类模型的判别函数，输入样本 x 的表达式为

$$s^{i-j}(x)=\begin{cases} i, & f^{i-j}(x)\geqslant 0 \\ j, & f^{i-j}(x)<0 \end{cases} \tag{4.226}$$

遍历全部训练样本子集获得 $(M-1)M/2$ 个判别函数，测试样本 x 的识别判决需考虑所有二分类器的意见，并通过投票方式来判定 x 所属类别。投票法的具体步骤为：当测试样本 x 遍历输入多个二分类器，假设第 $i-j$ 个分类器的判别函数 $s^{i-j}(x)=i$，则在类别 i 上记票数加 1，反之在类别 j 上记票数加 1，统计每个类别的最终获得票数，票数最多的类别即为多分类器的识别结果。

2）"一对余"多分类器

"一对余"多分类器同样是将多分类问题转化为多个二分类问题，其转化方式为：对于一个 M 类分类问题，假设其训练样本集为 $\{x_1,x_2,\cdots,x_M\}$，对应了 M 类样本；以其中某一个类别的训练样本作为正类，其余所有类别的训练样本作为负类，构建新的训练样本子集，合计生成 M 个训练样本子集，对应 M 个二分类问题。具体步骤如下。

（1）对于给定的 M 类训练样本集 $\{x_1,x_2,\cdots,x_M\}$，根据类别将样本划分为 M 类样本。

（2）采用 M 种标记方式，如将第 j 类样本标记为正类 $(j=1,2,\cdots,M)$，其余全部类别样本标记为负类，构建训练样本子集。遍历全部的训练样本子集获得 M 个决策函数，表达式为

$$f^{j}(x)=\operatorname{sgn}\left[\sum_{i=1}^{n}\alpha_i y_i K(x_i,x)+b\right],\ j=1,2,\cdots,M \tag{4.227}$$

（3）测试样本 x 经过 M 个二分类器获得决策函数组 $f^{j}(x)$，$j=1,2,\cdots,M$，理论上只有测试样本 x 对应类别作为正类的支持向量机决策函数 $f(x)>0$，但考虑到分类器预测结果可能存在一定误差，因此选择决策函数值最大的正类别作为多分类器的识别输出。

3）纠错编码分类器

二分类的输出只有"+1"或"−1"，借鉴二进制编码的方式构建类别的编码矩阵，矩阵中的值对应多个二分类的输出，将多个二分类器的输出与编码矩阵对照得到最终判别输出的

多分类算法称为纠错编码分类器。其算法实现步骤如下。

（1）对于给定的 k 类训练样本集 $\{x_1, x_2, \cdots, x_k\}$，设计一个 $k \times m$ 的编码矩阵 M。其矩阵的行被称为“码字”，对应 k 类训练样本，矩阵元素被称为“码位”，码位的取值方式主要有以下两种：第一种编码方式称为稠密型编码，将正类标记为 $+1$，负类标记为 -1，故码位取值范围为 $\{-1, +1\}$；第二种编码方式称为稀疏型编码，在稠密型编码的基础上添加了“0”标记，表示测试样本不在训练类别中。

（2）编码矩阵中的列表示将多分类问题划分为 m 个二分类问题，由此可以构建一个决策函数组 $f^i(x),\ i = 1, 2, \cdots, m$，令每一个测试样本 x 输入至 m 个支持向量机模型得到一个行向量 $f(x) = (f^1(x), f^2(x), \cdots, f^m(x))$，将其与编码矩阵中每一行矩阵进行对照。

（3）在理想决策函数下，预测输出的行向量 $f(x) = (f^1(x), f^2(x), \cdots, f^m(x))$ 与编码矩阵中测试样本类别对应的码字完全一致且唯一存在。由于二分类模型存在一定的识别误差，编码矩阵中的码字难以完全一致，因此根据汉明距离寻找与预测输出的行向量最接近的码字，其表达式为

$$d(u, v) = \mathrm{num}\left(\{i \mid u_i \neq v_i\}\right) \tag{4.228}$$

式中，$\mathrm{num}(x)$ 是计算集合 x 中的元素个数。记录预测输出行向量 $f(x)$ 与编码矩阵每一个码字的汉明距离，距离最小值所对应的类别即为多分类器的识别输出。

纠错编码分类器通常与“一对一”多分类算法、“一对余”多分类算法联合使用。对于给定的 k 类训练样本集 $\{x_1, x_2, \cdots, x_k\}$，一对一纠错编码分类器结合“一对一”多分类算法将 k 分类问题转换为 $(k-1)k/2$ 个二分类问题，获得 $k \times [(k-1)k/2]$ 的一对一编码矩阵如下：

$$M = \begin{vmatrix} 1 & \cdots & 1 & & & & & \cdots \\ -1 & & \cdots & 1 & \cdots & 1 & \cdots & \\ & & \cdots & -1 & \cdots & & \cdots & \\ & & & & \cdots & & \cdots & 1 \\ & & -1 & & & -1 & \cdots & -1 \end{vmatrix} \tag{4.229}$$

一对一编码矩阵的最小汉明距离为 $(C_k^2 - 1)/2 + 1$，且仅在 $k \geqslant 4$ 条件下具备纠错能力。而一对余纠错编码分类器采用“一对余”多分类算法将 k 分类问题转换为 k 个二分类问题，由此建立 $k \times k$ 编码矩阵如下：

$$M = \begin{vmatrix} 1 & -1 & \cdots & -1 \\ -1 & 1 & \cdots & -1 \\ \vdots & \vdots & & \vdots \\ -1 & -1 & \cdots & 1 \end{vmatrix} \tag{4.230}$$

一对余编码矩阵的最小汉明距离恒定为 2，因此不具备纠错能力。

4.8.2 基于支持向量机的小样本舰船辐射噪声识别

支持向量机属于浅层学习模型，即其具备识别预测能力但是不能对样本的输入特征进行提取，因此本节根据舰船辐射噪声特征提取方法建立综合特征向量作为支持向量机的输入。支持向量机识别模型在小样本分类问题中有突出的表现，然而在小样本识别问题中的支持向量对整体的影响相对更高，对支持向量机的识别精度有明显的影响。本节介绍最小二乘支持向量机在舰船辐射噪声识别中的应用。

1. 舰船辐射噪声特征

1）特征提取与特征融合

受海洋环境及水下信道影响，舰船辐射噪声信号具有背景干扰大、信息冗余等特性，直接作为分类器输入样本会带来分类器模型复杂度高、计算量大和识别精度低等问题，利用特征提取和特征融合方法建立具有高辨识度的舰船辐射噪声物理特征是舰船目标识别技术的关键。在模式识别问题中，特征提取和特征选择有利于提高样本特征对目标的表征能力、简化分类器设计。然而在概念上特征提取和特征选择是不同的。

特征提取是利用映射或变换的方法来降低原始样本维度、减少特征中的冗余，其本质是将观测空间数据映射至特征空间数据，特征空间的维度与分类器的输入维度一致。

特征选择是根据特征向量的物理意义挑选出有效的物理特征，实现特征空间维度和信息冗余度的降低。工程中使用的专家系统是典型的特征选择方法，根据专家的知识或现有的经验，在输入数据中筛选或估计出有效信息。

本节根据舰船辐射噪声的特性分析，从舰船辐射噪声的线谱分量、调制分量以及能量尺度三个角度出发，利用 LOFAR 谱分析、噪声包络调制检测（detection of envelope modulation on noise，DEMON）谱分析、1 1/2 维谱分析以及小波变换四种特征提取方法，经过特征融合获得 167 维的舰船辐射噪声综合特征，作为支持向量机分类器的输入。图 4.42 给出了舰船辐射噪声特征提取及构建的框架图。

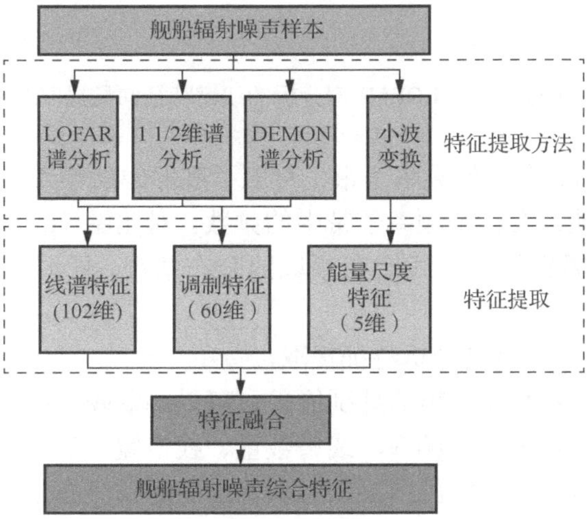

图 4.42　舰船辐射噪声特征提取及构建的框架图

2）舰船辐射噪声线谱特征提取

根据舰船辐射噪声特性分析，舰船的主机、辅机振动以及螺旋桨的叶片数和轴频等物理结构特征通常是以线谱的形式表现在舰船辐射噪声中，且作为不同类型舰船的主要区分特征分布在频域的低频带（0～1000Hz）内。为了获取舰船辐射噪声中的线谱特征，本节在 LOFAR 谱分析和1 1/2 维谱分析的基础上通过概率学特征提取方法对线谱检测的结果进行量化，并通过特征选择的方式进行降维，使之成为可以输入至分类器的样本特征。

（1）舰船辐射噪声 LOFAR 谱分析特征提取。

通过舰船辐射噪声的LOFAR谱分析可以发现LOFAR谱图中反映了舰船辐射噪声低频线谱随时间的变化，然而谱图的表现形式使其具有特征维度高、信息冗余大等不利于作为支持向量机输入的特点，根据概率学原理提出 LOFAR 谱分析的线谱能量分布特征提取方法，具体步骤如下。

LOFAR 谱图反映了在三维空间输入数据的幅值在时频坐标系下的分布情况，幅值的强弱对应该时刻某一频率上的能量高低，将线谱能量分布定义为连续时间内舰船辐射噪声能量在不同频带内的概率分布。首先对舰船辐射噪声 LOFAR 谱图进行归一化处理，从频率轴上将0～1000Hz 频带均匀分成82个频率区间，设置1/3、1/2、2/3三个观测平面，截取LOFAR谱图中的每一个帧信号，并统计观测平面切割帧信号的交点分布在各个频率区间内的点数，点数越多能量越高，归一化处理得到输出的特征向量。图 4.43 为基于 LOFAR 谱分析的线谱特征向量提取结果。

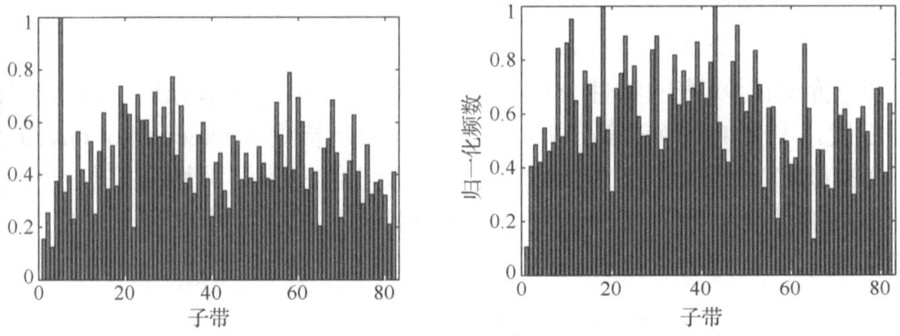

（a）A类舰船　　（b）B类舰船

图 4.43　基于 LOFAR 谱分析的线谱特征向量提取结果

图 4.43 中横轴表示 82 个均匀频率子带，对应了舰船辐射噪声的 0～1000Hz 频率范围，纵轴对应单频高峰线谱能量在各个频率子带中的频数。对比图（a）和图（b），此种特征提取方法可以有效地反映舰船辐射噪声线谱在频域的分布情况，且不同类型的舰船目标具有明显的差异。

（2）舰船辐射噪声 1 1/2 维谱分析特征提取。

利用 1 1/2 维谱分析对高斯噪声的抑制能力，可以降低噪声的干扰，同时增强舰船辐射噪声功率谱的谱图形状、最强峰值频率、线谱数量、线谱宽度等特征。对舰船辐射噪声功率谱图进行 1 1/2 维谱分析，并对输出结果在频率轴上的能量分布信息进行特征提取，具体步骤如下。

将 0～1000Hz 频带均匀划分为 M=20 个均匀区间，并定义各频率子带的分布特征值 p_m 为

$$p_m=\begin{cases}\dfrac{1}{k}\displaystyle\sum_{i=(m-1)k+1}^{mk}C_{3x}\left(i\Delta f_s\right), & m=1,2,\cdots,19\\ \dfrac{1}{\left[\dfrac{N}{2}-(m-1)k\right]}\displaystyle\sum_{i=(m-1)k+1}^{N/2}C_{3x}\left(i\Delta f_s\right), & m=20\end{cases} \tag{4.231}$$

式中，f_s 表示输入信号的采样率；N 表示观测的频率范围，在本节中设置为 1000；$\Delta f_s=f_s/N$ 表示采样点在频带内的点数；$k=\text{int}[N/(2M)]$ 函数表示取 $N/(2M)$ 的整数部分。为了降低目标与采集位置距离带来的信号强度影响，利用归一化处理来建立统一的评价标准，表达式如下：

$$Z_m=\frac{p_m}{\max\left(p_m\right)},\ m=1,2,\cdots,20 \tag{4.232}$$

综上所述，获得 20 维线谱特征向量 $(Z_1,Z_2,\cdots,Z_{20})$，其对应了舰船辐射噪声线谱分量在低频带内的能量分布情况。图 4.44 为基于 1 1/2 维谱分析的舰船辐射噪声功率谱特征向量提取结果。

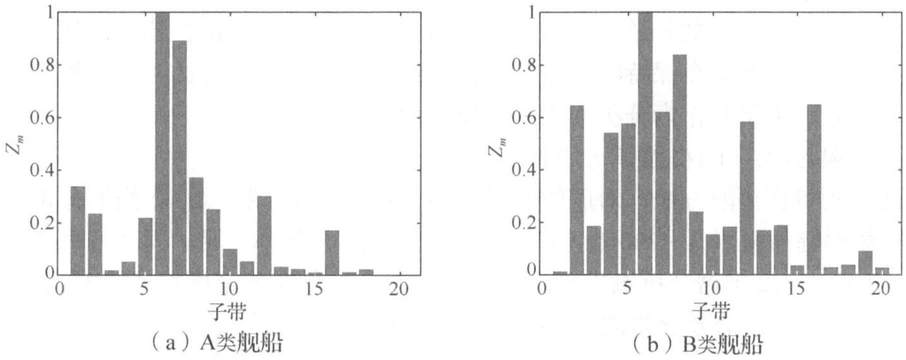

图 4.44　基于 1 1/2 维谱分析的舰船辐射噪声功率谱特征向量提取结果

图 4.44 中的横轴表示在舰船辐射噪声 0～1000Hz 频率范围划分的 20 个均匀频率子带，纵轴表示舰船辐射噪声单频线谱分量在各个频率子带的能量分布。由于 1 1/2 维谱分析比 LOFAR 谱分析具有更强的噪声抑制能力，获得的谱线也更加纯净，因此可以增加各个频率子带的长度以减少特征向量个数。

两种特征提取方法的重点不同，前者关注舰船辐射噪声频谱随时间的变化，后者更关注在高斯噪声抑制条件下的线谱分布。根据低频段子带划分宽度的不同，将两种方法定义为粗测和精测线谱特征提取。

3）舰船辐射噪声调制特征提取

螺旋桨节拍现象引起的舰船辐射噪声包络调制中携带的螺旋桨叶片数及轴频信息是舰船航行状态的重要识别特征，由螺旋桨节拍现象引起的调制频率主要分布在 0～100Hz 范围内。

（1）舰船辐射噪声 DEMON 谱分析特征提取。

对 DEMON 谱分析的特征进行量化，具体步骤是将 0～400Hz 频带均匀分成 40 个频率子带，将每个频率子带中的 DEMON 谱平均值定义为调制分量在各个频率子带的概率分布情况。基于 DEMON 谱分析的调制特征向量提取结果如图 4.45 所示。

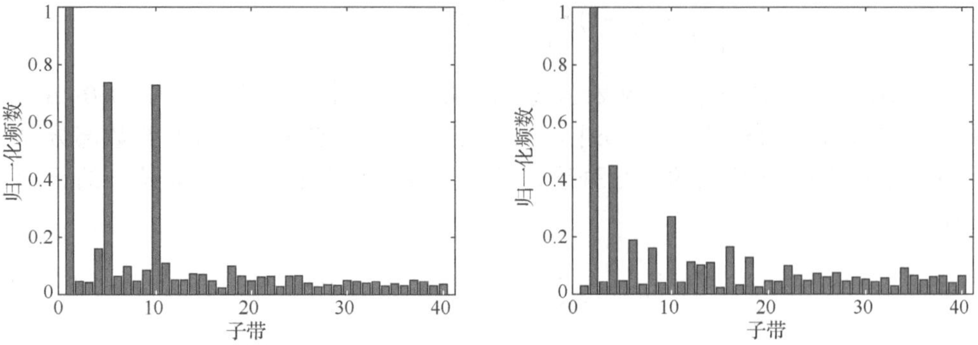

（a）A类舰船　　（b）B类舰船

图 4.45　基于 DEMON 谱分析的调制特征向量提取结果

图 4.45 中的横轴表示在舰船辐射噪声调制谱 0～400Hz 频带划分的 40 个均匀频率子带，纵轴表示舰船辐射噪声调制分量在各个频率子带的频数。与 DEMON 谱图相比，特征提取后的舰船辐射噪声调制特征在保持特征差异的同时维度大大降低。对比两类舰船的调制特征发现具有明显差异，可将其作为分类器输入的特征向量。

（2）舰船辐射噪声 1 1/2 维谱分析特征提取。

同上述调制特征提取方法，对舰船辐射噪声 DEMON 谱图的 1 1/2 维谱分析结果进行特征提取，将舰船辐射噪声 0～200Hz 频带均匀划分成 20 个频率子带，同样将每个频率子带中的 DEMON 谱的 1 1/2 维谱分析输出平均值定义为调制分量在各个频率子带的概率分布特征。图 4.46 为基于 1 1/2 维谱分析的调制特征向量提取结果。

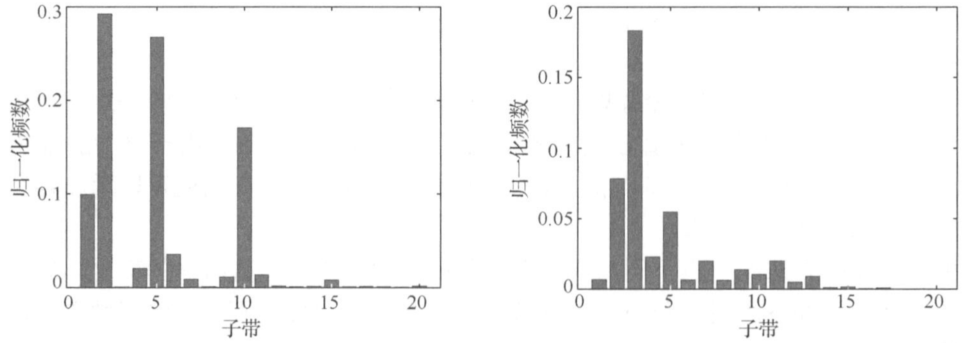

（a）A类舰船　　（b）B类舰船

图 4.46　基于 1 1/2 维谱分析的调制特征向量提取结果

两种调制特征提取方法均基于 DEMON 谱分析的结果。根据观测频率范围及频率子带划分区别，利用两种调制特征提取方法联合表征舰船辐射噪声调制特征能有效地弥补单一特征提取算法的误差。

4）舰船辐射噪声能量尺度特征提取

在不同小波变换尺度条件下，小波变换的输出结果与原始功率谱之间存在对应能量关系，由此将舰船辐射噪声能量尺度特征定义为

$$Z_j = \frac{p_j}{p},\ j = 1,2,\cdots,k \tag{4.233}$$

式中，$p_j = \sum_{i=1}^{N} Y_j(f_i)$ 表示小波变换输出的功率谱能量；$p = \sum_{i=1}^{N} X(f_i)$ 表示舰船辐射噪声功率谱的能量；k 表示小波变换的尺度范围，将小波变换尺度设置为 1～5 级，即 $k = 5$。基于小波变换的能量尺度特征向量提取结果如图 4.47 所示。

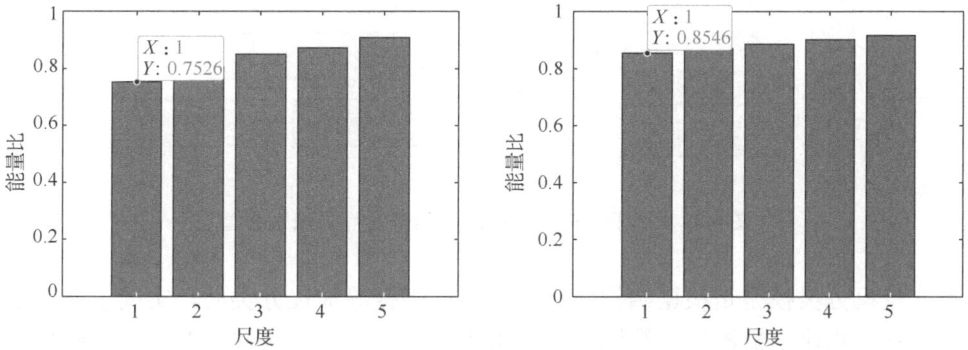

（a）A类舰船　（b）B类舰船

图 4.47　基于小波变换的能量尺度特征向量提取结果

图 4.47 中纵轴表示在尺度 $j = 1,2,\cdots,k$ 下小波变换输出的功率谱与输入信号功率谱的能量比。随着小波变换尺度的增大，经小波变换输出的能量比具有增大趋势，即小波变换的输出随着变换尺度的增大对噪声能量抑制能力增强，使得信号的信噪比不断提高。对比两类舰船辐射噪声的能量尺度特征，在数值及增长趋势上有明显的差异，分别对应样本数据所处环境中的背景噪声高和低两种情况，因此可以将其作为舰船辐射噪声的识别特征向量。

5）舰船辐射噪声综合特征构建

为了获得更加全面的舰船辐射噪声综合特征向量，采用特征融合的方法对多种特征提取的特征向量进行组合优化。由于前文中的特征提取结果均经过归一化处理，各类特征之间量级相同，直接采用串联的方式构建 167 维的舰船辐射噪声综合特征向量 $(Z_1, Z_2, \cdots, Z_{167})$。

（1）$(Z_1, Z_2, \cdots, Z_{82})$ 表示利用 LOFAR 谱分析提取的舰船辐射噪声线谱能量分布特征。

（2）$(Z_{83}, Z_{84}, \cdots, Z_{102})$ 表示利用 1 1/2 维谱分析提取的舰船辐射噪声线谱能量分布特征。

（3）$(Z_{103}, Z_{104}, \cdots, Z_{142})$ 表示利用 DEMON 谱分析提取的舰船辐射噪声调制谱能量分布特征。

（4）$(Z_{143}, Z_{144}, \cdots, Z_{162})$ 表示利用 1 1/2 维谱分析提取的舰船辐射噪声调制谱能量分布特征。

（5）$(Z_{163}, Z_{164}, \cdots, Z_{167})$ 表示利用小波变换提取的舰船辐射噪声能量尺度特征。

2. 基于最小二乘支持向量机的小样本舰船辐射噪声识别模型设计

对建立的舰船辐射噪声综合特征数据进行标记，以二分类为例分别标记为正类和负类；将特征样本集分为训练样本和测试样本，将一部分训练样本输入网格搜索算法中，利用 k 折交叉验证的训练方法获得支持向量机的最优参数，另一部分训练样本输入最优参数的支持向量机模型中完成分类器的设计和训练；将测试样本和部分训练样本输入分类器中进行识别并以混淆矩阵的形式输出分类预测结果。基于支持向量机的舰船辐射噪声识别模型如图 4.48 所示。

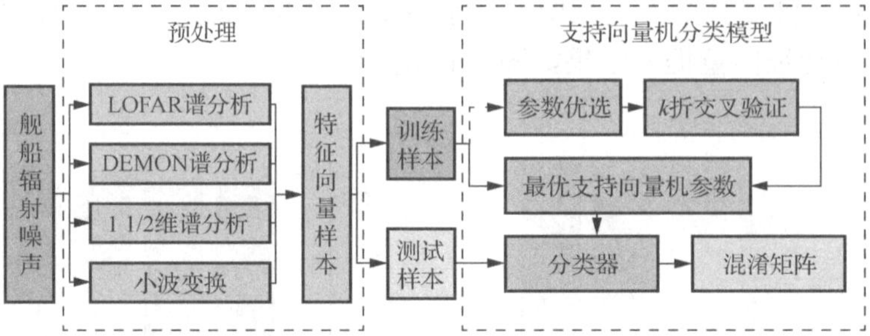

图 4.48　基于支持向量机的舰船辐射噪声识别模型

支持向量机分类模型是根据结构风险最小化准则搜寻最优分类面，实现了非线性观测数据的分类识别，相比于机器学习算法在小样本识别中有突出的表现。然而，在模型推导过程中可以发现支持向量机最优分类面的求解仅取决于支持向量的位置，忽略了训练数据集中非支持向量样本对分类性能的影响，使得支持向量对决策函数的识别精度起绝对作用。此外，约束因子 C 的设置与模型自身的容错性都极大地容忍了支持向量的错分，当样本数目较少时支持向量的错分对整体的分类性能影响被不断放大，进而影响在小样本识别问题中的识别精度。Gauthier[5]提出的最小二乘支持向量机有效地解决了这个问题，并且根据二次损失函数将模型中的凸规划问题转化为求解线性方程，大大降低了模型复杂度，减少了计算量。

最小二乘支持向量机同样基于结构风险最小化准则搜寻最优分类面，但最小二乘支持向量机的最优分类面选择是取决于两类样本的全部样本分布。假设在两类样本中存在两条直线分别位于两类样本的中心，代表了样本类别的聚集，寻求特征空间中的最优分类面，要求其同时平行于两条直线，且到两条直线的距离最远，如图 4.49 所示。

因此最小二乘支持向量机的约束条件如下：

$$\begin{cases}\min\limits_{w,\eta,b}\left(\dfrac{1}{2}\|w\|^2+\dfrac{C}{2}\sum\limits_{i=1}^{n}\eta_i^2\right)\\ \text{s.t.}\ \ y_i\left[w\cdot\Phi\left(x_i\right)+b\right]=1-\eta_i,\ i=1,2,\cdots,n\end{cases}\tag{4.234}$$

式中，最小化目标函数 $\frac{1}{2}\|w\|^2+\frac{C}{2}\sum_{i=1}^{n}\eta_i^2$ 对应着 $\frac{1}{2}\|w\|^2$ 最小化以及 $\sum_{i=1}^{n}\eta_i^2$ 最小化，即两条直线尽可能分别位于类别标号为 +1 和 −1 的两类样本中间，且 $w\cdot x+b=+1$ 和 $w\cdot x+b=-1$ 的间距满足最大化。式（4.234）的拉格朗日函数表示为

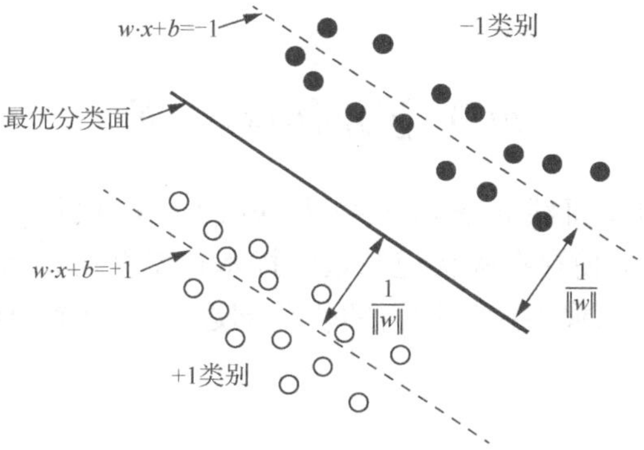

图 4.49　最小二乘支持向量机二元线性划分

$$L(w,b,\eta)=\frac{1}{2}\|w\|^2+\frac{C}{2}\sum_{i=1}^{n}\eta_i^2+\sum_{i=1}^{n}\alpha_i\left[1-\eta_i-y_iw\cdot\Phi(x_i)+b\right] \tag{4.235}$$

式中，$\alpha_i, i=1,2,\cdots,n$，与支持向量机中参数意义一致。将式（4.235）对 w,b,η 分别求导，且令其导数等于 0，得

$$\begin{cases}\dfrac{\partial L(w,b,\eta)}{\partial w}=w-\sum\limits_{i=1}^{n}\alpha_iy_i\Phi(x_i)=0\\ \dfrac{\partial L(w,b,\eta)}{\partial b}=-\sum\limits_{i=1}^{n}\alpha_iy_i=0\\ \dfrac{\partial L(w,b,\eta)}{\partial \eta}=C\eta_i-\alpha_i=0,\ i=1,2,\cdots,n\end{cases} \tag{4.236}$$

将式（4.236）的结果代入式（4.235），得

$$L(w,b,\eta)=\sum_{i=1}^{n}\alpha_i-\frac{1}{2}\sum_{i=1}^{n}\sum_{j=1}^{n}\alpha_i\alpha_jy_iy_j\Phi(x_i)\Phi(x_j)-\frac{1}{2C}\sum_{i=1}^{n}\alpha_i^2 \tag{4.237}$$

由此，将优化问题转换为求解线性方程：

$$\begin{cases}\max\limits_{\alpha}-\dfrac{1}{2}\sum\limits_{i=1}^{n}\sum\limits_{j=1}^{n}\alpha_i\alpha_jy_iy_j\left(K(x_i,x_j)+\dfrac{\delta_{ij}}{C}\right)\\ \text{s.t.}\ \sum\limits_{i=1}^{n}\alpha_iy_i=0\end{cases} \tag{4.238}$$

式中，$\delta_{ij}=\begin{cases}1, & i=j\\ 0, & i\neq j\end{cases}$。得到解 $\alpha^*=\left(\alpha_1^*,\alpha_2^*,\cdots,\alpha_n^*\right)^{\mathrm{T}}$，将其代入式（4.238）得到 $w^*=\sum\limits_{i=1}^{n}\alpha_i^*y_ix_i$ 的值，将值代入式（4.235）得

$$b^*=y_i\left(1-\frac{\alpha_i^*}{C}\right)-\sum_{j=1}^{n}\alpha_j^*y_jK(x_j,x_i) \tag{4.239}$$

综上，最小二乘支持向量机决策函数为

$$f(x)=\operatorname{sgn}\left[g(x)\right] \tag{4.240}$$

式中，

$$g(x)=\sum_{i=1}^{n} y_i \alpha_i^* K(x_i, x)+b^* \tag{4.241}$$

最小二乘支持向量机中直线 $w \cdot x+b=+1$ 和 $w \cdot x+b=-1$ 的位置由全部训练样本共同决定，在小样本识别问题中即使存在被标记错误的样本也不会对整体识别精度产生较大影响。相比于支持向量机，最小二乘支持向量机的优化问题只有一个约束等式等价于求解线性方程，模型结构更加简单。

3. 仿真实验

1）混淆矩阵

考虑到多元分类问题中各类样本的识别精度，在此引入混淆矩阵。混淆矩阵是一种可视化的工具，用于统计预测结果和实际标签之间的关系，描述分类器的识别精度。混淆矩阵的横坐标表示分类器的识别输出结果，每一列的和表示分类器预测输出该类别的样本点数；纵坐标表示数据的真实标签，每一行的和表示分类器输入的该类别实际样本点数。

图 4.50 为混淆矩阵示意图。其中图（a）表示混淆矩阵中的参数，TP 表示预测为正类的正类标签样本数量，FN 表示预测为负类的正类标签样本数量，FP 表示预测为正类的负类标签样本数量，TN 表示预测为负类的负类标签样本数量。由此定义混淆矩阵的评估指标：将查准率定义为 TP 与 $(\mathrm{TP}+\mathrm{FP})$ 的比值；查全率定义为 TP 与 $(\mathrm{TP}+\mathrm{FN})$ 的比值；识别精度定义为 $(\mathrm{TP}+\mathrm{TN})$ 与所有样本数的比值。图（b）中的例子表示实际标签分别为 A、B 的两类各有 50 个样本数据，A 类正确识别 49 个、B 类正确识别 43 个，则 A 类识别精度为 87.5%，A 类识别召回率为 98%，B 类识别精度为 97.73%，B 类识别召回率为 86%，分类器准确率为 92%。

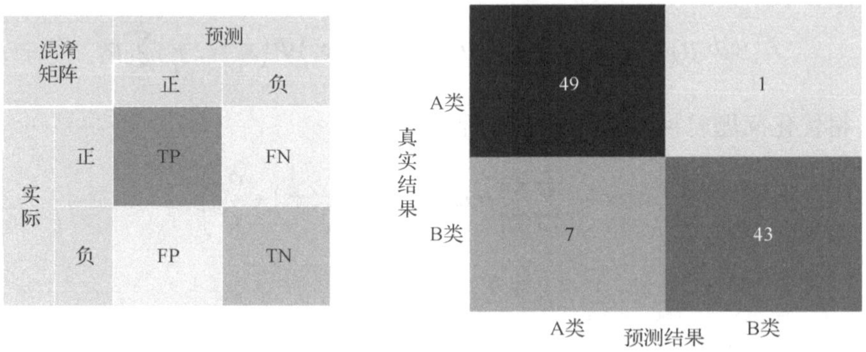

（a）混淆矩阵参数　　（b）混淆矩阵实例

图 4.50　混淆矩阵示意图

2）核函数对支持向量机模型的影响

仿真条件：A 类舰船与 B 类舰船的辐射噪声仿真数据作为观测样本，利用特征提取方法获取样本的 167 维特征向量，表 4.3 给出了输入样本仿真数据。

表 4.3　输入样本仿真数据

类型编号	标记	样本维度	样本总数	训练样本数	验证样本数	测试样本数
A 类	“1”	167	600	500	100	100
B 类	“2”	167	600	500	100	100

验证集是在训练样本中随机抽取已经训练过的样本数据。支持向量机模型的惩罚因子 $C=1\sim10$，$C_{\text{step}}=1$；核函数 $\gamma=1\sim10$，$\gamma_{\text{step}}=1$。将验证集与测试集输入不同核函数的支持向量机分类器，输出的混淆矩阵如图 4.51～图 4.53 所示。

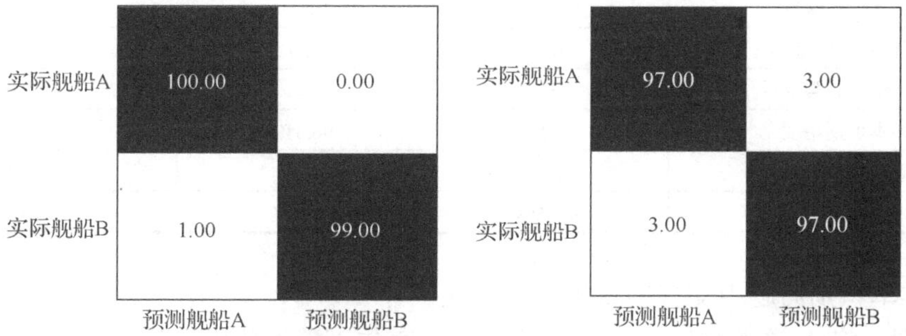

（a）训练样本　（b）测试样本

图 4.51　线性核函数分类器分类混淆矩阵

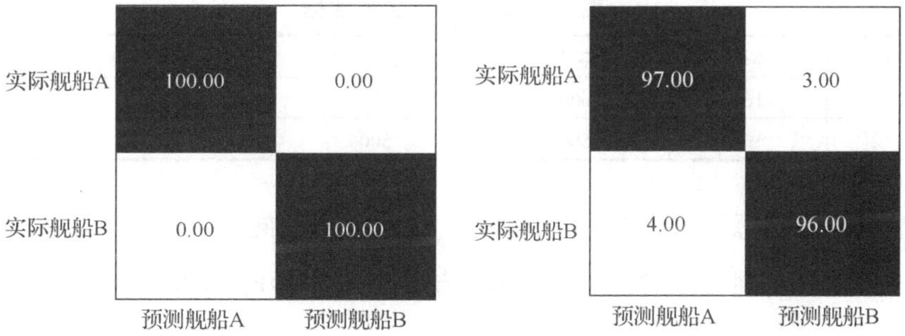

（a）训练样本　（b）测试样本

图 4.52　多项式核函数分类器分类混淆矩阵

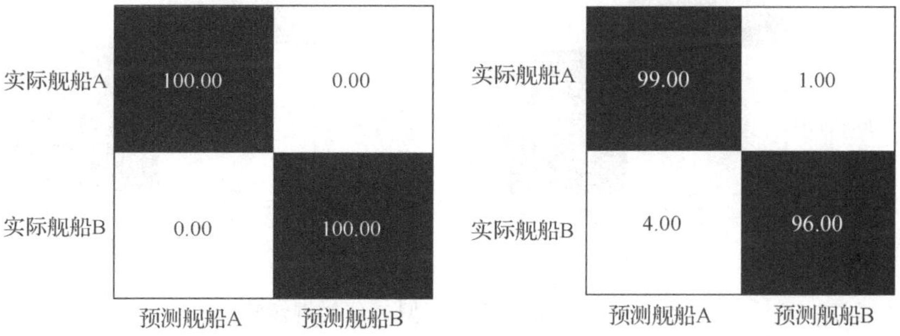

（a）训练样本　（b）测试样本

图 4.53　高斯径向基核函数分类器分类混淆矩阵

表 4.4 统计了选择三种不同核函数的支持向量机模型分类结果。可以得出结论：选择高斯径向基核函数的支持向量机模型对于训练样本和测试样本的识别精度高于另外两种核函数，所以高斯径向基核函数更适用于舰船辐射噪声目标识别。

表 4.4　不同核函数的支持向量机模型分类性能对比

	线性核函数	多项式核函数	高斯径向基核函数
训练样本总数目	200	200	200
训练样本错误分类数目	1	0	0
训练样本识别精度	99.5%	100%	100%
测试样本总数目	200	200	200
测试样本错误分类数目	6	7	5
测试样本识别精度	97%	96.5%	97.5%
正确分类数目	393	393	395
识别精度	98.25%	98.25%	98.75%

3）小样本识别问题中支持向量机模型对比

仿真条件：将 A 类舰船与 B 类舰船的辐射噪声仿真数据作为观测样本，利用特征提取方法获取样本的 167 维特征向量。表 4.5 为输入样本仿真数据。

表 4.5　输入样本仿真数据

类型编号	标记	样本维度	样本总数	训练样本数	验证样本数	测试样本数
A 类	"1"	167	600	500	100	100
B 类	"2"	167	600	500	100	100

支持向量机模型的惩罚因子 $C=1\sim10$，$C_{step}=1$；高斯径向基核函数 $\gamma=1\sim10$，$\gamma_{step}=1$。将验证集与测试集输入不同支持向量机分类器，输出的混淆矩阵如图 4.54、图 4.55 所示。

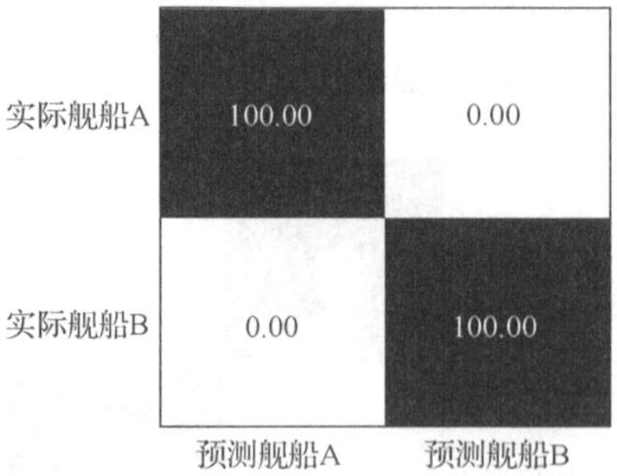

（a）训练样本

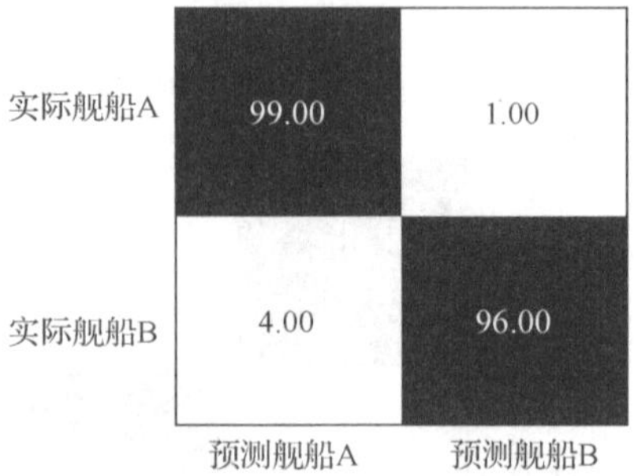

（b）测试样本

图 4.54　支持向量机模型二分类混淆矩阵

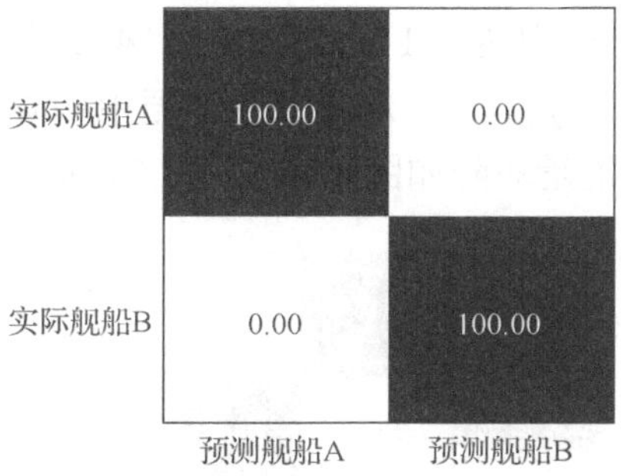

（a）训练样本

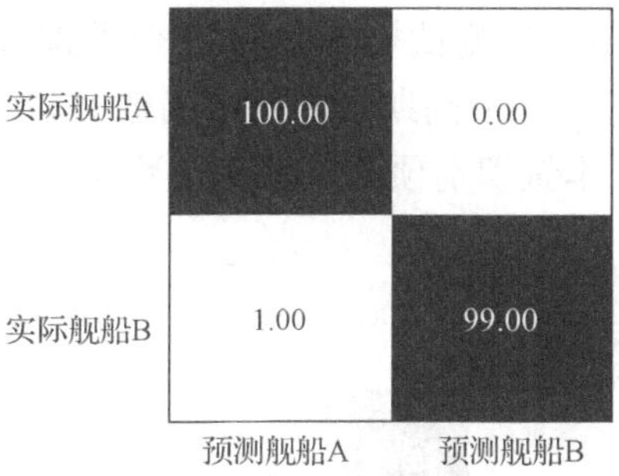

（b）测试样本

图 4.55　最小二乘支持向量机模型二分类混淆矩阵

表 4.6 中汇总了支持向量机模型和最小二乘支持向量机模型在该仿真条件下对仿真舰船辐射噪声的识别结果。得出结论：最小二乘支持向量模型在舰船辐射噪声目标识别问题中具备更高的分类性能。结合舰船目标的特点，航行工况复杂、海洋环境信道多变等影响使得舰船辐射噪声样本类内差异较大，因此不适合用部分样本作为分类的依据，而最小二乘支持向量机分类器在考虑全部样本分布的情况下又简化了模型复杂度，在小样本舰船目标识别问题中有更高的识别精度。

表 4.6　不同支持向量机对水声目标识别性能比较

	支持向量机	最小二乘支持向量机
训练样本总数目	200	200
训练样本错误分类数目	0	0
训练样本识别精度	100%	100%
测试样本总数目	200	200
测试样本错误分类数目	5	1
测试样本识别精度	97.5%	99.5%
正确分类数目	395	399
识别精度	98.75%	99.75%

4）小样本多目标识别问题中模型对比

仿真条件：根据仿真模型，建立四类舰船数据样本库，舰船物理参数如表 4.7 所示。

表 4.7　四类舰船物理参数对照表

	A 类舰船	B 类舰船	C 类舰船	D 类舰船
吨位/t	20000	15000	22000	40000
航速/kn	10	18	15	12
轴频/Hz	12	20	15	22
叶片数/个	5	4	8	7
经验线谱频率/Hz	{460,580,650,790,880}	{370,495,570,695,760,900}	{370,495,570,695,760,900}	{210,425,470,825,940}

利用特征提取方法获取样本的 167 维特征向量，建立特征样本库：每类样本包括 500 个

训练样本和100个测试样本，将各个类别分别标记为“1”“2”“3”“4”；模型惩罚因子 $C=1\sim10$，$C_{\text{step}}=1$；高斯径向基核函数 $\gamma=1\sim10$，$\gamma_{\text{step}}=1$。选择各类数据中100个训练样本、100个测试样本做识别预测，各多分类器输出的混淆矩阵如图4.56～图4.59所示。

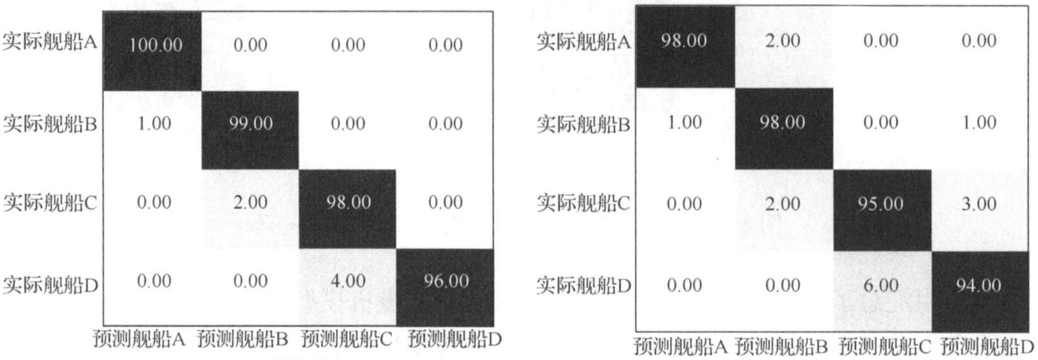

（a）训练样本 （b）测试样本

图4.56 基于“一对一”多分类器输出的混淆矩阵

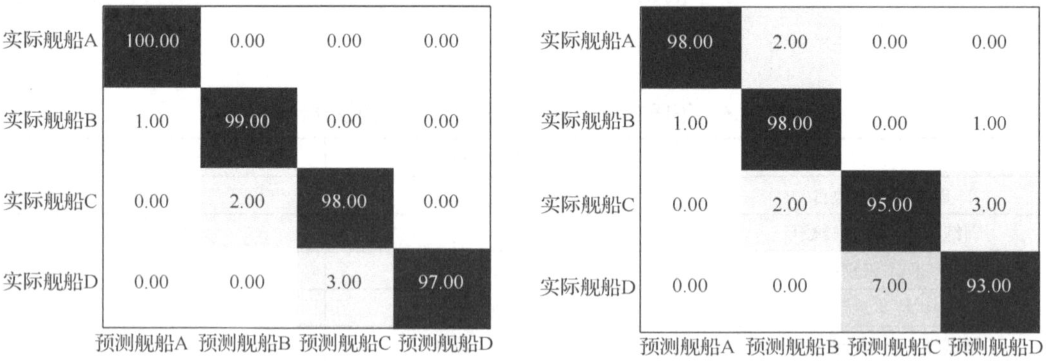

（a）训练样本 （b）测试样本

图4.57 基于“一对余”多分类器输出的混淆矩阵

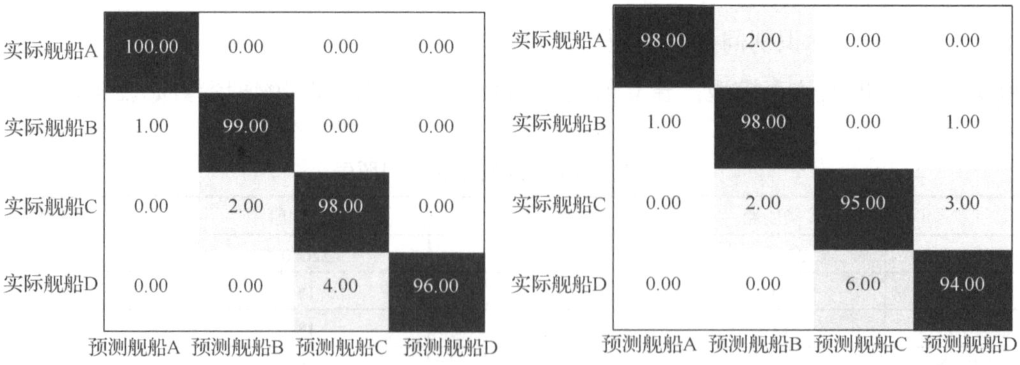

（a）训练样本 （b）测试样本

图4.58 基于“一对一”多分类算法的纠错编码分类器输出的混淆矩阵

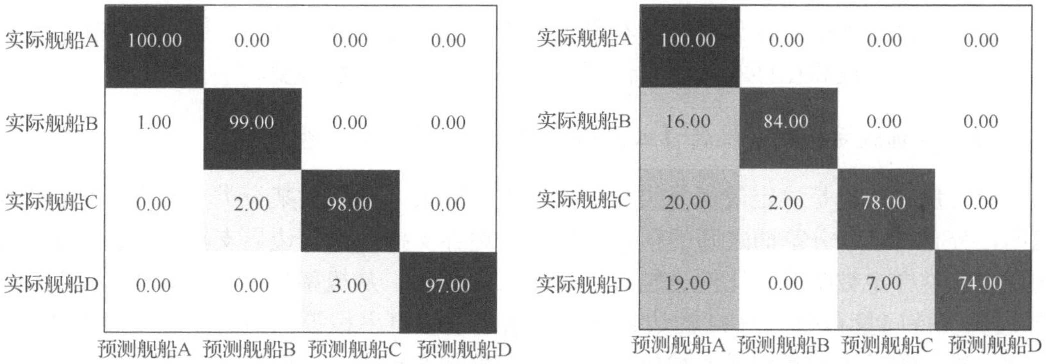

（a）训练样本　　（b）测试样本

图 4.59　基于“一对余”多分类算法的纠错编码分类器输出的混淆矩阵

表 4.8 总结了最小二乘支持向量机基于四种多分类算法在舰船辐射噪声识别问题中的识别结果，结果说明：“一对一”多分类算法、“一对余”多分类算法以及“一对一”纠错编码分类均可以有效地应用于舰船目标多分类问题；“一对余”纠错编码分类的性能明显弱于前三者，这是因为纠错编码过程中判决函数将大于零的结果判定为正类，即为码元“+1”，反之判定为负类，即为码元“-1”，“一对余”算法中样本数目不均衡增大了决策误差对码元的影响，使得分类性能明显降低。

表 4.8　不同多元分类算法对四种水声目标的识别性能对比

	“一对一”多分类算法	“一对余”多分类算法	“一对一”多分类算法纠错编码分类	“一对余”多分类算法纠错编码分类
训练样本总数目	400	400	400	400
训练样本错误分类数目	7	6	7	6
训练样本识别精度	98.25%	98.5%	98.25%	98.5%
测试样本总数目	400	400	400	400
测试样本错误分类数目	15	16	15	64
测试样本识别精度	96.25%	96%	96.25%	84%
正确分类数目	778	778	778	730
识别精度	97.25%	97.25%	97.25%	91.25%

4.8.3　基于支持向量机的样本数目失衡舰船辐射噪声识别设计与仿真

由于不同舰船样本的采样环境不同，舰船辐射噪声样本数据集会出现样本数目不均衡的情况，如码头上客船的数量远大于远洋货轮，码头采集的时长远大于海面上船舶经过的时长等。在舰船辐射噪声识别中，往往对每一类样本的关注度是相同的，甚至在特殊条件下对样本数目少的类别更加关注，如敌方舰船等。当二分类中的两类样本数目不均衡时对支持向量机最优分类面的选择会产生巨大影响。对支持向量机而言，样本少的类别中支持向量错分概率增大降低了识别精度，而最小二乘支持向量机中样本少的类别中寻找中心处的直线难度增大同样不利于目标识别。本节根据样本失衡问题中常用的权值设置法，提出了类加权支持向量机分类模型，以提高在样本失衡条件下的舰船辐射噪声识别精度。

1. 基于类加权支持向量机的样本失衡舰船辐射噪声识别模型设计

支持向量的位置是决定最优分类面选择的唯一因素，将经过某一类支持向量的平面称为间隔面，分布在两条分割面之间的样本向量称为边界支持向量。边界支持向量占训练样本的比例越大该类样本被错分的比例也越大，如图 4.60 所示。从概率论的角度分析，分类标记为 −1 的边界支持向量和标记为 +1 的边界支持向量出现的概率相等，当两类观测样本数目差异较大时，样本数目少的类别样本被错分的事件发生概率更大。由此可见，在样本不均衡识别问题中支持向量机不具备稳定的识别能力。

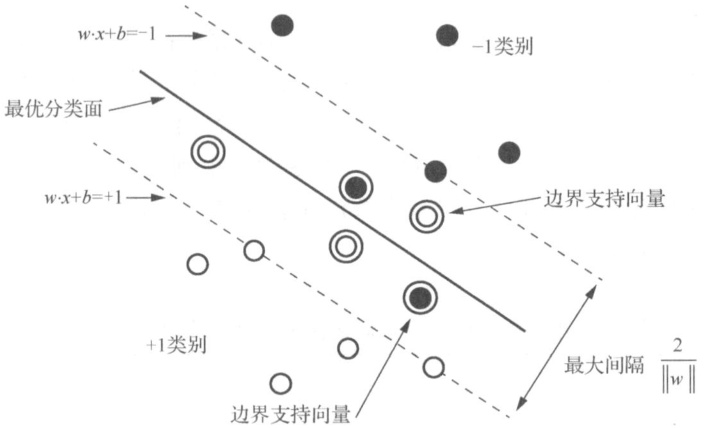

图 4.60　二分类中的边界支持向量分布

为了提高样本不均衡分类问题中的分类识别精度，本书根据类别加权的方式设计一种类加权支持向量机分类模型，将支持向量机的凸规划问题转换为

$$\begin{cases}\min\limits_{w}\left(\dfrac{1}{2}\|w\|^2+C\lambda_{y_i}\sum\limits_{i=1}^{n}\xi_i\right)\\ \text{s.t. } y_i\left\{\left[w\cdot\Phi\left(x_i\right)\right]+b\right\}\geqslant 1-\xi_i,\ \xi_i\geqslant 0,\ i=1,2,\cdots,n\end{cases}\tag{4.242}$$

式中，引入参数 $\lambda_{y_i}\geqslant 1$ 表示类 y_i 的权值，其余各项与式（4.205）中参数一致，即当 $\lambda_{y_i}=1$ 时，类加权支持向量机与支持向量机完全相同。

满足目标函数 $\frac{1}{2}\|w\|^2+C\lambda_{y_i}\sum\limits_{i=1}^{n}\xi_i$ 最小化，即划分容忍度 $\sum\limits_{i=1}^{n}\xi_i$ 最小化与 $\|w\|^2$ 最小化，其求解方程为

$$\min_{w,b,\xi,\alpha,\beta} L(w,b,\xi,\alpha,\beta)=\frac{1}{2}\|w\|^2+C\lambda_{y_i}\sum_{i=1}^{n}\xi_i+\sum_{i=1}^{n}\alpha_i\left[1-\xi_i-y_i\left(w\cdot x_i+b\right)\right]+\sum_{i=1}^{n}\beta_i\left(-\xi_i\right) \tag{4.243}$$

式中，α_i，$i=1,2,\cdots,n$ 和 β_i，$i=1,2,\cdots,n$ 表示拉格朗日乘子。式（4.243）分别对 w,b,ξ_i 求导，得

$$\begin{cases}\dfrac{\partial L(w,b,\xi,\alpha,\beta)}{\partial w}=w-\sum_{i=1}^{n}\alpha_i y_i x_i=0\\ \dfrac{\partial L(w,b,\xi,\alpha,\beta)}{\partial b}=-\sum_{i=1}^{n}\alpha_i y_i=0\\ \dfrac{\partial L(w,b,\xi,\alpha,\beta)}{\partial \xi_i}=C\lambda_{y_i}-\alpha_i-\beta_i=0,\ i=1,2,\cdots,n\\ \alpha_i\geqslant 0,\quad i=1,2,\cdots,n\\ \beta_i\geqslant 0,\quad i=1,2,\cdots,n\end{cases} \tag{4.244}$$

消去变量 β_i，整理得

$$\begin{cases}w=\sum_{i=1}^{n}\alpha_i y_i x_i\\ \sum_{i=1}^{n}\alpha_i y_i=0\\ 0\leqslant\alpha_i\leqslant C\lambda_{y_i},\ i=1,2,\cdots,n\end{cases} \tag{4.245}$$

将式（4.245）代入式（4.243），得到关于 α 的方程如下：

$$L^*(w,b,\xi,\alpha,\beta)=Q(\alpha)=\sum_{i=1}^{n}\alpha_i-\frac{1}{2}\sum_{i=1}^{n}\sum_{j=1}^{n}\alpha_i\alpha_j y_i y_j\left(x_i\cdot x_j\right) \tag{4.246}$$

根据 $1-\xi_i-y_i[w\cdot x_i+b]\leqslant 0,\ \xi_i\geqslant 0$ 得到 $L(w,b,\xi,\alpha,\beta)\leqslant\frac{1}{2}\|w\|^2$，有如下关系式：

$$\inf_{x\in\mathbb{R}^N} L(w,b,\xi,\alpha,\beta)\leqslant\inf_{x\in D} L(w,b,\xi,\alpha,\beta)\leqslant\inf_{x\in D}\frac{1}{2}\|w\|^2 \tag{4.247}$$

将间隔 $\|w\|^2$ 最小化转换为求解 $\frac{1}{2}\|w\|^2=\sup\left[\inf_{x\in\mathbb{R}^N} L(w,b,\xi,\alpha,\beta)\right]$，即凸规划问题转换为求解线性方程

$$\begin{aligned}\sup\left[\inf_{x\in\mathbb{R}^N} L(w,b,\xi,\alpha,\beta)\right]&=\sup\left[L^*(w,b,\xi,\alpha,\beta)\right]=\sup\left[Q(\alpha)\right]=\max\left[Q(\alpha)\right]\\&=\max\left[\sum_{i=1}^{n}\alpha_i-\frac{1}{2}\sum_{i=1}^{n}\sum_{j=1}^{n}\alpha_i\alpha_j y_i y_j\left(x_i\cdot x_j\right)\right]\end{aligned} \tag{4.248}$$

将式（4.248）的解 α^* 代入式（4.247）得到对应的 $w^* = \sum_{i=1}^{n} \alpha_i^* y_i x_i$，再将 w^* 代入式（4.242）得

$$\begin{cases} \min\limits_{y_i=+1}\left(w^* \cdot x_i\right) + b^* = 1 \\ \max\limits_{y_i=-1}\left(w^* \cdot x_i\right) + b^* = -1 \end{cases} \tag{4.249}$$

$$b^* = -\frac{\min\limits_{y_i=+1}\left(w^* \cdot x_i\right) + \max\limits_{y_i=-1}\left(w^* \cdot x_i\right)}{2} \tag{4.250}$$

利用 $K(x, x')$ 代替式（4.250）中的内积函数 $x \cdot x'$，将问题转化为高维空间线性可分的分类问题。最终获得类加权支持向量机的判别函数为

$$f(x) = \operatorname{sgn}\left(w^* \cdot x + b^*\right) = \operatorname{sgn}\left[\sum_{i=1}^{n} \alpha_i^* y_i K(x_i, x) + b^*\right] \tag{4.251}$$

$$\begin{cases} \max\left[\sum\limits_{i=1}^{n} \alpha_i - \dfrac{1}{2}\sum\limits_{i=1}^{n}\sum\limits_{j=1}^{n} \alpha_i \alpha_j y_i y_j \left(x_i \cdot x_j\right)\right] \\ \text{s.t.}\ \ 0 \leqslant \alpha_i \leqslant C\lambda_{y_i},\ i = 1, 2, \cdots, m \\ \sum\limits_{i=1}^{m} \alpha_i y_i = 0 \end{cases} \tag{4.252}$$

在舰船辐射噪声目标识别中，民用船样本数目多但研究意义较低，而敌方舰船研究意义高但是数目不足，且舰船目标航行工况复杂、数据难以获得等问题使得样本不均衡情况大大加剧。利用加权支持向量机将重要或稀缺样本类别加权，提高样本识别精度，在样本不均衡的舰船辐射噪声识别问题中有显著的效果。

2. *仿真实验*

仿真条件：将 A 类舰船与 B 类舰船的辐射噪声仿真数据作为观测样本，利用特征提取方法获取样本的 167 维特征向量。表 4.9 为输入样本仿真数据。

表 4.9　输入样本仿真数据

类型编号	标记	样本维度	样本总数	训练样本数	验证样本数	测试样本数
A 类	“1”	167	600	500	100	100
B 类	“2”	167	200	200	100	100

验证集是在训练样本中随机抽取已经训练过的样本数据。支持向量机模型的惩罚因子 $C = 1 \sim 10$，$C_{\text{step}} = 1$；高斯径向基核函数 $\gamma = 1 \sim 10$，步长 $\gamma_{\text{step}} = 1$，类加权系数 $\lambda = \{1, 5\}$。将验证集与测试集输入不同核函数的支持向量机，分类器输出的混淆矩阵如图 4.61～图 4.63 所示。

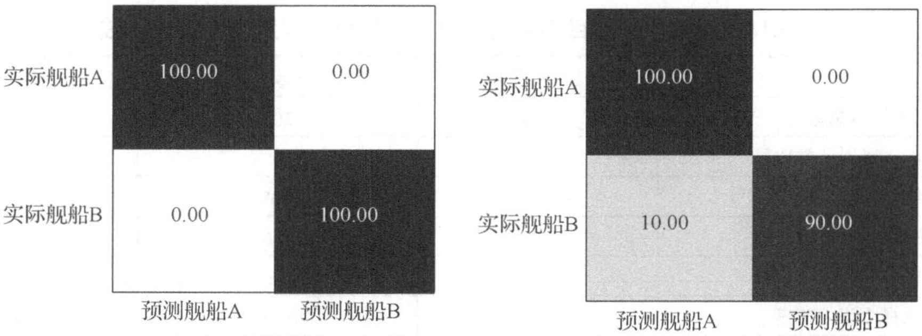

（a）训练样本　（b）测试样本

图 4.61　训练样本数目不均衡的支持向量机二分类器输出的混淆矩阵

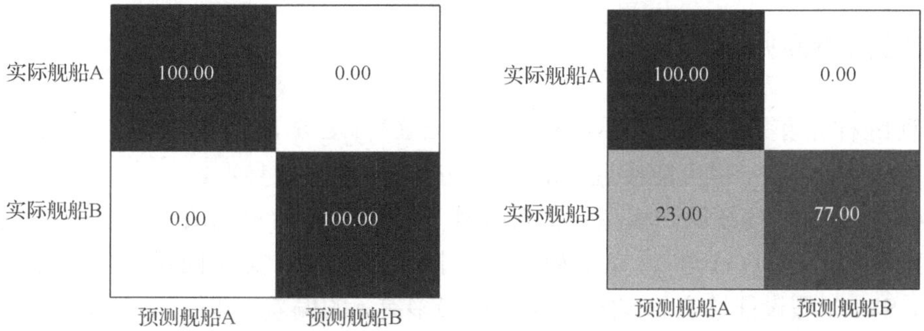

（a）训练样本　（b）测试样本

图 4.62　训练样本数目不均衡的最小二乘支持向量机二分类器输出的混淆矩阵

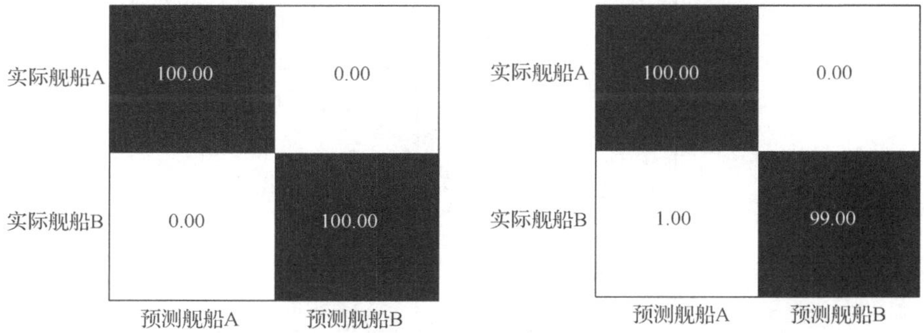

（a）训练样本　（b）测试样本

图 4.63　训练样本数目不均衡的类加权支持向量机二分类器输出的混淆矩阵

表 4.10 总结了三种支持向量机分类模型在不均衡训练样本仿真条件下的分类识别结果。类加权支持向量机准确率最高，最小二乘支持向量机的准确率最低。主要原因是最小二乘支持向量机超平面的位置受全部样本的影响，训练样本少的类别错分的比例更高，受到样本数目不均衡影响更大。类加权支持向量机分类模型有效地解决了这一问题，提高了训练样本数目较少类别对应的识别精度，同时整体识别精度也有所提升。类加权支持向量机适用于观测样本数量少但具有重要识别意义的目标分类问题，如在客船与敌方舰船的分类问题中，类加权支持向量机分类器具有重要的研究价值。

表 4.10　训练样本数目不均衡条件下水声目标识别算法性能比较

	支持向量机	最小二乘支持向量机	类加权支持向量机
训练样本总数目	200	200	200
训练样本错误分类数目	0	0	0
训练样本识别精度	100%	100%	100%
测试样本总数目	200	200	200
测试样本错误分类数目	10	23	1
测试样本识别精度	95%	88.5%	99.5%
正确分类数目	390	377	399
识别精度	97.5%	94.25%	99.75%

4.8.4　支持向量回归

给定训练样本集 $D=\{(x_1,y_1),\cdots,(x_n,y_n)\},x_i\in\mathbb{R}^N,y_i\in\mathbb{R}$，希望学得一个模型如 $f(x)=w^{\mathrm{T}}x+b$，使得 $f(x)$ 与 y 尽可能接近，w 和 b 是待确定的模型参数。

对于样本 (x,y)，传统回归模型通常直接基于模型输出 $f(x)$ 与真实输出 y 之间的差别来计算损失，当且仅当 $f(x)$ 与 y 完全相同时，损失才为 0。支持向量回归（support vector regression，SVR）假设能够容忍 $f(x)$ 与 y 之间最多有 ε 的偏差，即仅当 $f(x)$ 与 y 之间的差别绝对值大于 ε 时才计算损失，这相当于以 $f(x)$ 为中心，构建一个宽度为 2ε 的间隔带，若训练样本落入此间隔带，则认为当前样本是被预测正确的。数据分类面如图 4.64 所示。

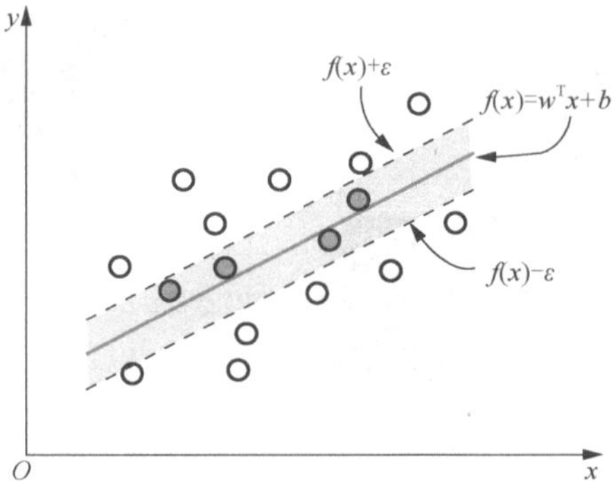

图 4.64　数据分类面

于是支持向量回归问题可形式化为

$$\min_{w,b}\frac{1}{2}\|w\|^2+C\sum_{i=1}^{m}l_\varepsilon[f(x_i)-y_i] \tag{4.253}$$

式中，C 为正则化常数；l_ε 为 ε- 不敏感损失函数，其表达式如式（4.254）所示，$|z|$越大，损失越大。

$$l_\varepsilon(z)=\begin{cases}0, & |z|\leqslant\varepsilon\\ |z|-\varepsilon, & 其他\end{cases} \tag{4.254}$$

引入松弛变量 ξ_i 和 $\hat{\xi}_i$，则支持向量回归目标函数可以写为

$$
\begin{aligned}
&\min_{w,b,\xi_i,\hat{\xi}_i}\left[\frac{1}{2}\|w\|^2+C\sum_{i=1}^{m}(\xi_i+\hat{\xi}_i)\right] \\
&\text{s.t. } f(x_i)-y_i\leqslant\varepsilon+\xi_i \\
&y_i-f(x_i)\leqslant\varepsilon+\hat{\xi}_i \\
&\xi_i\geqslant 0,\ \hat{\xi}_i\geqslant 0 \\
&i=1,2,\cdots,m
\end{aligned} \tag{4.255}
$$

引入拉格朗日乘子 $\mu_i\geqslant 0,\hat{\mu}_i\geqslant 0,\alpha_i\geqslant 0,\hat{\alpha}_i\geqslant 0$，由拉格朗日乘子法可以得到

$$
\begin{aligned}
L(w,b,\alpha,\hat{\alpha},\xi,\hat{\xi},\mu,\hat{\mu})=&\frac{1}{2}\|w\|^2+C\sum_{i=1}^{m}(\xi_i+\hat{\xi}_i)-\sum_{i=1}^{m}\mu_i\xi_i-\sum_{i=1}^{m}\hat{\mu}_i\hat{\xi}_i \\
&+\sum_{i=1}^{m}\alpha_i[f(x_i)-y_i-\varepsilon-\xi_i]+\sum_{i=1}^{m}\hat{\alpha}_i[y_i-f(x_i)-\varepsilon-\hat{\xi}_i]
\end{aligned} \tag{4.256}
$$

将 $f(x)=w^{\mathrm{T}}x+b$ 代入上式，并令 $L(w,b,\alpha,\hat{\alpha},\xi,\hat{\xi},\mu,\hat{\mu})$ 对 $w,b,\xi_i,\hat{\xi}_i$ 的偏导为 0，可得

$$
\begin{cases}
w=\sum_{i=1}^{m}(\hat{\alpha}_i-\alpha_i)x_i \\
0=\sum_{i=1}^{m}(\hat{\alpha}_i-\alpha_i) \\
C=\alpha_i+\mu_i \\
C=\hat{\alpha}_i+\hat{\mu}_i
\end{cases} \tag{4.257}
$$

将上式代入拉格朗日函数 $L(w,b,\alpha,\hat{\alpha},\xi,\hat{\xi},\mu,\hat{\mu})$ 中，可以得到支持向量回归的对偶问题

$$
\begin{aligned}
&\max_{\alpha,\hat{\alpha}}\sum_{i=1}^{m}[y_i(\hat{\alpha}_i-\alpha_i)-\varepsilon(\hat{\alpha}_i+\alpha_i)]-\frac{1}{2}\sum_{i=1}^{m}\sum_{j=1}^{m}(\hat{\alpha}_i-\alpha_i)(\hat{\alpha}_j-\alpha_j)x_i^{\mathrm{T}}x_j \\
&\text{s.t. } \sum_{i=1}^{m}(\hat{\alpha}_i-\alpha_i)=0,\quad 0\leqslant\alpha_i,\ \hat{\alpha}_i\leqslant C
\end{aligned} \tag{4.258}
$$

对于不等式约束，只要满足一定的条件，依然可以使用拉格朗日乘子法解决，这里的条件便是卡罗需-库恩-塔克（KKT）条件，对于如下所示的不等式约束问题：

$$
\begin{aligned}
&\min_x f(x), \\
&\text{s.t. } h_i(x)=0,\quad i=1,2,\cdots,m \\
&\qquad g_j(x)\leqslant 0,\ \ j=1,2,\cdots,n
\end{aligned} \tag{4.259}
$$

可以列出拉格朗日优化问题：

$$
L(x,\alpha,\beta)=f(x)+\sum_{i=1}^{m}\alpha_i h_i(x)+\sum_{j=1}^{n}\beta_j g_j(x) \tag{4.260}
$$

满足如下 KKT 条件后极小化拉格朗日函数，即可得到在不等式约束条件下的可行解：

$$\begin{cases} \nabla_x L(x,\alpha,\beta)=0 \\ h_i(x)=0, \quad i=1,2,\cdots,m \\ \beta_j \geqslant 0, \quad j=1,2,\cdots,n \\ g_j(x) \leqslant 0, \quad j=1,2,\cdots,n \\ \beta_j g_j(x)=0, \quad j=1,2,\cdots,n \end{cases} \tag{4.261}$$

$$\begin{aligned} L(w,b,\alpha,\hat{\alpha},\xi,\hat{\xi},\mu,\hat{\mu}) = & \frac{1}{2}\|w\|^2 + C\sum_{i=1}^{m}(\xi_i+\hat{\xi}_i) - \sum_{i=1}^{m}\mu_i\xi_i - \sum_{i=1}^{m}\hat{\mu}_i\hat{\xi}_i \\ & + \sum_{i=1}^{m}\alpha_i[f(x_i)-y_i-\varepsilon-\xi_i] + \sum_{i=1}^{m}\hat{\alpha}_i[y_i-f(x_i)-\varepsilon-\hat{\xi}_i] \end{aligned} \tag{4.262}$$

上式的 KKT 条件为

$$\begin{cases} \alpha_i[f(x_i)-y_i-\varepsilon-\xi_i]=0 \\ \hat{\alpha}_i[y_i-f(x_i)-\varepsilon-\hat{\xi}_i]=0 \\ \mu_i\xi_i=(C-\alpha_i)\xi_i=0 \\ \hat{\mu}_i\hat{\xi}_i=(C-\hat{\alpha}_i)\hat{\xi}_i=0 \end{cases} \tag{4.263}$$

从上式可以看出，当 $f(x_i)-y_i-\varepsilon-\xi_i=0$ 时，α_i 能取非零值，当且仅当 $y_i-f(x_i)-\varepsilon-\hat{\xi}_i=0$ 时，$\hat{\alpha}_i$ 能取非零值。即当样本不落入 ε- 间隔带中，相应的 α_i 和 $\hat{\alpha}_i$ 才能取非零值。此外，$f(x_i)-y_i-\varepsilon-\xi_i=0$ 和 $y_i-f(x_i)-\varepsilon-\hat{\xi}_i=0$ 不能同时成立，因此 α_i 和 $\hat{\alpha}_i$ 至少有一个为 0。

将 $w=\sum_{i=1}^{m}(\hat{\alpha}_i-\alpha_i)x_i$ 代入 $f(x)=w^{\mathrm{T}}x+b$，可以得到支持向量回归的解为

$$f(x)=\sum_{i=1}^{m}(\hat{\alpha}_i-\alpha_i)x_i^{\mathrm{T}}x+b \tag{4.264}$$

显然，使上式中 $(\hat{\alpha}_i-\alpha_i)\neq 0$ 的样本即为支持向量回归的支持向量，它必然落在 ε- 间隔带之外，即支持向量回归的支持向量仅为训练样本的一部分，其解仍具有稀疏性。从 KKT 条件可以看出，对于每个样本 (x_i,y_i) 都有 $(C-\alpha_i)\xi_i=0$ 且 $\alpha_i[f(x_i)-y_i-\varepsilon-\xi_i]=0$，于是得到 α_i 后，若 $0<\alpha_i<C$，则必有 $\xi_i=0$，进而有

$$b=y_i+\varepsilon-\sum_{i=1}^{m}(\hat{\alpha}_i-\alpha_i)x_i^{\mathrm{T}}x \tag{4.265}$$

4.9　相关向量机

4.9.1　贝叶斯模型

对于两类分类问题，假定训练样本集为 $\{x_n,t_n\}_{n=1}^{N}$，$x_n\in\mathbb{R}^d$ 为训练样本，$t_n\in\{0,1\}$ 为训练样本标号，t_i 为预测样本标号，

$$t_i=y_i+\varepsilon_i \tag{4.266}$$

式中，$y_i = y(x_i;w) = w^{\mathrm{T}}\phi(x_i) = \sum_{j=1}^{N} w_j K(x_i,x_j) + w_0$ 为分类预测模型，$K(x_i,x_j)$ 为核函数，$w=[w_0,w_1,\cdots,w_N]^{\mathrm{T}}$ 为权值向量；ε_i 为均值为 0、方差为 σ^2 的附加噪声，$\varepsilon_i \sim \mathcal{N}(0,\sigma^2)$；$t_i \sim \mathcal{N}(y_i,\sigma^2)$。假设训练样本集独立同分布，则观测结果 t_i 服从高斯分布

$$\begin{aligned} p(t_i|x_i,w,\sigma^2) &= \frac{1}{\sqrt{2\pi}\sigma}\exp\left[-\frac{(t_i-y_i)^2}{2\sigma^2}\right] \\ &= \frac{1}{\sqrt{2\pi}\sigma}\exp\left\{-\frac{\left[t_i - w^{\mathrm{T}}\phi(x_i)\right]^2}{2\sigma^2}\right\} \end{aligned} \tag{4.267}$$

观测结果向量 t 服从下式分布：

$$\begin{aligned} p(t|x,w,\sigma^2) &= \prod_{i=1}^{N} p(t_i|\ x_i,w,\sigma^2) = \prod_{i=1}^{N}\frac{1}{\sqrt{2\pi}\sigma}\exp\left\{-\frac{\left[t_i - w^{\mathrm{T}}\phi(x_i)\right]^2}{2\sigma^2}\right\} \\ &= (2\pi\sigma^2)^{-N/2}\exp\left\{-\frac{1}{2\sigma^2}\sum_{i=1}^{N}\left[t_i - w^{\mathrm{T}}\phi(x_i)\right]^2\right\} \\ &= (2\pi\sigma^2)^{-N/2}\exp\left\{-\frac{1}{2\sigma^2}\sum_{i=1}^{N}\left[t_i - \sum_{j=1}^{N} w_j K(x_i,x_j) - w_0\right]^2\right\} \end{aligned} \tag{4.268}$$

$$\sum_{i=1}^{N}\left[t_i - \sum_{j=1}^{N} w_j K(x_i,x_j) - w_0\right]^2 = \|t - \boldsymbol{\Phi} w\|^2 \tag{4.269}$$

$$p(t\mid x,w,\sigma^2) = (2\pi\sigma^2)^{-N/2}\exp\left(-\frac{1}{2\sigma^2}t - \boldsymbol{\Phi} w^2\right) \tag{4.270}$$

式中，$t=[t_1,t_2,\cdots,t_N]^{\mathrm{T}}$ 为训练样本标号。

$$\boldsymbol{\Phi} = \begin{bmatrix} 1 & K(x_1,x_1) & K(x_1,x_2) & \cdots & K(x_1,x_N) \\ 1 & K(x_2,x_1) & K(x_2,x_2) & \cdots & K(x_2,x_N) \\ \vdots & \vdots & \vdots & & \vdots \\ 1 & K(x_N,x_1) & K(x_N,x_2) & \cdots & K(x_N,x_N) \end{bmatrix} \tag{4.271}$$

相关向量机通过已知训练样本标号 t 预测测试样本标号 t_*：

$$\begin{aligned} p(t_*|t) &= \iint p(t_*|\ w,\sigma^2)p(w,\sigma^2|\ t)\mathrm{d}w\mathrm{d}\sigma^2 \\ &= \iint p(t_*\mid w,\sigma^2)\frac{p(t\mid w,\sigma^2)p(w,\sigma^2)}{p(t)}\mathrm{d}w\mathrm{d}\sigma^2 \end{aligned} \tag{4.272}$$

为使权值向量 w 的大部分分量为 0，减少核函数的计算量，给权值向量 w 添加附加条件。设 w_i 服从均值为 0、方差为 α_i^{-1} 的高斯概率分布 $w_i \sim \mathcal{N}(0,\alpha_i^{-1})$

$$p(w_i\mid\alpha_i) = \sqrt{\frac{\alpha_i}{2\pi}}\exp\left(-\frac{w_i^2}{2\alpha_i^{-1}}\right) \tag{4.273}$$

$$p(w \mid \alpha) = \prod_{i=0}^{N} p(w_i \mid \alpha_i) \tag{4.274}$$

式中，$\alpha = [\alpha_0, \alpha_1, \cdots, \alpha_N]^{\mathrm{T}}$ 为权值向量 w 先验分布的超参数向量。式（4.272）变为

$$p(t_* \mid t) = \iiint p(t_* \mid w, \alpha, \sigma^2) p(w, \alpha, \sigma^2 \mid t) \mathrm{d}w \mathrm{d}\alpha \mathrm{d}\sigma^2 \tag{4.275}$$

式中，$p(t_* \mid w, \alpha, \sigma^2) = p(t_* \mid w, \sigma^2) = N(t_* \mid y(x_*; w), \sigma^2)$。

4.9.2 模型参数估计

由于 $p(w, \alpha, \sigma^2 \mid t)$ 不能通过积分获得，故利用贝叶斯公式将其分解：

$$p(w, \alpha, \sigma^2 \mid t) = p(w \mid \alpha, \sigma^2, t) p(\alpha, \sigma^2 \mid t) \tag{4.276}$$

$$p(w \mid \alpha, \sigma^2, t) = p(t \mid w, \sigma^2) p(w \mid \alpha) / p(t \mid \alpha, \sigma^2) \tag{4.277}$$

式中，$p(t \mid \alpha, \sigma^2) = \int p(t \mid w, \sigma^2) p(w \mid \alpha) \mathrm{d}w$，由于 $p(t \mid w, \sigma^2)$ 和 $p(w \mid \alpha)$ 均为高斯函数，对 $p(t \mid w, \sigma^2)$ 和 $p(w \mid \alpha)$ 的乘积积分得

$$p(t \mid \alpha, \sigma^2) = (2\pi)^{-N/2} |\Omega|^{-1/2} \exp\left(-\frac{t^{\mathrm{T}} \Omega^{-1} t}{2}\right) \tag{4.278}$$

式中，$\Omega = \sigma^2 I + \Phi A^{-1} \Phi^{\mathrm{T}}$，$A = \mathrm{diag}(\alpha_0, \alpha_1, \cdots, \alpha_N)$。

$$p(w \mid \alpha, \sigma^2, t) = (2\pi)^{-(N+1)/2} |\Sigma|^{-1/2} \exp\left[-\frac{(w-\mu)^{\mathrm{T}} \Sigma^{-1} (w-\mu)}{2}\right] \tag{4.279}$$

式中，$\Sigma = (\sigma^{-2} \Phi^{\mathrm{T}} \Phi + A)^{-1}$；$\mu = \sigma^{-2} \Sigma \Phi^{\mathrm{T}} t$。

根据贝叶斯公式，$p(\alpha, \sigma^2 \mid t) \propto p(t \mid \alpha, \sigma^2) p(\alpha) p(\sigma^2)$，由于 $p(\alpha, \sigma^2 \mid t)$ 无法积分求解，我们使用最大似然函数法，用 δ 函数近似替代 $p(\alpha, \sigma^2 \mid t)$，即 $p(\alpha, \sigma^2 \mid t) \approx \delta(\alpha_{\mathrm{MP}}, \sigma_{\mathrm{MP}}^2)$，$(\alpha_{\mathrm{MP}}, \sigma_{\mathrm{MP}}^2) = \underset{\alpha, \sigma^2}{\arg\max}\, p(t \mid \alpha, \sigma^2)$。$\alpha_{\mathrm{MP}}$ 和 σ_{MP}^2 的迭代求解过程如下所示：

$$\begin{cases} \alpha_i^{\mathrm{new}} = \dfrac{\gamma_i}{\mu_i^2} \\ (\sigma^2)^{\mathrm{new}} = \dfrac{t - \Phi \mu^2}{N - \sum\limits_{i=0}^{N} \mu_i} \\ \gamma_i = 1 - \alpha_i \Sigma_{i,i} \end{cases} \tag{4.280}$$

式中，$\Sigma_{i,i}$ 是 Σ 中第 i 项对角线上的元素，对于给定的初始 α 与 σ^2 初值，通过式（4.280）的不断更新，获得逼近的 α_{MP} 和 σ_{MP}^2。足够多次更新后，大部分 α_i 会接近无限大，与之对应的 w_i 为 0，其他的 α_i 接近有限值，此时对应的 x_i 称为相关向量。

4.9.3　相关向量机分类

对于二分类问题，目标值 $\{t_i\}_{i=1}^N$ 只能为 0 或 1，我们采用 S 型函数对非线性基函数映射，进行类别判定：

$$P(t_i=1\mid w)=\sigma[y(x_i;w)]=\frac{1}{1+\mathrm{e}^{-y(x_i;w)}} \tag{4.281}$$

$$P(t_i=0\mid w)=1-\sigma[y(x_i;w)]=\frac{\mathrm{e}^{-y(x_i;w)}}{1+\mathrm{e}^{-y(x_i;w)}} \tag{4.282}$$

若每次观测都为独立事件，得到观测结果为 t 的概率为

$$P(t\mid w)=\prod_{i=1}^{N}\sigma[y(x_i;w)]^{t_i}\{1-\sigma[y(x_i;w)]\}^{1-t_i} \tag{4.283}$$

对于权值 w，使用最大似然法对其求解：

$$w_{\mathrm{MP}}=\arg\max_{w} p(w\mid t,\alpha)=\arg\max_{w}\log\{p(t\mid w)p(w\mid\alpha)\} \tag{4.284}$$

式中，$\log\{p(t\mid w)p(w\mid\alpha)\}=\sum_{i=1}^{N}[t_i\log y_i+(1-t_i)\log(1-y_i)]-\frac{1}{2}w^{\mathrm{T}}Aw$。

参 考 文 献

[1] Scholkopf B, Smola A, Muller K R. Kernel principal component analysis[J]. Lecture Notes in Computer Science, 1997, 1327: 583-588.

[2] Mika S, Ratsch G, Weston J. Fisher discriminant analysis with kernels[C]// Neural Networks for Signal Processing IX: Proceedings of the 1999 IEEE Signal Processing Society Workshop, 1999: 41-48.

[3] 潘崇煜, 黄健, 郝建国, 等. 融合零样本学习和小样本学习的弱监督学习方法综述[J]. 系统工程与电子技术，2020, 42(10): 2246-2256.

[4] 李山, 王德俊, 王海斌. 一种基于线谱特征函数提取 LOFAR 图线谱的方法[J]. 声学技术, 2016, 35(4): 373-377.

[5] Gauthier J. Conditional generative adversarial nets for convolutional face generation[Z]. Class Project for Stanford CS231N: Convolutional Neural Networks for Visual Recognition, Winter Semester，2014: 2-12.

[6] 侯宇青阳, 全吉成, 王宏伟. 深度学习发展综述[J]. 舰船电子工程, 2017, 37(4): 5-9, 111.

[7] 张学工. 关于统计学习理论与支持向量机[J]. 自动化学报, 2000, 26(1): 32-42.

[8] 杨剑锋, 乔佩蕊, 李永梅, 等. 机器学习分类问题及算法研究综述[J]. 统计与决策, 2019, 35(6): 36-40.

[9] 倪俊帅, 赵梅, 胡长青. 基于深度学习的舰船辐射噪声多特征融合分类[J]. 声学技术, 2020, 39(3): 366-371.

第 5 章　海洋大数据的深度学习与应用

5.1　深度前馈网络

随着计算机技术的发展，智能化声呐已经成为水声领域的热点研究方向之一。根据机器学习的任务类型，学习模型可划分为回归模型、识别模型和结构型学习模型。本节主要围绕海洋大数据中的舰船辐射噪声问题，对基于深度学习的分类模型进行详细介绍。

5.1.1　深度学习的基本模型

深度学习是一种使用深度架构的机器学习方法。机器学习模型核心思想是利用具有学习能力的机器对现有的训练样本进行训练，建立对输入样本具有特定响应输出的系统，从而实现对同类样本以及无法观测样本的预测。机器学习基本模型如图 5.1 所示。

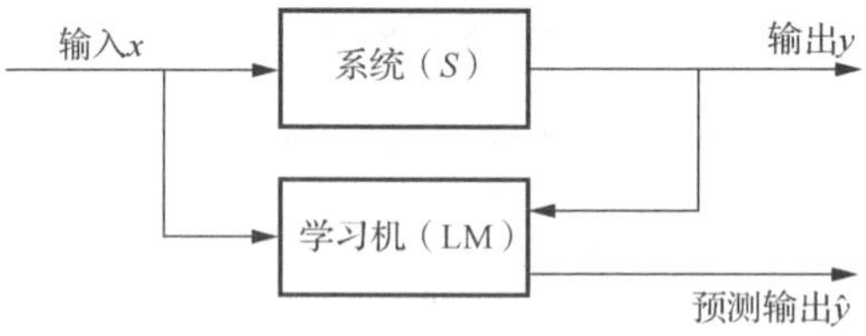

图 5.1　机器学习基本模型

根据系统 S 中输入样本 x 与输出 y 之间的对应关系，机器学习系统生成了预测函数 $f(x_i, w_i)$，$i=1,2,\cdots,n$，分别对应着 n 组独立同分布的观测数据 $(x_1, y_1),(x_2, y_2),\cdots,(x_n, y_n)$，将预测期望风险优化问题转化为求解最优值函数：

$$R(w)=\int L[y, f(x, w)]\mathrm{d}F(x, y) \tag{5.1}$$

式中，$f(x,w)$ 表示系统的预测函数集；$w\in \Omega$ 表示函数中的权值参数；$F(x,y)$ 表示系统的联合概率；模式识别问题中 y 表示样本对应的类别编号，如二分类中 $y\in\{-1,1\}$ 表示一个二值函数；$L[y,f(x,w)]$ 表示 $f(x,w)$ 与输出 y 之间的误差值，其表达式为

$$L[y,f(x,w)]=\begin{cases}-1, & y=f(x,w)\\ 1, & y\neq f(x,w)\end{cases} \tag{5.2}$$

在模式识别问题中，预测期望风险（即平均错误概率）越小，对应的识别精度越高。深度学习的基本思想是将机器学习模型转换为神经网络模型，通过模拟人脑中神经元的计算与分析能力来实现模型预测函数的生成。神经网络典型模型如图 5.2 所示。

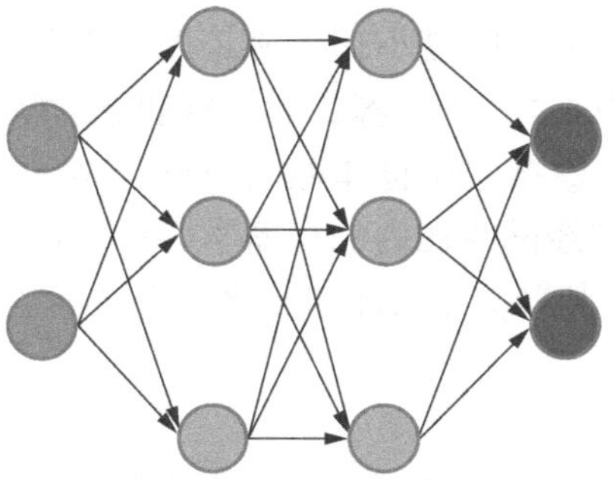

图 5.2　神经网络典型模型

图 5.2 中圆圈代表了不同的神经元，表示输入数值、中间数值以及输出数值，箭头表示神经元之间的传导过程，且每一个传导过程中都具有各自的传导系数，用于完成模型的计算，也称之为权值。神经网络根据神经元抽取输入数据的低层特征形成具有抽象意义的高层特征，并在输出层转化为用于预测或识别的特征。在模式识别问题中，常常通过选择合适的预处理方法和神经元结构，经过大量数据对网络的训练与权值优选，建立起由输入映射输出的预测函数集。

5.1.2　经验风险最小化

在深度学习中常常是通过降低学习模型的期望风险来获得更加精确的预测或识别结果，然而模型的实际期望风险是无法预料的，故而用经验风险 $R_{\mathrm{emp}}(w)$ 最小化来代替期望风险，其表达式为

$$R_{\mathrm{emp}}(w)=\frac{1}{n}\sum_{i=1}^{n}L\left[y_i,f(x_i,w)\right] \tag{5.3}$$

式中，$R_{\mathrm{emp}}(w)$ 表示经验风险；$L\left[y,f(x,w)\right]$ 表示预测函数。经验风险不等价于实际期望风险，但是由概率论中的大数定理分析，当观测样本数量趋于无穷时，$R_{\mathrm{emp}}(w)$ 将无限逼近于期望风险 $R(w)$，这为机器学习中的经验最小化准则提供了依据。

5.1.3　复杂性与泛化能力

在深度学习中，复杂性与泛化能力是重要的评价指标，其中复杂性用于评价模型的复杂度和计算量，而泛化能力表现为模型对未知样本进行预测推广的能力。在学习模型训练的过程中“过学习”现象的发生也常与这两个参数有关。提高模型复杂度有利于减小训练误差。利用复杂的模型对少量观测样本进行训练，往往会使得模型对测试样本的识别精度较低，导致模型的推广能力降低。

综上所述，无论是为了满足经验最小化准则还是调节模型复杂性与泛化能力之间的矛盾，机器学习需要大量的观测样本作为支撑。对于舰船辐射噪声，航行工况复杂、样本数据难以获取等问题使得目标识别数据集中样本数目有限，成为舰船辐射噪声识别问题中的难点。为了解决这一问题，包括神经网络在内的机器学习算法通常利用合理设计训练网络参数、样本扩充以及迁移学习等方法来实现复杂性和泛化能力之间的平衡，有效提高了小样本目标识别的分类性能。

5.2　深度学习中的正则化

对于同一组训练集和验证集，有 4 个分类器分别在训练集和验证集上测试，测试结果如图 5.3 所示。

	①	②	③	④
训练集误差	1%	15%	15%	0.8%
验证集误差	11%	16%	30%	1%

图 5.3　训练集和验证集的分类结果

从图 5.3 可以看出：分类器①和④在训练集上的误差较小，这种称为低偏差（low bias），表明分类器的训练过程比较“充分”；分类器②和③在训练集上的误差较大，这种称为高偏差（high bias），说明即使在训练集上，这两种分类器的训练过程也不“充分”；分类器①在验证集上相对于训练集上的误差上升很多，此时为高方差（high variance），说明该分类器泛化能力较弱，存在过拟合现象；分类器②在验证集与在训练集上的误差差距不大，此时为低方差（low variance），但由于训练集误差较大，存在欠拟合现象。分类器①在训练集表现好，在验证集表现不好，过拟合。分类器②在训练集和验证集表现差别不大，但均不好，欠拟合。分类器③在训练集和验证集表现都不好，但验证集更差，因此为高偏差和高方差。分类器④在训练集和验证集表现都好，是希望得到的分类器。如何解决高偏差和高方差问题？对于模型训练结果为高偏差的情况有两种解决方法：①尝试使用更复杂更大的网络结构（增加单元数、增加层数或更改结构），②训练更长的时间（增加迭代次数）。高偏差意味着训练不够，连训练集的内容都无法很好地判别，在这种情况下不要增加数据量，问题出现在训练获得的模型上。对于模型训练结果为高方差的情况有两种解决方法：①收集更多的训练样本去训练，②使用正则化手段。高方差意味着分类器在训练集和验证集上的效果有很大的差别，即训练集里面的数据并不能很好地反映验证集里面的特征，所以模型无论如何学习训练集都无法很好地预测验证集的数据，因此需要收集更多的数据，学习更多的特征。但当增加训练集中的样本数量后，方差仍然很大，说明遇到了典型的过拟合问题，此时需要正则化手段。

什么是正则化？如图 5.4 所示的蚊子飞行游戏，假设模型是一只蚊子，要训练它去模拟空中的一些点的整体路径，空中的点分为训练集和测试集。蚊子去学习训练集的路径，然后闭上眼睛，按照自己学习到的路径去预测测试集的点是否在路径上。

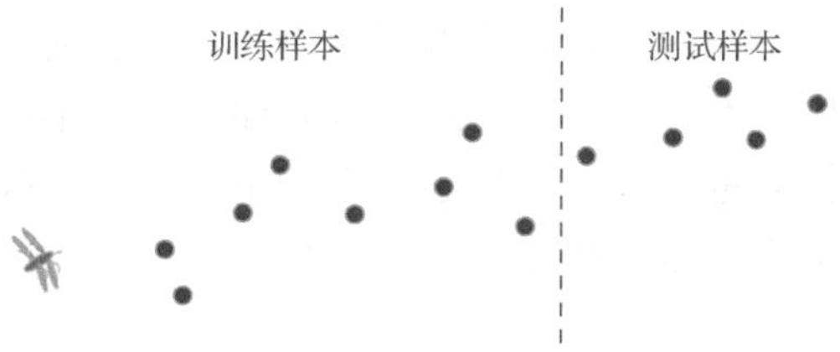

图 5.4　训练集和测试集分布示例

情景一（自由飞翔）：如图 5.5 所示，蚊子自以为聪明灵活，自由自在地飞翔，它轻松地经过了所有训练集的样本点。很明显，训练集满分，每个点都完美经过。

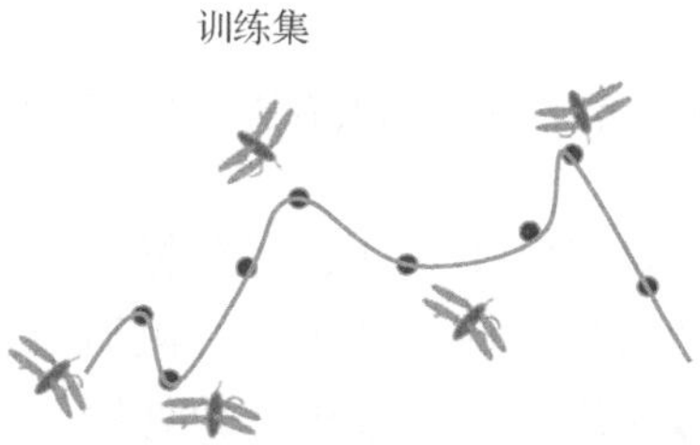

图 5.5　训练集场景示例

接下来给蚊子蒙上眼睛，看看它能否经过测试集的样本。很可惜，如图 5.6 所示，自以为聪明的蚊子按照自己学习到的复杂路径上上下下，却几乎没有预测正确任何一个点，这就是过拟合。因为每个数据都带有随机性，学习过于“认真”会导致测试集出现过拟合现象。

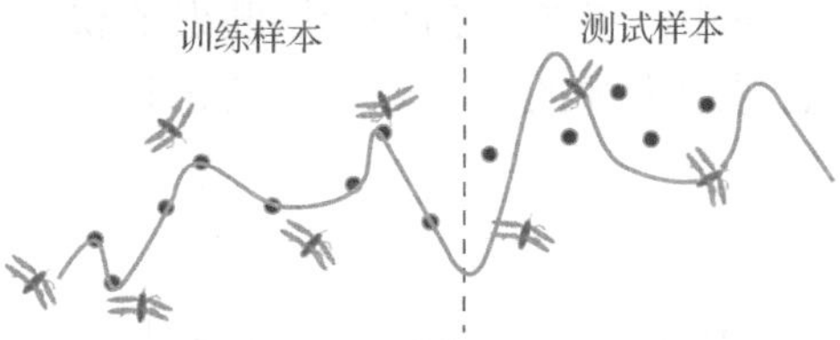

图 5.6　过拟合情况下测试集拟合结果

但蚊子也没有办法，它不知道怎么“不认真”，于是我们想办法强迫它不那么“认真”。办法是设计一个挂坠给蚊子挂上，如图 5.7 所示。这样蚊子飞起来有些费劲，没有办法自由自在地飞行了，这就是“惩罚项”，因为身上有个挂坠，蚊子上下飞就很费力，限制了蚊子的乱动。

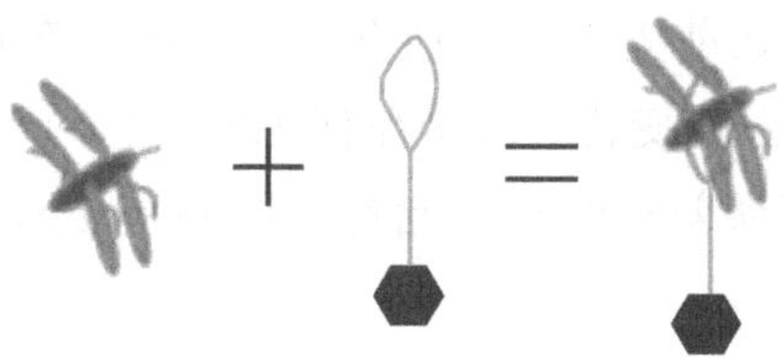

图 5.7　正则化项添加示例

情景二（负重飞行）：如图 5.8 所示，当蚊子带个挂坠飞行时，没有那么顽皮了，怎么省力怎么飞，每次看到新的样本点，它只是往那个方向偏一点，不能偏太多，因为下一个点可能方向又变了，它会感到很疲惫。所以在挂坠的限制下，它努力找到一个中间的位置，让它既不费力又尽可能拟合训练点。这个挂坠就是正则化项。

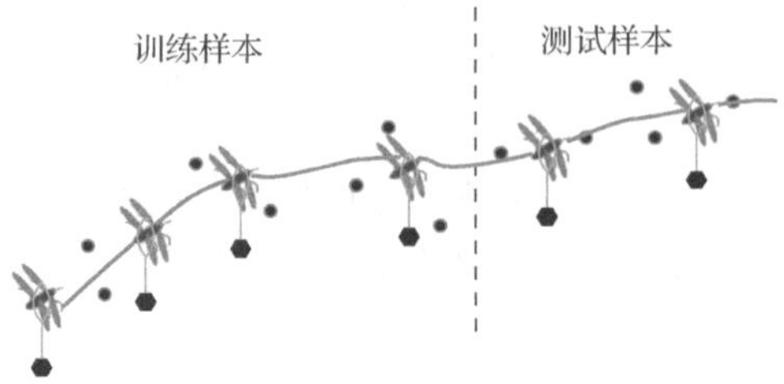

图 5.8　添加正则化项后的训练和测试过程

机器学习中的一个核心问题是算法不仅在训练数据上表现好，而且能够在测试数据上表现好。在机器学习中，许多策略被显式地设计来减小测试误差，这些策略被统称为正则化。

正则化方法通过对目标函数 J 添加一个参数范数惩罚 $\Omega(\theta)$，限制模型（如神经网络、线性回归或逻辑回归）的学习能力，将正则化后的目标函数记为 $\tilde{J}$：

$$\tilde{J}(\theta;X,y)=J(\theta;X,y)+\alpha\Omega(\theta) \tag{5.4}$$

式中，$\alpha\in[0,\infty)$ 是权衡范数惩罚 $\Omega(\theta)$ 和目标函数 $J(\theta;X,y)$ 相对贡献的超参数，将 α 设为 0 表示没有正则化，α 越大，对应正则化惩罚越大。当训练算法最小化正则化后的目标函数 $\tilde{J}(\theta;X,y)$ 时，会降低目标函数 $J(\theta;X,y)$ 关于训练样本的误差，并同时减小某些衡量标准下参数 θ 的规模。在深度前馈网络中，参数包括每一层映射的权值和偏置，由于偏置仅控制一个单变量，对其正则化也不会导致太大的方差，因此通常只对权值做惩罚而不对偏置做正则惩罚。

正则化后的目标函数为

$$\tilde{J}(w;X,y)=J(w;X,y)+\alpha w^{\mathrm{T}}w \tag{5.5}$$

两边同时对权值向量 w 求梯度为

$$\nabla_w\tilde{J}(w;X,y)=\nabla_w J(w;X,y)+\alpha w \tag{5.6}$$

使用单步梯度下降更新权值，即执行以下更新：

$$w\leftarrow w-\varepsilon[\nabla_w J(w;X,y)+\alpha w] \tag{5.7}$$

或者写为 $w\leftarrow(1-\varepsilon\alpha)w-\varepsilon\nabla_w J(w;X,y)$，可以看到加入权值衰减后会引起学习规则的修改，即在每步执行通常的梯度更新之前先收缩权值向量。正则化在每步执行梯度更新之前先收缩权值向量，这个是单个步骤发生的变化，但是在训练的整个过程会发生什么呢？令 w^* 为未正则化的目标函数取得最小训练误差时的权值向量，即 $w^*=\arg\min\limits_w J(w)$，目标函数 $J(w)$ 的二阶近似为

$$J(w)=J(w^*)+(w-w^*)^{\mathrm{T}}\nabla_w J(w^*)+\frac{1}{2}(w-w^*)^{\mathrm{T}}H(w-w^*) \tag{5.8}$$

式中，H 是 $J(w)$ 在 w^* 处计算的黑塞（Hessian）矩阵。由于 w^* 被定义为最优，$\nabla_w J(w^*)$ 为零向量，因此 $J(w)$ 的二阶近似可以写为

$$J(w)=J(w^*)+\frac{1}{2}(w-w^*)^{\mathrm{T}}H(w-w^*) \tag{5.9}$$

当 $J(w)$ 取得最小时，其梯度 $\nabla_w J(w)=H(w-w^*)$ 为 0。为了研究权值衰减带来的影响，在上式中添加正则化项

$$J(\tilde{w})=J(w^*)+\frac{1}{2}(\tilde{w}-w^*)^{\mathrm{T}}H(\tilde{w}-w^*)+\frac{1}{2}\alpha\tilde{w}^{\mathrm{T}}\tilde{w} \tag{5.10}$$

两边取梯度并令梯度为零向量可以得到

$$\nabla_{\tilde{w}}J(\tilde{w})=H(\tilde{w}-w^*)+\alpha\tilde{w}=0 \tag{5.11}$$

$$(H+\alpha I)\tilde{w}=Hw^* \tag{5.12}$$

$$\tilde{w}=(H+\alpha I)^{-1}Hw^* \tag{5.13}$$

当超参数 α 趋于 0 时，正则化的解 $\tilde{w}$ 趋于 w^*。当 α 增大时会发生什么呢？由于 H 是实对称的，可以将其分解为一个对角矩阵 Λ 和一组特征向量的标准正交基 Q，有 $H=Q\Lambda Q^{\mathrm{T}}$，上式可以写为

$$\begin{aligned}\tilde{w}&=(H+\alpha I)^{-1}Hw^*\\&=(Q\Lambda Q^{\mathrm{T}}+\alpha I)^{-1}Q\Lambda Q^{\mathrm{T}}w^*\\&=(Q\Lambda Q^{\mathrm{T}}+\alpha QQ^{\mathrm{T}})^{-1}Q\Lambda Q^{\mathrm{T}}w^*\\&=[Q(\Lambda+\alpha I)Q^{\mathrm{T}}]^{-1}Q\Lambda Q^{\mathrm{T}}w^*\\&=Q(\Lambda+\alpha I)^{-1}\Lambda Q^{\mathrm{T}}w^*\end{aligned} \tag{5.14}$$

可以看到权值衰减的效果是沿着由 H 的特征向量所定义的轴缩方向趋于 w^*。

对于线性回归模型

$$y=Xw+\varepsilon \tag{5.15}$$

线性回归的代价函数为

$$J(w)=(Xw-y)^{\mathrm{T}}(Xw-y) \tag{5.16}$$

添加正则化项后，目标函数为

$$J(w)=(Xw-y)^{\mathrm{T}}(Xw-y)+\frac{1}{2}\alpha w^{\mathrm{T}}w \tag{5.17}$$

代价函数的最优解由 $w=(X^{\mathrm{T}}X)^{-1}X^{\mathrm{T}}y$ 变为 $w=(X^{\mathrm{T}}X+\alpha I)^{-1}X^{\mathrm{T}}y$。式中矩阵 $X^{\mathrm{T}}X$ 与协方差矩阵 $\frac{1}{m}X^{\mathrm{T}}X$ 成正比，L2 范数正则化项 $\frac{1}{2}\alpha w^{\mathrm{T}}w$ 将这个矩阵替换为 $X^{\mathrm{T}}X+\alpha I$，这个新的矩阵仅在对角线增加了 α。L2 范数正则化让学习算法感知到具有较高方差的输入。当对角线方差较小时，α 引入的影响较大，此时对应 w 分量的特征权值将会收缩，避免过拟合。

5.3 集成学习

集成学习通过构建并结合多个学习器来完成学习任务，有时也被称为多元分类器系统、基于委员会的学习等，集成学习结构示意图如图 5.9 所示。

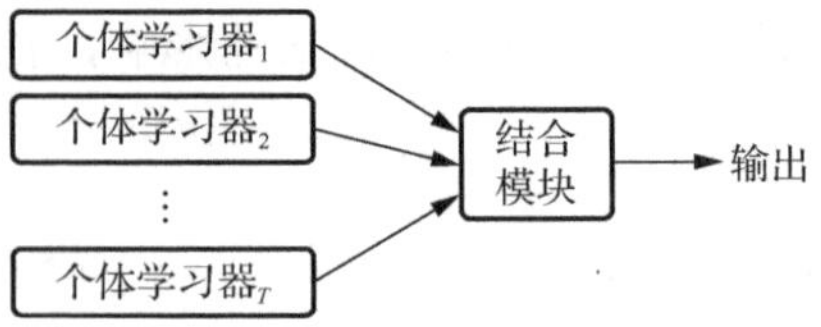

图 5.9　集成学习结构示意图

集成学习的结构：先产生一组“个体学习器”(individual learner)，再用某种策略将它们结合起来。

个体学习器通常由现有学习算法从训练数据产生，如决策树算法、反向传播（back propagation，BP）神经网络算法等，此时集成中只包含同种类型的个体学习器，如“决策树集成”中全是决策树，“神经网络集成”中全是神经网络，这样的集成是“同质”的。同质集成中的个体学习器称为“基学习器”，相应的学习算法称为“基学习算法”。

集成也可包含不同类型的个体学习器，例如同时包含决策树和神经网络，这样的集成是异质的。异质集成中的个体学习器由不同的学习算法生成，这时就不再有基学习算法，个体学习器不称为基学习器，称为“组件学习器”或直接称为个体学习器。

集成学习通过将多个学习器进行结合，常可获得比单一学习器显著优越的泛化性能，这对“弱学习器”尤为明显，因此集成学习的很多理论研究都是基于弱学习器进行的，而基学习器有时也直接被称为弱学习器。虽然理论上通过将多个弱学习器集成可以获得较好的性能，但在实际上希望使用更少的个体学习器，因此人们往往使用学习能力更强的学习器。

示例：在二分类任务中，假定三个分类器在三个测试样本中的表现如图 5.10 所示，其中√表示分类正确，×表示分类错误，集成学习通过投票法产生，即“少数服从多数”。

图 5.10（a）中每个分类器精度为 66.6%，集成学习达到 100%。图 5.10（b）中三个分类器没有差别，集成之后性能没有提高。图 5.10（c）中每个分类器精度为 33.3%，集成学习的结果更糟。

	测试例1	测试例2	测试例3
h_1	√	√	×
h_2	×	√	√
h_3	√	×	√
集成	√	√	√

（a）集成提升性能

	测试例1	测试例2	测试例3
h_1	√	√	×
h_2	√	√	×
h_3	√	√	×
集成	√	√	×

（b）集成不起作用

	测试例1	测试例2	测试例3
h_1	√	×	×
h_2	×	√	×
h_3	×	×	√
集成	×	×	×

（c）集成起负作用

图 5.10　集成学习作用的示例（h_1,h_2,h_3 分别表示不同分类器）

要获得好的集成，个体学习器应“好而不同”，也就是说个体学习器要有一定的“准确性”，即个体学习器不能差，并且要有“多样性”(diversity)，即个体学习器具有差异。霍夫丁不等式：对于伯努利试验，如投掷硬币事件，假设正面朝上的概率为 p，反面朝上的概率为$1-p$，共投掷 p 次，设正面朝上的次数为$H(n)$，则正面朝上的次数不超过 k 的概率为

$$P[H(n)\leqslant k]=\sum_{i=0}^{k}C_n^i p^i(1-p)^{n-i} \tag{5.18}$$

对于某$\varepsilon>0$，$k=(p-\varepsilon)n$，有如下霍夫丁上界：

$$P(H(n)\leqslant(p-\varepsilon)n)\leqslant\exp(-2\varepsilon^2 n) \tag{5.19}$$

考虑二分类问题$y\in\{-1,+1\}$和真实分类结果函数$f(x)$，假定基分类器的错误率为p，即对每个基分类器h_i有

$$P[h_i(x)\neq f(x)]=p \tag{5.20}$$

假设有T个基分类器，若有超过半数的基分类器正确，则集成分类器就正确：

$$H(x)=\operatorname{sgn}\left(\sum_{i=1}^{T}h_i(x)\right) \tag{5.21}$$

假设基分类器的错误率相互独立，则集成学习后分类错误等价于有至少$\lfloor T/2\rfloor+1$个基分类器出现错误，由霍夫丁不等式可知，集成的错误率为

$$\begin{aligned}P[H(x)\neq f(x)]&=P\left(\text{基分类器分类正确的个数}\leqslant k,k\leqslant\lfloor T/2\rfloor+1\right)\\&=\sum_{i=0}^{\lfloor T/2\rfloor}C_T^i(1-p)^i p^{T-i}\end{aligned} \tag{5.22}$$

根据霍夫丁不等式，有$k=(p-\varepsilon)n$，其中$k=\lfloor T/2\rfloor$，$n=T$，因此有

$$\lfloor T/2\rfloor=(p-\varepsilon)T \tag{5.23}$$

由此可以得到$\varepsilon\approx p-\dfrac{1}{2}$，有下面的不等式：

$$P[H(x)\neq f(x)]=\sum_{i=0}^{\lfloor T/2\rfloor}C_T^i(1-p)^i p^{T-i}\leqslant\exp(-2\varepsilon^2 n)=\exp\left[-\frac{1}{2}T(1-2p)^2\right] \tag{5.24}$$

上式显示随着集成中基分类器数目T的增大，集成的错误率将呈指数级下降，最终趋向于零。上式成立有一个假设，即基学习器的误差相互独立。但在现实任务中，基学习器是为解决同一个问题训练出来的，误差显然不可能相互独立。另外，基学习器的“准确性”和“多样性”本身就存在冲突，准确性很高后，要增加多样性就要牺牲准确性，如何产生“好而不同”的个体学习器是集成学习研究的核心。

根据个体学习器的生成方式，目前的集成学习方法可分为两大类：①个体学习器间存在强依赖关系、必须串行生成的序列化方法，代表方法有提升方法（Boosting）；②基学习器间不存在强依赖关系、可同时生成的并行化方法，代表方法有引导聚集算法（bootstrap aggregating，Bagging）和随机森林（random forest）。

1. Boosting

Boosting 是一族可将弱学习器提升为强学习器的算法，这族算法的工作机制为：先从初始训练集训练出一个基学习器，再根据基学习器的表现对训练样本分布进行调整，使得先前基学习器做错的训练样本在后续受到更多的关注，然后基于调整后的样本分布来训练下一个

基学习器，如此重复进行，直到基学习器数目达到事先指定的最终值 T，将这 T 个基学习器进行加权结合。

对于分类问题，给定一个训练样本集，求比较粗糙的分类规则（弱分类器）要比求精确的分类规则（强分类器）容易很多。从弱分类器中实现强分类器功能的方法就是从弱学习算法出发，反复学习，得到一系列分类器，通过组合之后构成一个强分类器。

Boosting 算法中最著名的是自适应增强（adaptive boosting）。令真实分类结果函数为 $f(x)$，其取值为+1 或−1，以 AdaBoost 加性模型为例，以基学习器的线性组合

$$H(x)=\sum_{t=1}^{T}\alpha_t h_t(x) \tag{5.25}$$

来最小化指数损失函数（exponential loss function）

$$\begin{aligned} l_{\exp}(H\mid D)&=E_{x\sim D}\left[\mathrm{e}^{-f(x)H(x)}\right]\\ &=\mathrm{e}^{-H(x)}P[f(x)=1\mid x]+\mathrm{e}^{H(x)}P[f(x)=-1\mid x] \end{aligned} \tag{5.26}$$

上式对 $H(x)$ 求偏导可以得到

$$\frac{\partial l_{\exp}(H\mid D)}{\partial H(x)}=-\mathrm{e}^{-H(x)}P[f(x)=1\mid x]+\mathrm{e}^{H(x)}P[f(x)=-1\mid x] \tag{5.27}$$

令 $\dfrac{\partial l_{\exp}(H\mid D)}{\partial H(x)}=0$，可以得到 $H(x)=\dfrac{1}{2}\ln\dfrac{P[f(x)=1\mid x]}{P[f(x)=-1\mid x]}$。

因此有

$$\begin{aligned} \operatorname{sgn}[H(x)]&=\operatorname{sgn}\left\{\frac{1}{2}\ln\frac{P[f(x)=1\mid x]}{P[f(x)=-1\mid x]}\right\}\\ &=\begin{cases}+1, & P[f(x)=1\mid x]>P[f(x)=-1\mid x]\\ -1, & P[f(x)=1\mid x]<P[f(x)=-1\mid x]\end{cases}\\ &=\underset{y\in\{-1,1\}}{\arg\max}\,P[f(x)=y\mid x] \end{aligned} \tag{5.28}$$

若指数损失函数最小化，则分类错误率也将最小化。AdaBoost 算法如下。

输入： 训练样本集 $T=\{(x_1,y_1),\cdots,(x_n,y_n)\}$， $x_i\in X\subset\mathbb{R}^d$， $y_i\in Y=\{-1,1\}$

算法流程：

（1）初始化样本权值 $D_1=(w_{11},\cdots,w_{1n}),\ w_{1i}=1/n,\ i=1,\cdots,n$

（2）for $m=1,\cdots,M$ do

（3）使用具有样本权值分布 D_m 的训练数据集学习，得到基分类器 $G_m(x)$

（4）计算 $G_m(x)$ 在当前样本分布 D_m 上的分类误差

$$e_m=P(G_m(x_i)\neq y_i)=\sum_{i=1}^{n}w_{mi}\mathbb{I}(G_m(x_i)\neq y_i)$$

（5）if $e_m>0.5$ then break（说明此时 $G_m(x)$ 误差超过随机数）

else 计算基分类器 $G_m(x)$ 的系数 $D_{m+1}=(w_{m+1,1},\cdots,w_{m+1,n})$

（6）更新样本权值分布

$$w_{m+1,i}=\frac{w_{m,i}}{Z_m}\exp[-y_i\alpha_m G_m(x_i)],\quad Z_m=\sum_{i=1}^{n}w_{m,i}\exp[-y_i\alpha_m G_m(x_i)]$$

输出： $H(x)=\operatorname{sgn}\left(\sum_{i=1}^{m}\alpha_m G_m(x_i)\right)$

2. Bagging 和随机森林

欲得到泛化能力强的集成，集成中的个体学习器应尽可能相互独立，虽然“独立”在现实任务中无法做到，但可以设法使基学习器尽可能具有较大的差异。给定一个训练数据集，一种可能的做法是对训练样本进行采样，产生若干个不同的子集，再从每个子集中训练出一个基学习器，这样由于训练数据的不同，希望基学习器尽可能独立。

为了获得很好的集成，还希望个体学习器不能太差，如果采样出的每个子集都完全不同，则每个基学习器只用到了一小部分训练数据，甚至不足以进行有效学习，无法保证产生出比较好的基学习器。

（1）Bagging。

Bagging 是并行式集成学习方法的代表，给定 n 个样本的训练集，先随机取出一个样本放入采样集中，再把该样本放回初始数据集，使得下次采样时该样本仍有可能被选中，这样经过 n 次随机采样操作，得到含 n 个样本的采样集。初始训练集中有的样本在采样集里多次出现，有的则从未出现。

依据此方法，可以采样出 M 个含 n 个训练样本的采样集，然后基于每个采样集训练出一个基学习器，再将这些基学习器进行结合，这就是 Bagging 的基本流程。在对预测输出进行结合时，Bagging 通常对分类任务采用投票法，对回归任务采用平均法。投票法统计结果如下所示：

$$H(x)=\underset{y\in Y}{\arg\max}\sum_{m=1}^{M}\mathbb{I}[G_m(x),y] \tag{5.29}$$

当 $G_m(x)=y$ 时，函数 $\mathbb{I}[G_m(x),y]=1$，否则 $\mathbb{I}[G_m(x),y]=0$。

（2）随机森林。

随机森林是 Bagging 的一个扩展变体，在以决策树为基学习器构建 Bagging 集成的基础上，进一步在决策树的训练过程中引入随机属性选择。

从直观角度来解释，每棵决策树都是一个分类器（假设现在针对的是分类问题），那么对于一个输入样本，N 棵树会有 N 个分类结果。而随机森林集成了所有的分类投票结果，将投票次数最多的类别指定为最终的输出，这就是一种最简单的 Bagging 思想。

示例：森林中召开会议，讨论某个动物到底是老鼠还是松鼠，每棵树都要独立地发表自己对这个问题的看法，也就是每棵树都要投票。该动物到底是老鼠还是松鼠，要依据投票情况来确定，获得票数最多的类别就是森林的分类结果。森林中的每棵树都是独立的，99.9%不相关的树做出的预测结果涵盖所有的情况，这些预测结果将会彼此抵消。少数优秀的树的预测结果将会表现出较好的性能，做出一个好的预测。将若干个弱分类器的分类结果进行投票选择，从而组成一个强分类器，这就是随机森林的 Bagging 的思想。

随机森林的生成过程如下。

（1）如果训练集大小为 N，对于每棵树而言，随机且有放回地从训练集中抽取 N 个训练样本作为该树的训练集。

（2）如果每个样本的特征维度为 d，指定一个常数 $m \ll d$，随机地从 d 个特征中选取 m 个特征子集，每次树进行分裂时，从这 m 个特征中选择最优的。

（3）对每个测试样本，综合全部树的投票情况，生成分类结果。

随机森林简单、容易实现、计算开销小，在很多现实任务中展现出强大的性能，被誉为"代表集成学习技术水平的方法"。

随机森林对 Bagging 只做了小改动，但是与 Bagging 中基学习器的"多样性"仅仅通过样本扰动（通过对初始训练集采样）而来不同，随机森林中基学习器的多样性不仅来自样本扰动，还来自属性扰动，使得最终集成的泛化性能可通过个体学习器之间差异度的增加而进一步提升。

随机森林的训练效率常优于 Bagging，因为在个体决策树的构建过程中，Bagging 使用的是"确定型"决策树，在选择划分属性时要对节点的所有属性进行考察，而随机森林使用的"随机型"决策树只考察一个属性子集。

5.4　卷积神经网络的基本组成

计算机存储图像时，实际上是存储了一个 $W \times H \times D$ 的数组，W、H 和 D 分别表示图像的宽度、高度和维度。在使用神经网络处理图像时，通常需要先将其变换为一个列向量，再输入神经网络进行训练和测试。

神经网络提取数据特征过程如图 5.11 所示。使用神经网络进行图像识别，在图像尺寸较小时还可以接受，但当图像尺寸较大、图像像素点较多时，神经网络的层与层之间的连接数量会爆炸式增长，大大降低了网络的性能。另外，将图像数据展开成一列，破坏了图像的空间信息。试想，如果把左边的猫图像变成一列，再把这一列数据以图像的形式展示给你，将很难看出这是一只猫。有相关研究表明，人类大脑在理解图像信息的过程中，并不是同时观察整个图像，而是更倾向于观察部分特征，然后根据特征匹配、组合，得出整图信息。

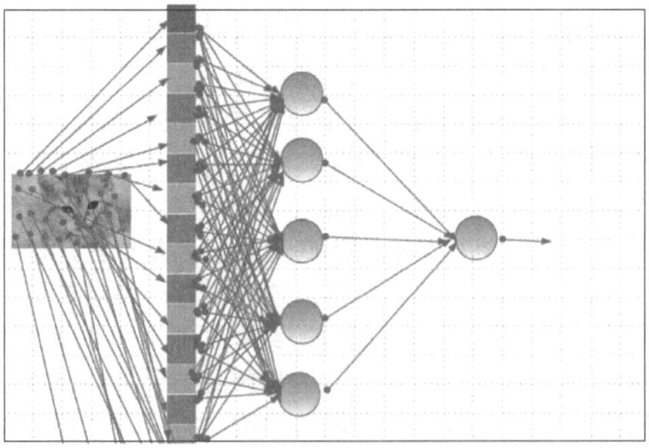

图 5.11　神经网络提取数据特征过程

在图 5.12 中，可以看到猫的鼻子、1 只眼睛、2 只耳朵和嘴，虽然没有尾巴、爪子等其他信息，但是，你依然可以判断，这里有一只猫。所以说，人在理解图像信息的过程中，更专注于局部特征，以及这些特征之间的组合。

图 5.12　局部图像示意图

在全连接神经网络中，隐层每一个神经元，都对输入图像每个像素点做出反应，这种机制包含了太多冗余连接。为了减少这些冗余，让每个隐含神经元只对图像的一小部分区域做出反应。卷积神经网络正是基于这种想法而实现的。输入图像尺寸为 1000×1000，对于全连接神经网络如果隐层数目与输入层相同，则输入层到隐层的参数个数为 1012。在局部神经网络中，如果每个神经元只和 10×10 个像素相连，那么参数个数为 108，参数个数减少为全连接神经网络的万分之一。

在局部连接神经网络中，每个神经元都对应 100 个参数，一共 1000000 个神经元。如果这 1000000 个神经元的 100 个参数都是相等的，那么参数数目就变为 100。权值共享指可以将这 100 个参数（也就是卷积操作）看成提取特征的方式，该方式与位置无关，即图像的一部分的统计特征与其他部分的统计特征是一样的。这也意味着我们在这一部分学习的特征也能用在另一部分上，所以对于这个图像上的所有位置，我们都能使用同样的学习特征。

卷积神经网络（convolutional neural network，CNN）是一种专门用来处理具有类似网络结构数据的神经网络[1]。卷积神经网络是指那些至少在网络的一层中使用卷积运算来替代一般矩阵乘法运算的神经网络。为什么要进行卷积运算？举例说明：假定使用主动声呐追踪一艘潜艇的位置，主动声呐在时刻 t 给出的潜艇距离为 $x(t)$。声呐在测量潜艇距离时会受到噪声干扰，为了得到潜艇的低噪声估计，对测量结果进行平均。时间越近，测量结果越相关，即赋予更高的权值，用加权函数 $w(t)$ 来表示测量结果的重要程度。潜艇距离的平滑估计函数 $s(t)$ 为

$$s(t)=\int x(u)w(t-u)\mathrm{d}u=(x*w)(t) \tag{5.30}$$

式中，$t-u$ 为距离当前时刻的间隔长度。在卷积神经网络中，$x(t)$ 称为输入，$w(t)$ 称为核函数，输出 $s(t)$ 称为特征映射。计算机处理数据时，时间会被离散化，假定传感器每一秒反馈一次测量结果，则离散形式的卷积表达式为

$$s(t)=(x*w)(t)=\sum_{n=-\infty}^{\infty}x(n)w(t-n) \tag{5.31}$$

在机器学习应用中，输入通常为多维数组的数据，核函数通常为多维数组的参数，因此可以在多个维度上进行卷积运算。二维卷积过程如图 5.13 所示，如在二维图像 I 上，通过二维核函数 K 进行的卷积运算为

$$S(i,j)=(I*K)(i,j)=\sum_m\sum_n I(m,n)K(i-m,j-n) \tag{5.32}$$

由于卷积是可交换的，因此可以等价地写作

$$S(i,j)=(K*I)(i,j)=\sum_m\sum_n I(i-m,j-n)K(m,n) \tag{5.33}$$

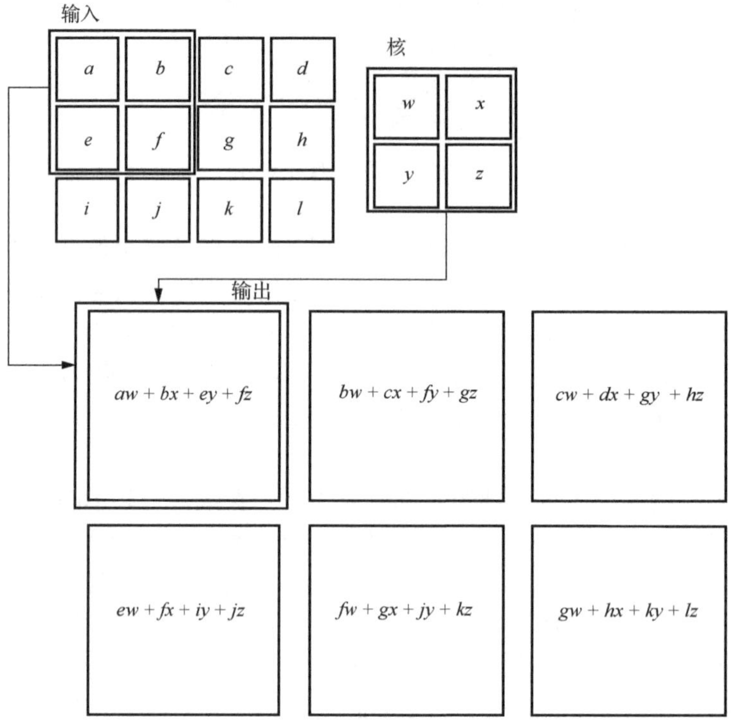

图 5.13　二维卷积过程

在机器学习领域，也将如下的互相关函数称为卷积：

$$S(i,j)=(I*K)(i,j)=\sum_m\sum_n I(i+m,j+n)K(m,n) \tag{5.34}$$

卷积神经网络包含以下几层。

（1）卷积层。卷积神经网络中每层卷积层由若干卷积单元组成，每个卷积单元的参数都是通过反向传播算法优化得到的。卷积运算的目的是提取输入的不同特征，第一层卷积层可能只能提取一些低级的特征，如边缘、线条和角等，更多层的网络能从低级特征中迭代提取更复杂的特征。

（2）线性整流层。这一层神经网络的激活函数使用线性整流函数。

（3）池化层。通常在卷积层之后会得到维度很大的特征，将这些特征划分成几个区域，取其最大值或平均值，得到新的、维度较小的特征。

（4）全连接层。把所有局部特征结合得到全局特征，用来计算最后每一类的得分。

5.4.1　卷积

在卷积神经网络中“卷积”更像是一个特征提取算子，是用来提取图像纹理、边缘等特征信息的滤波器。比如有一张猫图像，人类在理解这张图像的时候，可能观察到圆圆的眼睛，可爱的耳朵，于是判断这是一只猫。但是，机器怎么处理这个问题呢？传统的计算机视觉方法通常设计一些算子（特征提取滤波器），来找到比如眼睛的边界、耳朵的边界等信息，然后综合这些特征，得出结论——这是一只猫。计算机来识别图像中的猫是怎么计算的？图 5.14 为卷积计算结果。可以看出，在上眼皮处颜色较深，而眼皮上方和下方，无论是眼皮上方的毛发，还是眼皮下方的眼白，颜色都很浅，因此，如果滤波结果中有大值出现，就意味着这里出现了横向边沿。不断在原图上滑动这个算子，我们就可以检测到图像中所有的横向边沿。传统的机器视觉方法就是设计更多更复杂的算子，检测更多的特征，最后组合这些特征得出判断结果。

卷积神经网络中的卷积就是把一个算子在原图上不断滑动，得出滤波结果，这个结果我们称为“特征图”，这些算子被称为“卷积核”（convolution kernel）。不同的是我们不必人工设计这些算子，而是使用随机初始化来得到很多卷积核（算子），然后通过反向传播优化这些卷积核，以期望得到更好的识别结果。

如图 5.15 所示，输入层是尺寸为 32×32×3 的图像，卷积核的尺寸为 5×5×3。每个隐含单元仅仅只能连接输入单元的一部分，每个隐含单元连接的输入区域大小称为神经元的感受野。图 5.16 和图 5.17 分别是深度为 2 和 6 的卷积结果。

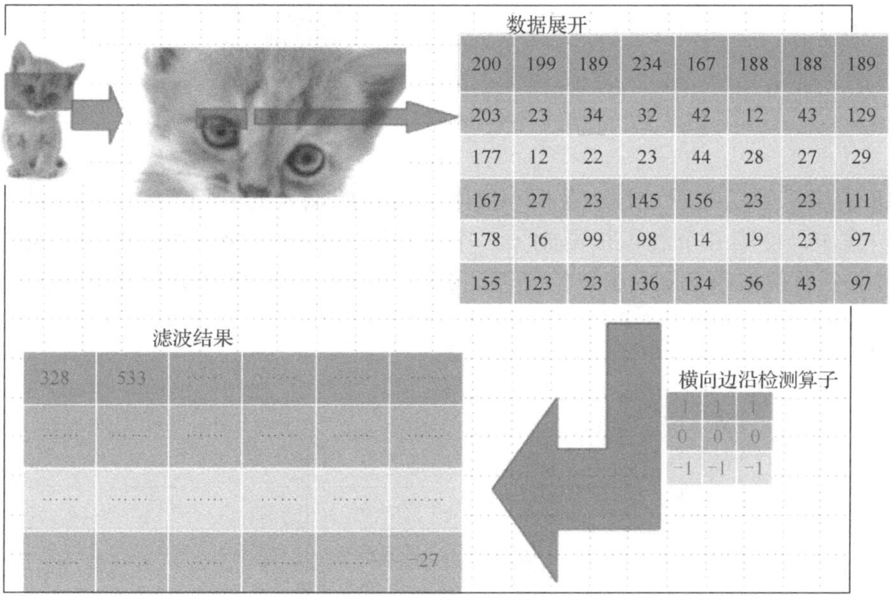

图 5.14　卷积计算结果

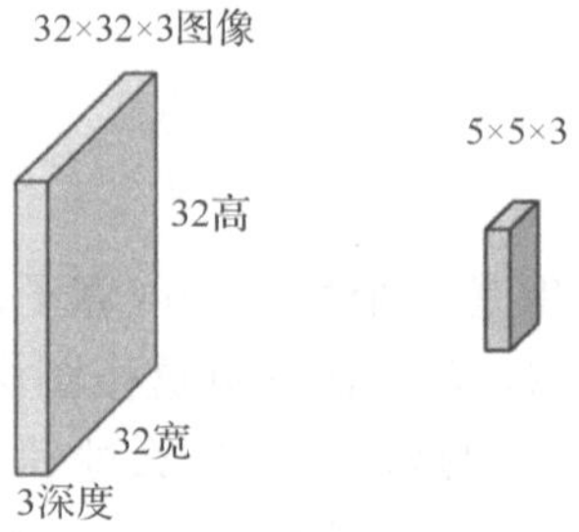

图 5.15　输入数据与卷积核大小

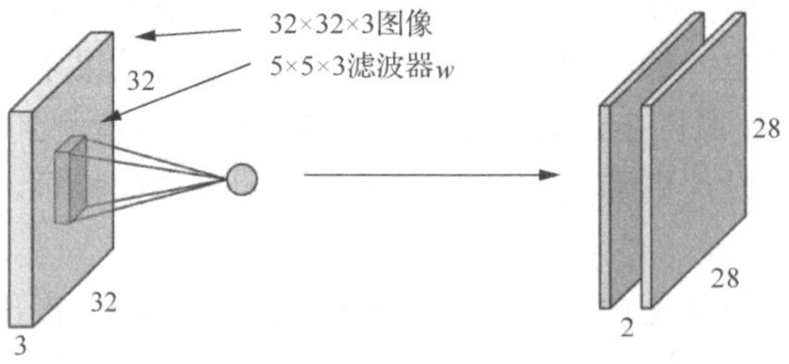

图 5.16　使用 2 个卷积核得到深度为 2 的特征图

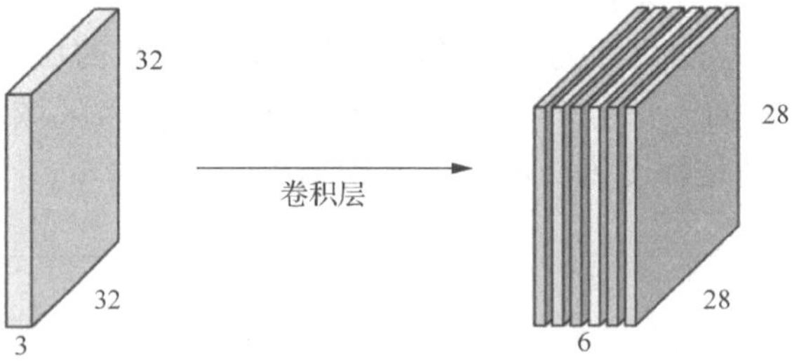

图 5.17　使用 6 个卷积核得到深度为 6 的特征图

图 5.18 给出了多层卷积过程。卷积不仅限于对原始输入的卷积，中间方块是在原始输入上进行卷积操作，使用 6 个卷积核得到了 6 个特征图。右侧方块还能对中间方块进行卷积操作，使用 10 个卷积核得到了 10 个特征图。每一个卷积核的深度必须与上一层输入的深度相等。

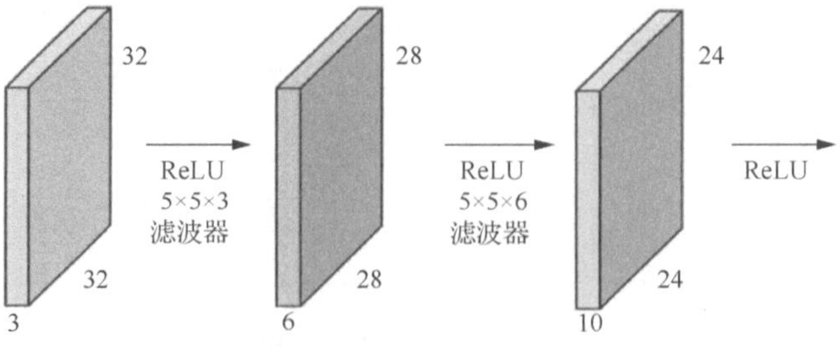

图 5.18　多层卷积过程

5.4.2 填充

在“滑动”卷积核之后，输出变小了，例如猫眼睛部分数据尺寸是 6×8，但是，经过一个 3×3 的卷积核之后，变成了 4×6，这是因为卷积核有尺寸，如图 5.19 所示，当卷积核（浅灰色）滑动到边界时，就无法向右继续滑动。如果经过很多层卷积，输出尺寸会变得很小，同时图像边缘信息会迅速流失，这对模型的性能有着不可忽视的影响。为了减少卷积操作导致的边缘信息丢失，需要进行填充（padding），即在原图周围添加一圈值为“0”的像素点（zero padding），这样输出维度就和输入维度一致了。

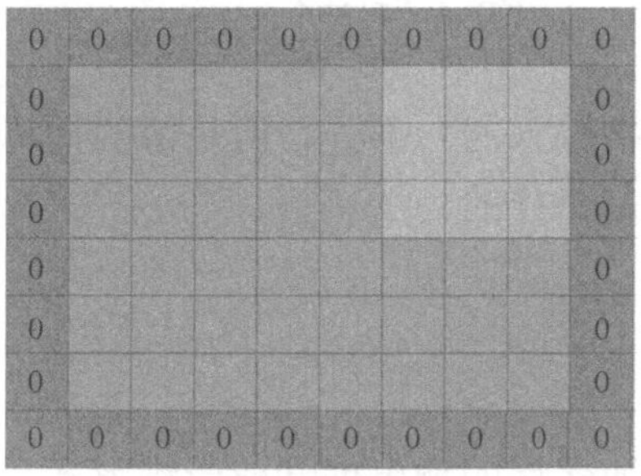

图 5.19　填充操作过程

默认情况下卷积核每次滑动一个像素，也可以每次滑动两个像素或多个像素。其中每次滑动的像素数称为“步长”。卷积核大小 $f \times f$ 也可以变化，如 3×3 、5×5 等，需要根据卷积核大小来调整填充尺寸（padding_size）。卷积核大小通常取奇数，填充尺寸根据公式（5.35）确定。

$$\text{padding\_size} = \frac{f-1}{2} \tag{5.35}$$

如果用 s 表示步长，w 表示图像宽度，h 表示图像高度，则卷积输出尺寸为

$$\begin{cases} w_{\text{out}} = \dfrac{w + 2 \times \text{padding\_size} - f}{s} + 1 \\ h_{\text{out}} = \dfrac{h + 2 \times \text{padding\_size} - f}{s} + 1 \end{cases} \tag{5.36}$$

5.4.3 池化

池化（pooling）实际是一个下采样（down-sample）过程。由于输入的图像尺寸可能比较大，我们需要通过下采样来减小图像尺寸。池化层可以减小模型规模，提高运算速度，同时提高所提取特征的鲁棒性。池化操作中也有核大小 f 和步长 s 这两个参数，参数意义和卷积相同。池化主要包括最大池化和平均池化两种，最大池化将对池化区域取最大值，平均池化将计算池化区域的平均值。池化操作将保持深度大小不变。

5.4.4　激活函数

引入激活函数的目的是在模型中引入非线性。如果没有激活函数，那么无论神经网络有多少层，最终都是一个线性映射。单纯的线性映射无法解决线性不可分问题，引入非线性可以让模型解决线性不可分问题。常用的激活函数包括 S 型函数（sigmoid 函数）和 ReLU 函数：

$$\mathrm{sigmoid}(x)=\frac{1}{1+\mathrm{e}^{-x}} \tag{5.37}$$

$$\mathrm{ReLU}(x)=\begin{cases}x, & x>0\\ 0, & x\leqslant 0\end{cases} \tag{5.38}$$

虽然每个输出单元只是连接输入的一部分，但是值的计算方法不变，都是权值和输入的点积再加上偏置，与神经网络是一样的。

5.4.5　全连接层

全连接层就是把卷积层和池化层的输出展开成一维形式，在后面接上与普通网络结构相同的回归网络或者分类网络，一般接在池化层后面。全连接层的每个神经元都与前一层的所有神经元相连接，每个连接都有一个权值用于调节信息传递的强度，并且每个神经元还有一个偏置项。全连接层的引入使得网络能够对前面层提取的特征进行更复杂的整合，从而提高了模型的表达能力和性能。

5.4.6　softmax 函数

softmax 函数用于多元分类过程中，它将多个神经元的输出映射到 $(0,1)$ 区间内，函数输出可以看成概率，从而进行多元分类。假设有个数组共有 n 个元素，第 i 个元素值为 x_i，那么这个元素的 softmax 值为

$$\mathrm{softmax}(x_i)=\frac{\mathrm{e}^{x_i}}{\sum_{j=1}^{n}\mathrm{e}^{x_j}} \tag{5.39}$$

神经网络的训练过程就是通过已有的样本，求取使代价函数最小化时所对应的参数。代价函数是模型对样本的预测值与其真实值之间的误差，最小化的求解一般使用梯度下降法，其中的步骤包括：①初始化参数；②求代价函数关于参数的梯度；③根据梯度更新参数的值；④经过迭代以后取得最佳参数，从而完成神经网络的训练。其中最重要的步骤就是求梯度，这可以通过反向传播算法来实现。

单个神经元结构如图 5.20 所示。神经网络训练的参数包括 $w=(w_1,\cdots,w_n)^{\mathrm{T}}$ 和 b，假设一个训练样本为 (x,y)，激励函数为 sigmoid 函数，其中输入向量 $x=(x_1,\cdots,x_n)^{\mathrm{T}}\in\mathbb{R}^n$，有

$$z = \sum_{i=1}^{n} w_i x_i + b \tag{5.40}$$

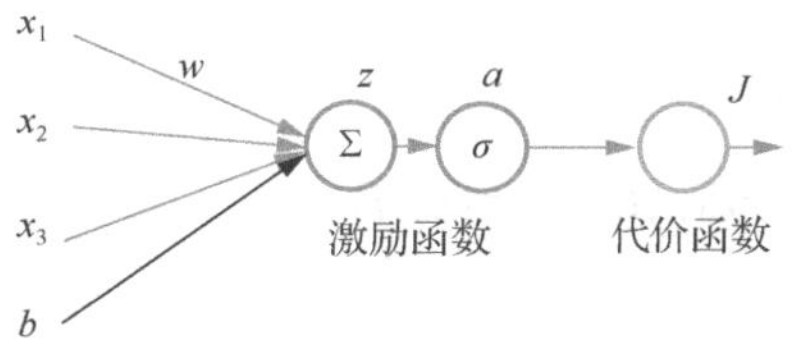

图 5.20　单个神经元结构

神经网络输出为

$$a = \text{sigmoid}(z) = \sigma(z) = \frac{1}{1+\mathrm{e}^{-z}} = \text{sigmoid}\left(\sum_{i=1}^{n} w_i x_i + b\right) \tag{5.41}$$

代价函数为

$$J(w,b,x,y) = \frac{1}{2}\|y-a\|^2 = \frac{1}{2}\left\|y - \text{sigmoid}\left(\sum_{i=1}^{n} w_i x_i + b\right)\right\|^2 \tag{5.42}$$

$$\delta^{(a)} = \frac{\partial J}{\partial a} = -(y-a) \tag{5.43}$$

$$\delta^{(z)} = \frac{\partial J}{\partial z} = \frac{\partial J}{\partial a}\frac{\partial a}{\partial z} = \delta^{(a)}\sigma'(z) = \delta^{(a)}\left(\frac{1}{1+\mathrm{e}^{-z}}\frac{\mathrm{e}^{-z}}{1+\mathrm{e}^{-z}}\right) = \delta^{(a)}a(1-a) \tag{5.44}$$

$$\begin{cases} \nabla_{w_i} J(w,b,x,y) = \dfrac{\partial J}{\partial w_i} = \dfrac{\partial J}{\partial z}\dfrac{\partial z}{\partial w_i} = \delta^{(z)} x_i \\ \nabla_b J(w,b,x,y) = \dfrac{\partial J}{\partial b} = \dfrac{\partial J}{\partial z}\dfrac{\partial z}{\partial b} = \delta^{(z)} \end{cases} \tag{5.45}$$

权值 w_i 和偏置 b 的更新为

$$\begin{cases} w_i = w_i + \Delta w_i = w_i - \eta \nabla_{w_i} J \\ b = b + \Delta b = b - \eta \nabla_b J \end{cases} \tag{5.46}$$

多层神经网络结构如图 5.21 所示。

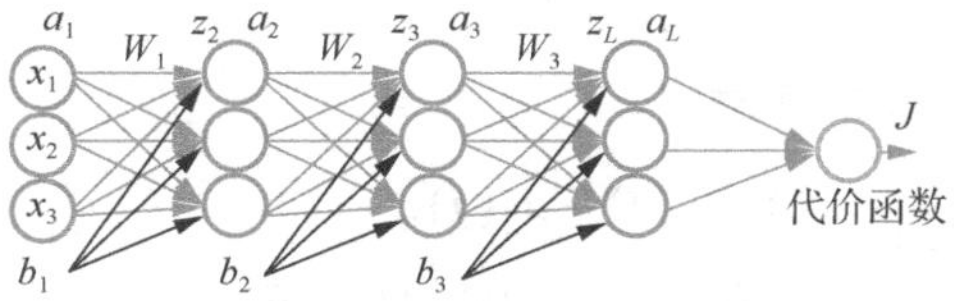

图 5.21　多层神经网络结构

神经网络的输入为

$$a_1 = [a_1(1), \cdots, a_1(n_1)]^{\mathrm{T}} = (x_1, \cdots, x_{n_1})^{\mathrm{T}} \tag{5.47}$$

第 1 层隐层的第 i 个神经元输入为

$$z_2(i)=\sum_{j=1}^{n_1}W_1(i,j)a_1(j)+b_1(i)，\quad z_2=[z_2(1),\cdots,z_2(n_2)]^{\mathrm{T}} \tag{5.48}$$

第 1 层隐层的第 i 个神经元输出为

$$a_2(i)=\text{sigmoid}[z_2(i)]=\sigma[z_2(i)]，\quad a_2=[a_2(1),\cdots,a_2(n_2)]^{\mathrm{T}} \tag{5.49}$$

第 l 层隐层的第 i 个神经元输入为

$$z_{l+1}(i)=\sum_{j=1}^{n_l}W_l(i,j)a_l(j)+b_l(i)，\quad z_{l+1}=[z_{l+1}(1),\cdots,z_{l+1}(n_{l+1})]^{\mathrm{T}} \tag{5.50}$$

第 l 层隐层的第 i 个神经元输出为

$$a_{l+1}(i)=\text{sigmoid}[z_{l+1}(i)]=\sigma[z_{l+1}(i)]，\quad a_{l+1}=[a_{l+1}(1),\cdots,a_{l+1}(n_{l+1})]^{\mathrm{T}} \tag{5.51}$$

代价函数为

$$J(W_1,\cdots,W_{L-1},b_1,\cdots,b_{L-1},x,y)=\frac{1}{2}\|y-a_L\|^2=\frac{1}{2}\sum_{i=1}^{n_L}[y(i)-a_L(i)]^2 \tag{5.52}$$

下面介绍误差的反向传播过程对各神经元计算的偏导数。

（1）代价函数对输出层 a_L 求偏导：

$$\delta_L^{(a)}(i)=\frac{\partial J}{\partial a_L(i)}=-[y(i)-a_L(i)],\ \delta_L^{(a)}=[\delta_L^{(a)}(1),\cdots,\delta_L^{(a)}(n_L)]^{\mathrm{T}} \tag{5.53}$$

（2）第 l+1 层隐层输出 $a_{l+1}(i)$ 对第 l+1 层隐层输入 $z_{l+1}(i)$ 求偏导：

$$\frac{\partial a_{l+1}(i)}{\partial z_{l+1}(i)}=\sigma'[z_{l+1}(i)]=a_{l+1}(i)[1-a_{l+1}(i)] \tag{5.54}$$

（3）误差信号从第 l+1 层隐层向第 1 层隐层传播：

$$\begin{cases}\dfrac{\partial z_{l+1}(i)}{\partial a_l(j)}=W_l(i,j)\\[2mm] \dfrac{\partial z_{l+1}(i)}{\partial W_l(i,j)}=a_l(j)\\[2mm] \dfrac{\partial z_{l+1}(i)}{\partial b_l(i)}=1\end{cases} \tag{5.55}$$

（4）代价函数 J 对 a_l 和 z_l 求偏导：

$$\delta_l^{(a)}(j)=\frac{\partial J}{\partial a_l(j)}=\begin{cases}-[y(j)-a_L(j)], & l=L\\ \displaystyle\sum_{i=1}^{n_{l+1}}\frac{\partial J}{\partial z_{l+1}(i)}\frac{\partial z_{l+1}(i)}{\partial a_l(j)}=\sum_{i=1}^{n_{l+1}}\delta_{l+1}^{(z)}(i)W_l(i,j), & \text{其他}\end{cases} \tag{5.56}$$

$$\delta_l^{(z)}(i)=\frac{\partial J}{\partial z_l(i)}=\frac{\partial J}{\partial a_l(i)}\frac{\partial a_l(i)}{\partial z_l(i)}=\delta_l^{(a)}(i)\sigma'[z_l(i)]=\delta_l^{(a)}(i)a_l(i)[1-a_l(i)] \tag{5.57}$$

由 $\delta_L^{(a)}(i)=-[y(i)-a_L(i)]$ 开始，迭代求解 $\delta_L^{(a)}(i)$ 和 $\delta_L^{(z)}(i)$ 顺序如下：

$$\delta_L^{(a)}(i) \to \delta_L^{(z)}(i) \to \delta_{L-1}^{(a)}(i) \to \delta_{L-1}^{(z)}(i) \to \cdots \tag{5.58}$$

由上式可以得到代价函数 J 对 z_l 偏导的矩阵表示为

$$\delta_l^{(z)} = \begin{cases} \delta_L^{(a)} \odot \sigma'(z_L), & l = L \\ (W_l^{\mathrm{T}} \delta_{l+1}^{(z)}) \odot \sigma'(z_l), & \text{其他} \end{cases} \tag{5.59}$$

（5）代价函数 J 对参数 $W_l(i,j)$ 和 $b_l(i)$ 的偏导如下：

$$\begin{cases} \nabla_{W_l(i,j)} J = \dfrac{\partial J}{\partial z_{l+1}(i)} \dfrac{\partial z_{l+1}(i)}{\partial W_l(i,j)} = \delta_{l+1}^{(z)}(i) a_l(j) \\ \nabla_{b_l(i)} J = \dfrac{\partial J}{\partial z_{l+1}(i)} \dfrac{\partial z_{l+1}(i)}{\partial b_l(i)} = \delta_{l+1}^{(z)}(i) \end{cases} \tag{5.60}$$

代价函数 J 对参数 W_l 和 b_l 偏导的矩阵表达为

$$\begin{cases} \nabla_{W_l} J = \delta_{l+1}^{(z)} (a_l)^{\mathrm{T}} \\ \nabla_{b_l} J = \delta_{l+1}^{(z)} \end{cases} \tag{5.61}$$

权值 $W_l(i,j)$ 和偏置 $b_l(i)$ 的更新为

$$\begin{cases} W_l(i,j) = W_l(i,j) + \Delta W_l(i,j) = W_l(i,j) - \eta \nabla_{W_l(i,j)} J \\ b_l(i) = b_l(i) + \Delta b_l(i) = b_l(i) - \eta \nabla_{b_l(i)} J \end{cases} \tag{5.62}$$

式中，η 为学习率。

5.5　卷积神经网络的前向传播算法

1. 输入层前向传播到卷积层

通常输入层对应的都是卷积层，设输入层为 a_1，卷积核为 W_1，偏置为 b_1，则卷积层的输出为

$$z_2 = a_1 * W_2 + b_2 \tag{5.63}$$

卷积层经过 ReLU 函数的输出为

$$a_2 = \sigma(z_2) = \sigma(a_1 * W_2 + b_2) \tag{5.64}$$

当卷积层使用 K 个卷积核时，卷积层和 ReLU 函数输出的深度均为 K，则 ReLU 函数的输出为

$$a_1^k = \sigma(z_2^k) = \sigma(a_1 * W_2^k + b_2^k), \quad k = 1, \cdots, K \tag{5.65}$$

2. 隐层前向传播到卷积层

当第 $l-1$ 层隐层输出的深度为 K 时，第 $l-1$ 层隐层传播到第 l 层的卷积核 W_{l-1} 深度也为 K，则第 l 层卷积层的输出为

$$z_l = a_{l-1} * W_l + b_l \tag{5.66}$$

卷积层经过 ReLU 函数的输出为

$$a_l = \sigma(z_l) = \sigma(a_{l-1} * W_l + b_l) \tag{5.67}$$

3. 隐层前向传播到池化层

池化层不需要训练参数，作用是对输入进行缩小，即输出矩阵维度为输入矩阵维度 $N \times N$ 除以池化尺寸 $k \times k$，即等于 $\frac{N}{k} \times \frac{N}{k}$，并且有 $a_l = \text{pool}(a_{l-1})$。

4. 隐层前向传播到全连接层

由于全连接层与普通的深度神经网络模型结构相同，因此可以直接使用深度神经网络的前向传播算法逻辑，即

$$a_l = \sigma(z_l) = \sigma(W_l a_{l-1} + b_l) \tag{5.68}$$

激活函数一般选择 sigmoid 函数或双曲正切函数（tanh 函数）。经过若干全连接层后，最后一层为 softmax 输出层，输出层和普通全连接层唯一的区别是激活函数是 softmax 函数。

5. 卷积神经网络前向传播

卷积神经网络前向传播过程如下。

输入：图像样本、卷积神经网络模型的层数 L 和所有隐层的类型。①卷积层，卷积核的深度 K、卷积核子矩阵的维度 F、填充大小 P、步长 S、卷积层激活函数、卷积层参数 W 和 b；②池化层，池化区域大小 k 和池化标准（max 或 average)；③全连接层激活函数（输出层除外）和各层的神经元数。

处理过程：

1. 根据输入层填充大小 P 填充原始图像边缘，得到输入张量 a_1
2. for $l = 2 : L-1$

（1）如果第 l 层为卷积层，则输出为 $a_l = \text{ReLU}(z_l) = \text{ReLU}(a_{l-1} * W_l + b_l)$

（2）如果第 l 层为池化层，则输出为 $a_l = \text{pool}(a_{l-1})$

（3）如果第 l 层为全连接层，则输出为 $a_l = \sigma(z_l) = \sigma(W_l a_{l-1} + b_l)$

end

3. 对于输出层第 L 层：$a_L = \text{softmax}(z_L) = \text{softmax}(W_L a_{L-1} + b_L)$

5.6 卷积神经网络的反向传播算法

5.6.1 池化层的反向传播

池化层在前向传播的时候，对输入进行了压缩，在已知池化层推导上一层 δ_{l-1}，这一过程称为上行采样（upsample）过程。

1. 平均池化的反向传播

平均池化前向传播是把一个滑窗计算结果中的值求取平均来做池化运算，那么反向传播的过程也就是把某个元素的梯度等分为 n 份分配给前一层，这样就保证池化前后的梯度（残差）之和保持不变。

2. 最大池化的反向传播

最大池化前向传播时，不仅要记录区域的最大值，同时也要记录区域最大值的位置，方便 δ 误差的反向传播。由 δ_l 推导 δ_{l-1} 可以总结为

$$\delta_{l-1} = \frac{\partial J}{\partial a_{l-1}} \frac{\partial a_{l-1}}{\partial z_{l-1}} = \text{upsample}(\delta_l) \odot \sigma'(z_{l-1}) \tag{5.69}$$

式中，$\sigma'(z_{l-1})$ 为激活函数的导数，由于池化层没有激活函数，因此有 $\sigma'(z_{l-1}) = 1$。

5.6.2　卷积层的反向传播

第 1 层卷积层的输入为 a_{l-1}，卷积层的输出为

$$z_l = a_{l-1} * W_l + b_l = \sigma(z_{l-1}) * W_l + b_l \tag{5.70}$$

则第 1 层卷积层经过激励函数的输出为

$$a_l = \sigma(z_l) = \sigma(a_{l-1} * W_l + b_l) \tag{5.71}$$

代价函数 J 对 z_{l-1} 的偏导数为

$$\begin{aligned}\delta_{l-1}(x,y) &= \frac{\partial J}{\partial z_{l-1}(x,y)} \\ &= \sum_{x'}\sum_{y'} \frac{\partial J}{\partial z_l(x',y')} \frac{\partial z_l(x',y')}{\partial z_{l-1}(x,y)} \\ &= \sum_{x'}\sum_{y'} \delta_l(x',y') \frac{\partial z_l(x',y')}{\partial z_{l-1}(x,y)}\end{aligned} \tag{5.72}$$

由于 $z_l = a_{l-1} * W_l + b_l = \sigma(z_{l-1}) * W_l + b_l$，因此有

$$z_l(x',y') = \sum_u\sum_v \sigma[z_{l-1}(x'+u, y'+v)]W_l(u,v) + b_l \tag{5.73}$$

$$\begin{aligned}\frac{\partial z_l(x',y')}{\partial z_{l-1}(x,y)} &= \frac{\partial\left\{\sum_u\sum_v \sigma[z_{l-1}(x'+u,y'+v)]W_l(u,v) + b_l\right\}}{\partial z_{l-1}(x,y)} \\ &= \sigma'[z_{l-1}(x,y)]W_l(u,v)\end{aligned} \tag{5.74}$$

其中 $\begin{cases} x'+u = x \\ y'+v = y \end{cases}$，将 $\frac{\partial z_l(x',y')}{\partial z_{l-1}(x,y)}$ 代入 $\delta_{l-1}(x,y)$ 可以得到

$$\begin{aligned}\delta_{l-1}(x,y) &= \sum_{x'}\sum_{y'}\frac{\partial J}{\partial z_l(x',y')}\frac{\partial z_l(x',y')}{\partial z_{l-1}(x,y)}\\ &= \sum_{x'}\sum_{y'}\delta_l(x',y')W_l(u,v)\sigma'[z_{l-1}(x,y)]\\ &= \sum_{u}\sum_{v}\delta_l(x-u,y-v)W_l(u,v)\sigma'[z_{l-1}(x,y)]\end{aligned} \tag{5.75}$$

令$\begin{cases}u'=-u\\ v'=-v\end{cases}$，则有

$$\begin{aligned}\delta_{l-1}(x,y) &= \sum_{u}\sum_{v}\delta_l(x-u,y-v)W_l(u,v)\sigma'[z_{l-1}(x,y)]\\ &= \sum_{u'}\sum_{v'}\delta_l(x+u',y+v')W_l(-u',-v')\sigma'[z_{l-1}(x,y)]\end{aligned} \tag{5.76}$$

对上式进行矩阵表示：

$$\delta_{l-1} = \delta_l * \mathrm{rot}180(W_l)\odot\sigma'(z_{l-1}) \tag{5.77}$$

上式中的 $\mathrm{rot}180(W_l)$ 为卷积核 W_l 上下翻转一次，接着左右翻转一次。可以得到偏导数的递归求解：

$$\frac{\partial J}{\partial z_{l-1}(x,y)} \leftarrow \frac{\partial J}{\partial z_l(x,y)} \tag{5.78}$$

示例：$z_l = a_{l-1} * W_l$，将该式进行矩阵表示：

$$\begin{pmatrix} z_{11} & z_{12}\\ z_{21} & z_{22}\end{pmatrix} = \begin{pmatrix} a_{11} & a_{12} & a_{13}\\ a_{21} & a_{22} & a_{23}\\ a_{31} & a_{32} & a_{33}\end{pmatrix} * \begin{pmatrix} w_{11} & w_{12}\\ w_{21} & w_{22}\end{pmatrix} \tag{5.79}$$

利用卷积定义，可以得到

$$\begin{cases} z_{11} = a_{11}w_{11} + a_{12}w_{12} + a_{21}w_{21} + a_{22}w_{22}\\ z_{12} = a_{12}w_{11} + a_{13}w_{12} + a_{22}w_{21} + a_{23}w_{22}\\ z_{21} = a_{21}w_{11} + a_{22}w_{12} + a_{31}w_{21} + a_{32}w_{22}\\ z_{22} = a_{22}w_{11} + a_{23}w_{12} + a_{32}w_{21} + a_{33}w_{22}\end{cases} \tag{5.80}$$

反向求导，可以得到

$$\nabla a_{l-1} = \frac{\partial J}{\partial a_{l-1}} = \frac{\partial J}{\partial z_l}\frac{\partial z_l}{\partial a_{l-1}} = \delta_l\frac{\partial z_l}{\partial a_{l-1}} \tag{5.81}$$

由式 $\nabla a_{l-1} = \frac{\partial J}{\partial a_{l-1}} = \sum_i \frac{\partial J}{\partial z_i}\frac{\partial z_i}{\partial a_{l-1}} = \sum_i \delta_i\frac{\partial z_i}{\partial a_{l-1}}$ 可以得到

$$\begin{cases}\nabla a_{11}=\delta_{11}w_{11}\\ \nabla a_{12}=\delta_{11}w_{12}+\delta_{12}w_{11}\\ \nabla a_{13}=\delta_{12}w_{12}\\ \nabla a_{21}=\delta_{11}w_{21}+\delta_{21}w_{11}\\ \nabla a_{22}=\delta_{11}w_{22}+\delta_{12}w_{21}+\delta_{21}w_{12}+\delta_{22}w_{11}\\ \nabla a_{23}=\delta_{12}w_{22}+\delta_{22}w_{12}\\ \nabla a_{31}=\delta_{21}w_{21}\\ \nabla a_{32}=\delta_{21}w_{22}+\delta_{22}w_{21}\\ \nabla a_{33}=\delta_{22}w_{22}\end{cases}\tag{5.82}$$

上式可以用矩阵表示为

$$\begin{pmatrix}\nabla a_{11} & \nabla a_{12} & \nabla a_{13}\\ \nabla a_{21} & \nabla a_{22} & \nabla a_{23}\\ \nabla a_{31} & \nabla a_{32} & \nabla a_{33}\end{pmatrix}=\begin{pmatrix}0 & 0 & 0 & 0\\ 0 & \delta_{11} & \delta_{12} & 0\\ 0 & \delta_{21} & \delta_{22} & 0\\ 0 & 0 & 0 & 0\end{pmatrix}*\begin{pmatrix}w_{22} & w_{21}\\ w_{12} & w_{11}\end{pmatrix}\tag{5.83}$$

即将卷积核翻转后和反向传播的梯度误差进行卷积，就得到了前一次的梯度误差。在得到卷积层的梯度误差后，需要推导得到卷积层的 W_l 和 b_l。由 $z_l=a_{l-1}*W_l+b_l$ 可以得到

$$\frac{\partial J}{\partial W_l}=\frac{\partial J}{\partial z_l}\frac{\partial z_l}{\partial W_l}\tag{5.84}$$

$$\begin{cases}z_{11}=a_{11}w_{11}+a_{12}w_{12}+a_{21}w_{21}+a_{22}w_{22}\\ z_{12}=a_{12}w_{11}+a_{13}w_{12}+a_{22}w_{21}+a_{23}w_{22}\\ z_{21}=a_{21}w_{11}+a_{22}w_{12}+a_{31}w_{21}+a_{32}w_{22}\\ z_{22}=a_{22}w_{11}+a_{23}w_{12}+a_{32}w_{21}+a_{33}w_{22}\end{cases}\tag{5.85}$$

$$\begin{cases}\dfrac{\partial J}{\partial W_l(1,1)}=\dfrac{\partial J}{\partial z_{11}}\dfrac{\partial z_{11}}{\partial W_l(1,1)}+\dfrac{\partial J}{\partial z_{12}}\dfrac{\partial z_{12}}{\partial W_l(1,1)}+\dfrac{\partial J}{\partial z_{21}}\dfrac{\partial z_{21}}{\partial W_l(1,1)}+\dfrac{\partial J}{\partial z_{22}}\dfrac{\partial z_{22}}{\partial W_l(1,1)}=a_{11}\delta_{11}+a_{12}\delta_{12}+a_{21}\delta_{21}+a_{22}\delta_{22}\\ \dfrac{\partial J}{\partial W_l(1,2)}=\dfrac{\partial J}{\partial z_{11}}\dfrac{\partial z_{11}}{\partial W_l(1,2)}+\dfrac{\partial J}{\partial z_{12}}\dfrac{\partial z_{12}}{\partial W_l(1,2)}+\dfrac{\partial J}{\partial z_{21}}\dfrac{\partial z_{21}}{\partial W_l(1,2)}+\dfrac{\partial J}{\partial z_{22}}\dfrac{\partial z_{22}}{\partial W_l(1,2)}=a_{12}\delta_{11}+a_{13}\delta_{12}+a_{22}\delta_{21}+a_{23}\delta_{22}\\ \dfrac{\partial J}{\partial W_l(2,1)}=\dfrac{\partial J}{\partial z_{11}}\dfrac{\partial z_{11}}{\partial W_l(2,1)}+\dfrac{\partial J}{\partial z_{12}}\dfrac{\partial z_{12}}{\partial W_l(2,1)}+\dfrac{\partial J}{\partial z_{21}}\dfrac{\partial z_{21}}{\partial W_l(2,1)}+\dfrac{\partial J}{\partial z_{22}}\dfrac{\partial z_{22}}{\partial W_l(2,1)}=a_{21}\delta_{11}+a_{22}\delta_{12}+a_{31}\delta_{21}+a_{32}\delta_{22}\\ \dfrac{\partial J}{\partial W_l(2,2)}=\dfrac{\partial J}{\partial z_{11}}\dfrac{\partial z_{11}}{\partial W_l(2,2)}+\dfrac{\partial J}{\partial z_{12}}\dfrac{\partial z_{12}}{\partial W_l(2,2)}+\dfrac{\partial J}{\partial z_{21}}\dfrac{\partial z_{21}}{\partial W_l(2,2)}+\dfrac{\partial J}{\partial z_{22}}\dfrac{\partial z_{22}}{\partial W_l(2,2)}=a_{22}\delta_{11}+a_{23}\delta_{12}+a_{32}\delta_{21}+a_{33}\delta_{22}\end{cases}\tag{5.86}$$

将式（5.86）整理之后，可以得到

$$\frac{\partial J}{\partial W_l}=\begin{pmatrix}a_{11} & a_{12} & a_{13}\\ a_{21} & a_{22} & a_{23}\\ a_{31} & a_{32} & a_{33}\end{pmatrix}*\begin{pmatrix}\delta_{11} & \delta_{12}\\ \delta_{21} & \delta_{22}\end{pmatrix}\tag{5.87}$$

因此代价函数 J 对 W_l 的偏导数为

$$\nabla_{W_l} J = \frac{\partial J}{\partial W_l} = a_{l-1} * \delta_l \tag{5.88}$$

代价函数 J 对 b_l 的偏导数为（下式累加的原因是 b_l 与 δ_l 维度不同）

$$\nabla_{b_l} J = \frac{\partial J}{\partial b_l} = \frac{\partial J}{\partial z_l}\frac{\partial z_l}{\partial b_l} = \sum_{u,v}(\delta_l)_{u,v} \tag{5.89}$$

W_l 和 b_l 的更新方程为

$$\begin{cases} W_l = W_l + \Delta W_l = W_l - \eta \nabla_{W_l} J \\ b_l = b_l + \Delta b_l = b_l - \eta \nabla_{b_l} J \end{cases} \tag{5.90}$$

5.6.3　全连接层的反向传播

全连接层的反向传播与多层神经网络相同。

（1）代价函数 J 对参数 $W_l(i,j)$ 和 $b_l(i)$ 的偏导如下：

$$\begin{cases} \nabla_{W_l(i,j)} J = \dfrac{\partial J}{\partial z_{l+1}(i)}\dfrac{\partial z_{l+1}(i)}{\partial W_l(i,j)} = \delta_{l+1}^{(z)}(i) a_l(j) \\ \nabla_{b_l(i)} J = \dfrac{\partial J}{\partial z_{l+1}(i)}\dfrac{\partial z_{l+1}(i)}{\partial b_l(i)} = \delta_{l+1}^{(z)}(i) \end{cases} \tag{5.91}$$

代价函数 J 对参数 W_l 和 b_l 偏导的矩阵表达为

$$\begin{cases} \nabla_{W_l} J = \delta_{l+1}^{(z)} (a_l)^{\mathrm{T}} \\ \nabla_{b_l} J = \delta_{l+1}^{(z)} \end{cases} \tag{5.92}$$

（2）权值 $W_l(i,j)$ 和偏差 $b_l(i)$ 的更新为

$$\begin{cases} W_l(i,j) = W_l(i,j) + \Delta W_l(i,j) = W_l(i,j) - \eta \nabla_{W_l(i,j)} J \\ b_l(i) = b_l(i) + \Delta b_l(i) = b_l(i) - \eta \nabla_{b_l(i)} J \end{cases} \tag{5.93}$$

式中，η 为学习率。

卷积神经网络反向传播过程如下。

输入：m 个图像样本、卷积神经网络模型的层数 L 和所有隐层的类型。①卷积层，卷积核的深度 K、卷积核子矩阵的维度 F、填充大小 P、步长 S、卷积层激活函数；②池化层，池化区域大小 k 和池化标准（max 或 average）；③全连接层激活函数（输出层除外）和各层的神经元数。梯度迭代参数：迭代步长 η，最大迭代次数 MAX 与停止迭代阈值 ε。

处理过程：

1. 初始化各隐层与输出层的 W 和 b 为随机值

2. for iter = 1 to MAX

2-1）for $i = 1$ to m

2-1-1）将卷积神经网络输入 a_1 设置为 x_i 对应的张量

2-1-2）for l=2 to L−1，根据下面 3 种情况进行前向传播算法计算：
2-1-2-1）如果第 l 层是卷积层，则输出 $a_{i,l}=\sigma(z_{i,l})=\sigma(W_l * a_{i,l-1}+b_l)$；
2-1-2-2）如果第 l 层是池化层，则输出 $a_{i,l}=\text{pool}(a_{i,l-1})$；
2-1-2-3）如果第 l 层是全连接层，则输出 $a_{i,l}=\sigma(z_{i,l})=\sigma(W_l a_{i,l-1}+b_l)$。
2-1-3）对于输出层第 L 层：$a_{i,L}=\text{softmax}(z_{i,L})=\text{softmax}(W_L z_{i,L-1}+b_L)$
2-1-4）通过损失函数计算输出层 $\delta_{i,L}$
2-1-5）for l=L−2 to 2，根据下面 3 种情况进行反向传播算法计算：
2-1-5-1）如果当前是卷积层，$\delta_{i,l}=\delta_{i,l+1} * \text{rot}180(W_{l+1})\odot\sigma'(z_{i,l})$；
2-1-5-2）如果当前是池化层，$\delta_{i,l}=\text{upsample}(\delta_{i,l+1})\odot\sigma'(z_{i,l})$；
2-1-5-3）如果当前是全连接层，$\delta_{i,l}=(W_{l+1})^{\text{T}}\delta_{i,l+1}\odot\sigma'(z_{i,l})$。
2-2）for $l=2$ to L，根据下面两种情况更新第 l 层的 W_l 和 b_l：
2-2-1）如果是全连接层，$W_l=W_l-\eta\sum_{i=1}^{m}\delta_{i,l}(a_{i,l-1})^{\text{T}}$，$b_l=b_l-\eta\sum_{i=1}^{m}\delta_{i,l}$；
2-2-2）如果是卷积层，对于每一个卷积核有

$$W_l=W_l-\eta\sum_{i=1}^{m}\delta_{i,l} * \text{rot}180(a_{i,l-1})$$

$$b_l=b_l-\eta\sum_{i=1}^{m}\sum_{u,v}\left(\delta_{i,l}\right)_{u,v}$$

2-3）如果所有 W、b 的变化值都小于停止迭代阈值 ε，则跳出迭代循环到步骤 3
3. 输出各隐层与输出层的线性关系系数矩阵 W 和偏移向量 b

5.7　深度前馈网络模型

深度前馈网络又称为前馈神经网络、全连接神经网络或多层感知机，是典型的深度学习模型。深度前馈网络是一种最简单的神经网络，采用一种单向多层结构，每一层包含若干个神经元，每个神经元只与前一层的神经元相连，接收前一层的输出，并输出给下一层，相邻两层的神经元全部两两连接，各层间没有反馈。第 0 层为输入层，最后一层为输出层，其他中间层为隐层，隐层可以是一层也可以是多层。

前馈神经网络的目标是近似某个函数 f^*，利用定义的映射函数 $y=f(x;\theta)$，学习参数 θ 值使它能够得到最佳的函数近似。这种模型是前向的，因为在模型的输出和模型本身之间没有反馈连接。当前馈神经网络被扩展成包含反馈连接时，称为循环神经网络。

前馈神经网络结构如图 5.22 所示。前馈神经网络之所以被称为网络，是因为它通常用许多不同函数复合在一起表示。

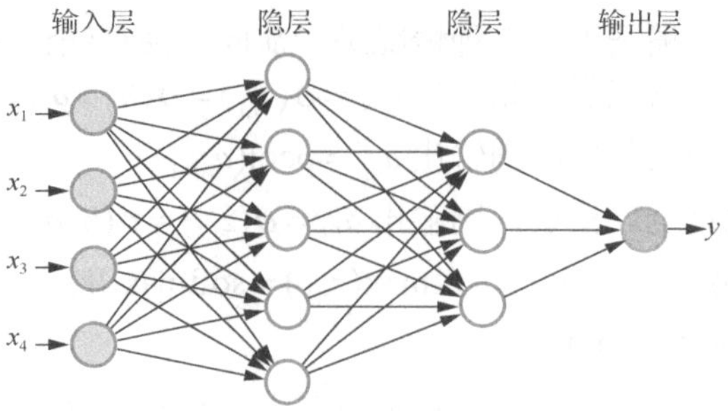

图 5.22　前馈神经网络结构

示例：有三个函数 $f^{(1)}, f^{(2)}, f^{(3)}$ 连接在一个链上形成

$$f(x) = f^{(3)}\{f^{(2)}[f^{(1)}(x)]\} \tag{5.94}$$

$f^{(1)}$ 被称为网络的第一层，$f^{(2)}$ 被称为网络的第二层，依此类推，链的全长称为模型的深度。在神经网络训练过程中，让 $f(x)$ 去匹配 $f^{*}(x)$ 的值。训练数据直接指明了输出层在每一点 x 必须做什么，它必须产生一个接近 y 的值，但训练数据并没有直接指明其他层该怎么做。

5.8　基于梯度的学习

深度学习算法的优化指通过改变输入值以最小化或最大化某个函数的任务，将要最小化或最大化的函数称为目标函数。当对其进行最小化时，也把它称为代价函数、损失函数或误差函数。例如，当给定训练数据、模型函数和代价函数时，通过不断调整参数值以获得最小代价函数的过程就是深度学习算法对参数的优化求解过程，当代价函数最小时对应的参数为最优参数。

对于函数 $f(x)$，有 $f\{x-\varepsilon\cdot\mathrm{sgn}[f'(x)]\}\leqslant f(x)$，因此可以将 x 往导数相反方向移动一小步来减小 $f(x)$，这种技术称为梯度下降，目标函数变化趋势如图 5.23 所示。

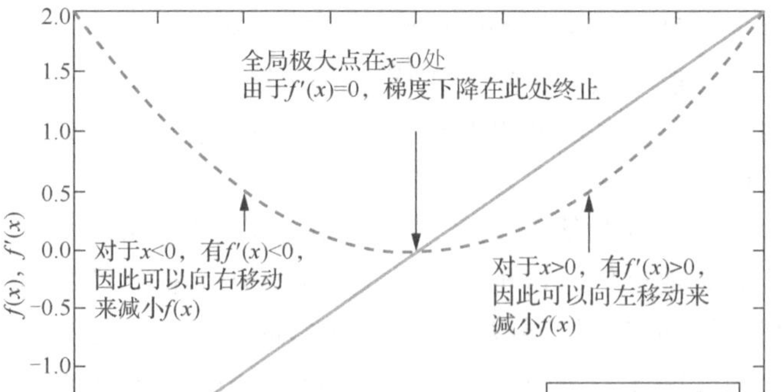

图 5.23　目标函数变化趋势

$f'(x)=0$ 时导数无法提供往哪个方向移动的信息。$f'(x)=0$ 的点称为临界点或驻点。局部极小点和局部极大点意味着该点的函数值小于或大于所有邻近点。有些点满足 $f'(x)=0$，但既不是局部极小点也不是局部极大点，称为鞍点。极值点举例如图 5.24 所示。

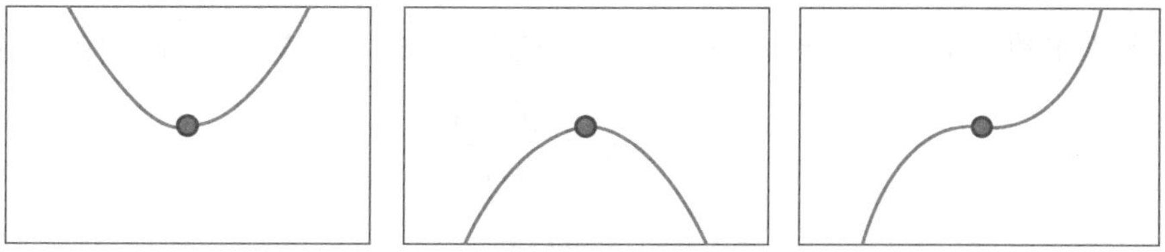

图 5.24　极值点举例

使 $f(x)$ 取得最小值（相对所有其他值）的点是全局最小点。函数可能只有一个全局最小点或多个全局最小点，还可能存在不是全局最优的多个局部极小点。通常寻找使 $f(x)$ 非常小的点，这种形式下并不一定是最小值。

即使对于多维输入 $\mathbb{R}^n$，其映射函数 $f:\mathbb{R}^n \to \mathbb{R}$ 的输出也为一维。偏导数 $\dfrac{\partial f(x)}{\partial x_i}$ 表示向量 x 中的第 i 维 x_i 有增量时 $f(x)$ 的变化。梯度表示 $f(x)$ 对向量 x 各维分量求导后组成的向量，记作

$$\nabla_x f(x)=\left[\frac{\partial f(x)}{\partial x_1},\cdots,\frac{\partial f(x)}{\partial x_n}\right]^{\mathrm{T}} \tag{5.95}$$

对于多维分量，临界点为梯度中各维分量均为零的点，即

$$\nabla_x f(x)=\left[\frac{\partial f(x)}{\partial x_1},\cdots,\frac{\partial f(x)}{\partial x_n}\right]^{\mathrm{T}}=[0,\cdots,0]^{\mathrm{T}} \tag{5.96}$$

向量 x 的增量为 αu，其中 u 为某方向的单位向量，α 为增量的幅值。向量 x 附加增量后变为 $x+\alpha u$，对应的输出为 $f(x+\alpha u)$。令 $z=x+\alpha u$，利用标量对向量求导的链式求导法则有

$$\frac{\partial f(x+\alpha u)}{\partial \alpha}=\frac{\partial f(z)}{\partial \alpha}=\left(\frac{\partial z}{\partial \alpha}\right)^{\mathrm{T}}\frac{\partial f(z)}{\partial z}=u^{\mathrm{T}}\nabla_x f(x) \tag{5.97}$$

为了最小化 $f(x)$，希望找到 $f(x)$ 下降最快的方向 u：

$$\min_{u,u^{\mathrm{T}}u=1} u^{\mathrm{T}}\nabla_x f(x)=\min_{u,u^{\mathrm{T}}u=1}\|u\|_2\|\nabla_x f(x)\|_2\cos\theta=\min_u\cos\theta \tag{5.98}$$

式中，θ 为 u 与梯度 $\nabla_x f(x)$ 的夹角，当 u 与梯度 $\nabla_x f(x)$ 方向相反时有 $f(x)$ 最小，即在负梯度方向上移动可以减小 $f(x)$，这被称为最速下降法或梯度下降法。对于当前向量 x，梯度下降法的更新向量为

$$x'=x-\varepsilon\nabla_x f(x) \tag{5.99}$$

式中，ε 称为学习率，是一个确定步长大小的正标量。梯度下降法通过以上迭代，在

$\nabla_x f(x)=[0,\cdots,0]^{\mathrm{T}}$ 时收敛，但这种搜索策略存在陷入局部极小值的风险。对于输入和输出均为多维向量的映射函数 $f:\mathbb{R}^m \to \mathbb{R}^n$，$f$ 的雅可比矩阵 $J\in\mathbb{R}^{n\times m}$ 定义为

$$J_{i,j}=\frac{\partial f(x)_i}{\partial x_j},\quad i=1,2,\cdots,n,\quad j=1,2,\cdots,m \tag{5.100}$$

对于输入为多维、输出为一维的映射函数 $f:\mathbb{R}^m \to \mathbb{R}^n$，$f$ 的黑塞矩阵定义为

$$H(f)(x)_{i,j}=\frac{\partial^2 f(x)}{\partial x_i \partial x_j} \tag{5.101}$$

由于微分算子顺序可交换，即 $\dfrac{\partial^2 f(x)}{\partial x_i \partial x_j}=\dfrac{\partial^2 f(x)}{\partial x_j \partial x_i}$，因此黑塞矩阵是对称的。将泰勒展开拓展到多元函数，则 $f(x)$ 在 $x^{(0)}$ 处的泰勒展开为

$$f(x)=f(x^{(0)})+(x-x^{(0)})^{\mathrm{T}}g+\frac{1}{2}(x-x^{(0)})^{\mathrm{T}}H(x-x^{(0)}) \tag{5.102}$$

式中，$g=\nabla_x f(x^{(0)})$；$H=H(f)(x^{(0)})$。对于当前点 $x^{(0)}$，其更新点为 $x'=x^{(0)}-\varepsilon g$，因此有

$$f(x^{(0)}-\varepsilon g)=f(x^{(0)})-\varepsilon g^{\mathrm{T}}g+\frac{1}{2}\varepsilon^2 g^{\mathrm{T}}Hg \tag{5.103}$$

当 $g^{\mathrm{T}}Hg>0$ 时，令 $\dfrac{\partial f(x^{(0)}-\varepsilon g)}{\partial \varepsilon}=-g^{\mathrm{T}}g+\varepsilon g^{\mathrm{T}}Hg=0$，因此最优步长为 $\varepsilon^*=\dfrac{g^{\mathrm{T}}g}{g^{\mathrm{T}}Hg}$。

牛顿法求解极小值过程如下。

函数 $f(x)$ 的极小值应满足 $\nabla_x f(x)=0$，对于 $f(x)$ 的泰勒展开

$$f(x)=f(x^{(0)})+(x-x^{(0)})^{\mathrm{T}}\nabla_x f(x^{(0)})+\frac{1}{2}(x-x^{(0)})^{\mathrm{T}}H(x-x^{(0)}) \tag{5.104}$$

其梯度可写为

$$\nabla_x f(x)=\nabla_x f(x^{(0)})+H(x-x^{(0)}) \tag{5.105}$$

令 $\nabla_x f(x)=0$，有

$$x=x^{(0)}-H^{-1}\nabla_x f(x^{(0)}) \tag{5.106}$$

即获得在当前解 $x^{(0)}$ 情况下的更新解，该过程也可写为迭代更新：

$$x_{k+1}=x_k-H_k^{-1}\nabla_x f(x_k) \tag{5.107}$$

参数模型定义了分布 $p_{\mathrm{model}}(y|\ x;\theta)$，一个训练较好的模型，在给定参数 θ 时，其对应的 x 代入 $p_{\mathrm{model}}(y|\ x;\theta)$ 应得到最大的概率值。由于 $0\leqslant p_{\mathrm{model}}(y|\ x;\theta)\leqslant 1$，因此 $-\log p_{\mathrm{model}}(y|\ x;\theta)\geqslant 0$ 并且概率值越接近 1 时 $-\log p_{\mathrm{model}}(y|\ x;\theta)$ 越接近于 0，此时代价函数值越小。定义代价函数如下：

$$J(\theta)=-E_{x,y\sim\hat{p}_{\mathrm{data}}}\log p_{\mathrm{model}}(y|\ x;\theta) \tag{5.108}$$

$\hat{p}_{\mathrm{data}}$ 为训练数据，定义代价函数的目的是在给定训练数据的情况下，获得最优参数 θ。如果参数模型由下式给出：

$$\begin{aligned} p_{\text{model}}(y|\ x;\theta) &= \mathcal{N}[y; f(x;\theta), I] \\ &= \frac{1}{(2\pi)^{n/2}} \frac{1}{|I|^{1/2}} \exp\left\{-\frac{1}{2}[y - f(x;\theta)]^{\mathrm{T}} I^{-1} [y - f(x;\theta)]\right\} \\ &= \frac{1}{(2\pi)^{n/2}} \exp\left[-\frac{1}{2}\|y - f(x;\theta)\|^2\right] \end{aligned} \tag{5.109}$$

$$\begin{aligned} J(\theta) &= -E_{x,y\sim\hat{p}_{\text{data}}} \log p_{\text{model}}(y|\ x;\theta) \\ &= \frac{1}{2} E_{x,y\sim\hat{p}_{\text{data}}}\, y - f(x;\theta)^2 + \text{const} \end{aligned} \tag{5.110}$$

优化问题 $J(\theta) = \frac{1}{2} E_{x,y\sim\hat{p}_{\text{data}}}\, y - f(x;\theta)^2 + \text{const}$ 。x 和 y 来自训练样本集，θ 为待估计参数向量。利用梯度下降法可以得到参数向量 θ 的更新方程：

$$\theta' = \theta - \varepsilon \nabla_\theta J(\theta) \tag{5.111}$$

利用牛顿法得到参数向量 θ 的更新方程：

$$\theta' = \theta - H^{-1} \nabla_\theta J(\theta) \tag{5.112}$$

5.9　深度前馈网络的网络结构

深度前馈网络中最基本的成分是神经元模型。神经元大致可以分为树突、突触、细胞体和轴突。树突为神经元的输入通道，其功能是将其他神经元的动作电位传递至细胞体。其他神经元的动作电位借由位于树突分支上的多个突触传递至树突上。神经细胞可以视为有两种状态的机器，激活时为“是”，不激活时为“否”。神经细胞的状态取决于从其他神经细胞接收到的信号量，以及突触的性质（抑制或加强）。当信号量超过某个阈值时，细胞体就会被激活，产生电脉冲。电脉冲沿着轴突并通过突触传递到其他神经元。

在麦卡洛克-皮茨（M-P）神经元模型中，神经元接收到 n 个其他神经元传递过来的输入信号，这些输入信号通过带权值的连接进行传递，神经元接收到的总输入值将与神经元的阈值进行比较，然后通过激活函数处理以产生神经元的输出。激活函数选择阶跃函数时，它将输入值映射为 0 或 1，但阶跃函数不连续。因此常用 sigmoid 函数作为激活函数，它能将输入值压缩至(0,1)输出值范围内。

感知机由两层神经元组成，输入层接收外界输入信号后传递给输出层，输出层是 M-P 神经元。当训练数据给定之后权值 $w_i (i = 1,2,\cdots,n)$ 以及阈值 θ 可通过学习得到，其中阈值 θ 可看作一个固定输入为 -1 的节点对应的权值 w_{n+1}，这样权值和阈值的学习可以统一为权值的学习。对于训练样本 (x, y)，若感知机的输出为 $\hat{y}$，则感知机的权值调整为

$$\begin{cases} w_i = w_i + \Delta w_i \\ \Delta w_i = \eta (y - \hat{y}) x_i \end{cases} \tag{5.113}$$

由于感知机只有输出层神经元进行激活函数处理，只拥有一层功能神经元，其处理能力非常有限。

5.10 卷积神经网络的反向传播算法推导

多层网络的学习能力比单层感知机强得多，单层感知机的学习规则无法满足多层网络学习的需要，需要更强大的学习算法，其中的代表算法为反向传播算法。反向传播神经网络结构如图 5.25 所示。假设深度前馈网络包含 d 个输入神经元、l 个输出神经元和 q 个隐层神经元。

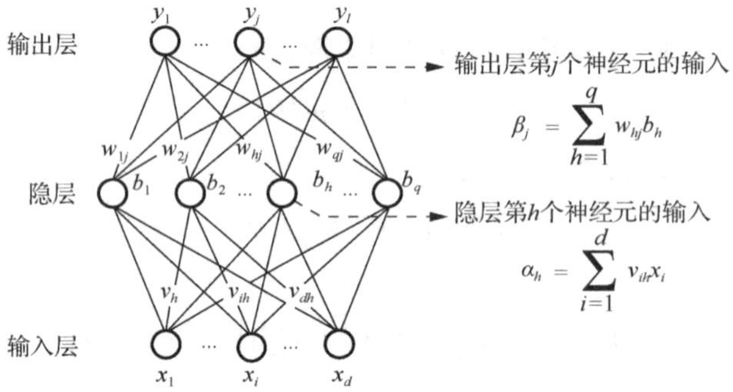

图 5.25　反向传播神经网络结构

隐层第 h 个神经元的阈值为 γ_h，输出层第 j 个神经元的阈值为 θ_j，输入层第 i 个神经元与隐层第 h 个神经元的连接权值为 v_{ih}，隐层第 h 个神经元与输出层第 j 个神经元的连接权值为 w_{hj}，隐层第 h 个神经元接收到的输入为 $\alpha_h = \sum_{i=1}^{d} v_{ih} x_i$，输出层第 j 个神经元接收到的输入为 $\beta_j = \sum_{h=1}^{q} w_{hj} b_h$。

给定训练数据集 $D = \{(x_1, y_1), \cdots, (x_m, y_m)\}, x_i \in \mathbb{R}^d, y_i \in \mathbb{R}^l$，其输入为 d 维向量，输出为 l 维向量。当前馈神经网络输入为 x_k 时，其神经网络输出为 $\hat{y}_k = (\hat{y}_1^k, \cdots, \hat{y}_l^k)$，即 $\hat{y}_j^k = f(\beta_j - \theta_j)$。则深度前馈网络对于该样本 (x_k, y_k) 的均方误差为

$$E_k = \frac{1}{2} \sum_{j=1}^{l} (\hat{y}_j^k - y_j^k)^2 \tag{5.114}$$

需要学习确定的参数包括：①输入层到隐层的 $d \times q$ 个权值；②隐层到输出层的 $q \times l$ 个权值，q 个隐层神经元阈值，l 个输出层神经元阈值。共计 $(d + l + 1)q + l$ 个参数需要确定。

反向传播算法是一个迭代学习算法，在迭代的每一轮中采用广义的感知机学习规则对参数进行估计更新，参数 w 的更新估计式为

$$w \leftarrow w + \Delta w \tag{5.115}$$

1. 反向传播算法隐层到输出层连接权值的更新

反向传播算法基于梯度下降策略，向着目标的负梯度方向对参数进行调整，对于误差 E_k，在给定学习率为 η 的情况下有

$$\Delta w_{hj} = -\eta \frac{\partial E_k}{\partial w_{hj}} \tag{5.116}$$

w_{hj} 为隐层第 h 个神经元与输出层第 j 个神经元之间的连接权值，该参数的改变会影响输出层第 j 个神经元的输入值 β_j，进而影响输出层第 j 个神经元的输出值 $\hat{y}_j^k$，最后影响第 k 个训练样本的误差 E_k。

因此有

$$\frac{\partial E_k}{\partial w_{hj}} = \frac{\partial E_k}{\partial \hat{y}_j^k}\frac{\partial \hat{y}_j^k}{\partial \beta_j}\frac{\partial \beta_j}{\partial w_{hj}} \tag{5.117}$$

由于 $\beta_j = \sum_{h=1}^{q} w_{hj} b_h$，因此有

$$\frac{\partial \beta_j}{\partial w_{hj}} = b_h \tag{5.118}$$

假设激活函数 $f(x)$ 选择 sigmoid 函数，则有 $f'(x) = f(x)[1-f(x)]$，由于 $\hat{y}_j^k = f(\beta_j - \theta_j)$，因此有

$$\frac{\partial \hat{y}_j^k}{\partial \beta_j} = f(\beta_j - \theta_j)[1 - f(\beta_j - \theta_j)] = \hat{y}_j^k(1 - \hat{y}_j^k) \tag{5.119}$$

由于 $E_k = \frac{1}{2}\sum_{j=1}^{l}\left(\hat{y}_j^k - y_j^k\right)^2$，因此有

$$\frac{\partial E_k}{\partial \hat{y}_j^k} = \hat{y}_j^k - y_j^k \tag{5.120}$$

$$\frac{\partial E_k}{\partial w_{hj}} = \frac{\partial E_k}{\partial \hat{y}_j^k}\frac{\partial \hat{y}_j^k}{\partial \beta_j}\frac{\partial \beta_j}{\partial w_{hj}} = (\hat{y}_j^k - y_j^k)\hat{y}_j^k(1 - \hat{y}_j^k)b_h \tag{5.121}$$

反向传播算法关于 w_{hj} 更新公式中的 Δw_{hj} 为

$$\Delta w_{hj} = -\eta \frac{\partial E_k}{\partial w_{hj}} = -\eta(\hat{y}_j^k - y_j^k)\hat{y}_j^k(1 - \hat{y}_j^k)b_h \tag{5.122}$$

2. 反向传播算法输入层到隐层连接权值的更新

反向传播算法基于梯度下降策略，向着目标的负梯度方向对参数进行调整，对于误差 E_k，在给定学习率为 η 的情况下有

$$\Delta v_{ih} = -\eta \frac{\partial E_k}{\partial v_{ih}} \tag{5.123}$$

Δv_{ih} 为输入层第 i 个神经元与隐层第 h 个神经元之间的连接权值，该参数的改变会影响隐层第 h 个神经元的输入值 α_h，影响隐层第 h 个神经元的输出值 b_h（该神经元输出值的改变会影响全部输出层神经元的输入），进而影响隐层输出层第 j 个神经元的输入 β_j，影响深度前馈网络的输出 $\hat{y}_j^k$，最后影响第 k 个训练样本的误差 E_k，因此有

$$\frac{\partial E_k}{\partial v_{ih}} = \sum_{j=1}^{l} \frac{\partial E_k}{\partial \hat{y}_j^k} \frac{\partial \hat{y}_j^k}{\partial \beta_j} \frac{\partial \beta_j}{\partial b_h} \frac{\partial b_h}{\partial \alpha_h} \frac{\partial \alpha_h}{\partial v_{ih}} \tag{5.124}$$

由于 $\alpha_h = \sum_{i=1}^{d} v_{ih} x_i$，因此有

$$\frac{\partial \alpha_h}{\partial v_{ih}} = x_i \tag{5.125}$$

假设激活函数 $f(x)$ 选择 sigmoid 函数，则有 $f'(x) = f(x)[1 - f(x)]$，由于 $b_h = f(\alpha_h - \gamma_h)$，因此有

$$\frac{\partial b_h}{\partial \alpha_h} = f(\alpha_h - \gamma_h)[1 - f(\alpha_h - \gamma_h)] = b_h(1 - b_h) \tag{5.126}$$

由于 $\beta_j = \sum_{h=1}^{q} w_{hj} b_h$，因此有

$$\frac{\partial \beta_j}{\partial b_h} = w_{hj} \tag{5.127}$$

假设激活函数 $f(x)$ 选择 sigmoid 函数，则有 $f'(x) = f(x)[1 - f(x)]$，由于 $\hat{y}_j^k = f(\beta_j - \theta_j)$，因此有

$$\frac{\partial \hat{y}_j^k}{\partial \beta_j} = f(\beta_j - \theta_j)[1 - f(\beta_j - \theta_j)] = \hat{y}_j^k(1 - \hat{y}_j^k) \tag{5.128}$$

由于 $E_k = \frac{1}{2}\sum_{j=1}^{l} (\hat{y}_j^k - y_j^k)^2$，因此有

$$\frac{\partial E_k}{\partial \hat{y}_j^k} = \hat{y}_j^k - y_j^k \tag{5.129}$$

反向传播算法关于 v_{ih} 更新公式中的 Δv_{ih} 为

$$\begin{aligned} \Delta v_{ih} &= -\eta \frac{\partial E_k}{\partial v_{ih}} \\ &= -\eta \sum_{j=1}^{l} (\hat{y}_j^k - y_j^k)\hat{y}_j^k(1 - \hat{y}_j^k) w_{hj} b_h (1 - b_h) x_i \end{aligned} \tag{5.130}$$

3. 反向传播算法输出层阈值的更新

反向传播算法基于梯度下降策略，向着目标的负梯度方向对参数进行调整，对于误差 E_k，在给定学习率为 η 的情况下有

$$\Delta\theta_j = -\eta\frac{\partial E_k}{\partial\theta_j} \tag{5.131}$$

θ_j 为输出层第 j 个神经元的阈值，该参数的改变会影响输出层第 j 个神经元的输出值 $\hat{y}_j^k$，进而影响第 k 个训练样本的误差 E_k，因此有

$$\frac{\partial E_k}{\partial\theta_j} = \frac{\partial E_k}{\partial\hat{y}_j^k}\frac{\partial\hat{y}_j^k}{\partial\theta_j} \tag{5.132}$$

假设激活函数 $f(x)$ 选择 sigmoid 函数，则有 $f'(x) = f(x)[1-f(x)]$，由于 $\hat{y}_j^k = f(\beta_j - \theta_j)$，因此有

$$\frac{\partial\hat{y}_j^k}{\partial\theta_j} = -f(\beta_j-\theta_j)[1-f(\beta_j-\theta_j)] = -\hat{y}_j^k(1-\hat{y}_j^k) \tag{5.133}$$

由于 $E_k = \frac{1}{2}\sum_{j=1}^{l}(\hat{y}_j^k - y_j^k)^2$，因此有 $\frac{\partial E_k}{\partial\hat{y}_j^k} = \hat{y}_j^k - y_j^k$。

反向传播算法关于输出层阈值 θ_j 更新公式中的 $\Delta\theta_j$ 为

$$\Delta\theta_j = -\eta\frac{\partial E_k}{\partial\theta_j} = \eta\hat{y}_j^k(1-\hat{y}_j^k)(\hat{y}_j^k - y_j^k) \tag{5.134}$$

4. 反向传播算法隐层阈值的更新

反向传播算法基于梯度下降策略，向着目标的负梯度方向对参数进行调整，对于误差 E_k，在给定学习率为 η 的情况下有

$$\Delta\gamma_h = -\eta\frac{\partial E_k}{\partial\gamma_h} \tag{5.135}$$

γ_h 为隐层第 h 个神经元的阈值，该参数的改变会影响隐层第 h 个神经元的输出值 b_h（该神经元输出值的改变会影响全部输出层神经元的输入），进而影响隐层输出层第 j 个神经元的输入 β_j，然后影响深度前馈网络的输出 $\hat{y}_j^k$，最后影响第 k 个训练样本的误差 E_k，因此有

$$\frac{\partial E_k}{\partial\gamma_h} = \sum_{j=1}^{l}\frac{\partial E_k}{\partial\hat{y}_j^k}\frac{\partial\hat{y}_j^k}{\partial\beta_j}\frac{\partial\beta_j}{\partial b_h}\frac{\partial b_h}{\gamma_h} \tag{5.136}$$

假设激活函数 $f(x)$ 选择 sigmoid 函数，则有 $f'(x) = f(x)[1-f(x)]$，由于 $b_h = f(\alpha_h - \gamma_h)$，因此有

$$\frac{\partial b_h}{\partial\gamma_h} = -f(\alpha_h-\gamma_h)[1-f(\alpha_h-\gamma_h)] = -b_h(1-b_h) \tag{5.137}$$

由于 $\beta_j = \sum_{h=1}^{q} w_{hj}b_h$，因此有 $\frac{\partial\beta_j}{\partial b_h} = w_{hj}$。

由于 $\hat{y}_j^k = f(\beta_j - \theta_j)$，因此有

$$\frac{\partial \hat{y}_j^k}{\partial \beta_j} = f(\beta_j - \theta_j)[1 - f(\beta_j - \theta_j)] = \hat{y}_j^k(1 - \hat{y}_j^k) \tag{5.138}$$

由于 $E_k = \frac{1}{2}\sum_{j=1}^{l}(\hat{y}_j^k - y_j^k)^2$，因此有 $\frac{\partial E_k}{\partial \hat{y}_j^k} = \hat{y}_j^k - y_j^k$。

反向传播算法关于 γ_h 更新公式中的 $\Delta\gamma_h$ 为

$$\Delta\gamma_h = -\eta\frac{\partial E_k}{\partial \gamma_h} = \eta\sum_{j=1}^{l} b_h(1 - b_h)w_{hj}\hat{y}_j^k(1 - \hat{y}_j^k)(\hat{y}_j^k - y_j^k) \tag{5.139}$$

学习速率 $\eta \in (0,1)$ 控制着每一轮迭代中的更新步长，若太大则容易振荡，太小则收敛速度又会过慢。反向传播算法工作流程如下所示。

输入：训练集 $D = \{(x_k, y_k)\}_{k=1}^m$，学习率 η

过程：

（1）在（0,1）范围内随机初始化网络中所有权值和阈值

（2）repeat

（3）　　for all $(x_k, y_k) \in D$ do

（4）　　　　根据当前参数计算网络输出 $\hat{y}_k$

（5）　　　　计算 $\Delta w_{hj}, \Delta v_{ih}, \Delta\theta_j, \Delta\gamma_h$，并对权值和阈值更新

（6）　　end for

（7）until 达到条件

输出：连接权值和阈值确定的深度前馈网络

反向传播算法的目标是要最小化训练集 D 上的累积误差

$$E = \frac{1}{m}\sum_{k=1}^{m} E_k \tag{5.140}$$

标准反向传播算法每次只针对训练样本更新连接权值和阈值，即基于单个训练样本误差 E_k 推导获得。类似地，如果推导出基于累积误差最小化的更新规则，就得到了累积误差反向传播（accumulated error backpropagation）算法。

标准反向传播算法每次更新只针对单个训练样本，参数更新频繁，而且对于不同训练样本更新的效果可能出现“抵消”现象，因此为了达到同样的累积误差极小点，标准反向传播算法往往需进行更多次数的迭代。

累积误差反向传播算法直接针对累积误差最小化，它在读取整个训练集 D 一遍后才对参数进行更新，其参数更新的频率很低。但在很多任务中，累积误差下降到一定程度后，进一步下降会非常缓慢，这时标准反向传播算法往往会更快获得较好的解，尤其是训练集 D 非常大时更明显。

5.11　海洋大数据典型应用案例

5.11.1　舰船辐射噪声源的特性分析

舰船辐射噪声中携带了大量舰船航行态势与自身结构信息，这些信息是舰船被动目标识别的重点研究对象。大量舰船辐射噪声数据统计结果表明，舰船辐射噪声的噪声源主要为机械噪声、螺旋桨噪声以及水动力噪声，且三者生成机理各不相同。舰船辐射噪声源如表 5.1 所示。

表 5.1　舰船辐射噪声源一览表

辐射噪声源	辐射噪声产生原因
机械噪声	主机振动（主电动机、减速齿轮箱不规则运动等） 辅机振动（空调装置、柴油发电机组、泵等）
螺旋桨噪声	空化噪声 螺旋桨“唱音” 节拍现象
水动力噪声	船体进排水系统产生噪声 船体表面湍流层流动噪声 水流冲击引起船体共振

1. 机械噪声

舰船在行驶或作业过程中，各种机械设备（主机、辅机等）工作产生的振动，经由支撑结构及设备底座传递至船体，引起舰船外壳局部或整体振动并辐射至海洋环境中形成的噪声，统称为机械噪声。机械噪声的能量分布和频谱特性主要由机械设备自身的动力特性（转速、功率、结构、加工及安装的精密度等）和舰船航行状态共同决定。

根据机械设备的功能不同将其分为主机装备和辅机装备。主机装备的功能是为舰船提供动力，根据舰船的作业需求不同而采用柴油机装置、蒸汽轮机动力装置、燃气轮机动力装置、核动力装置等作为动力系统。除了动力系统外，舰船运作时仍需要多系统协作，故将操舵控制系统、冷藏与空调系统、空气循环系统等辅助装置统称为辅机装备。设备中配置的不平衡旋转部件、往复部件以及轴承齿轮等相关结构是机械噪声的主要产生部位。以不连续的旋转部件为例，这些部件主要是指机械设备中的电枢槽和齿轮等，当工件存在细小的误差时，旋转作业会带来规则的撞击或摩擦引起结构振动，其表现形式是由接触频率及其整数倍频率的线谱分量组成。由此可见，机械噪声是舰船辐射噪声线谱的重要组成成分，受机械作业过程中的频率特性影响，主要由低频线谱及其谐波分量组成。除此以外，机械设备中的管道、泵和阀门等部件中流体空化或气体摩擦构成了辐射噪声的连续谱。

2. 螺旋桨噪声

舰船的螺旋桨噪声的生成机理与机械噪声不同。螺旋桨噪声为螺旋桨高速转动使得叶片不断切割水体产生的空化噪声和叶片自身振动引起的噪声。

（1）空化噪声。螺旋桨作为推进机械在水下保持高速旋转状态，其叶片上表面和叶梢位置处会产生低压区，当负压足够强时产生的水蒸气会形成气泡，这种现象称为空化现象。螺旋桨高速离心运动使得空泡脱离，离开负压区的气泡立即受流体表面压力压缩，引起气泡破裂进而发出尖锐的脉冲声，连续的气泡生成并破裂形成的噪声，称为空化噪声。

在空泡连续破裂过程中，每个空泡破裂生成的脉冲特性都不同，且连续时间段破裂的顺序具有随机性，导致空化噪声表现出具有宽频带的连续谱特征。根据大量统计信息可知，空化噪声连续谱谱级在频域上存在一个峰值，峰值频率左侧频率区间中谱级以 6～12dB/倍频程的速率增大，峰值频率右侧频率区间中谱级以 6dB/倍频程的速率衰减。空化噪声谱级的峰值频率与破裂的空泡大小有关，空泡破裂时空泡越大谱峰频率越小，而空泡的大小主要由其崩溃压力和崩溃时间决定，在舰船航行过程中受航行速度与航行深度的影响剧烈。图 5.26 为空化噪声连续谱谱级变化规律。

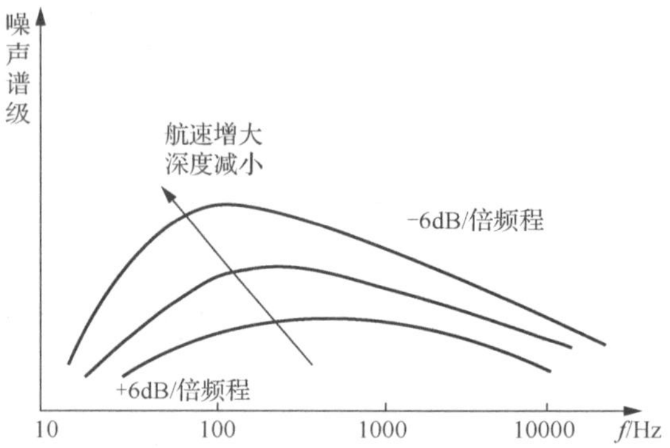

图 5.26　空化噪声连续谱谱级变化规律

大量资料表明，空化现象的产生过程中存在一个临界航速，其表现为当舰船航速逼近临界航速时，螺旋桨叶片处的局部静水压低于临界值，开始产生空化现象，且随着航速的升高空化反应不断加剧，使得空化噪声谱级峰值频率向低频方向移动。此外，航行深度会影响空化现象临界航速的大小，海水中的深度与压力正相关，海水中压力增大会提高气泡的崩溃压力进而抑制气泡的破裂，从而减少空泡现象，等效于增大了临界航速。因此，空化噪声的峰值频率与舰船的航行速度和航行深度有关，其随着航行速度增大或航行深度降低向低频区域移动，且主要分布在 100～1000Hz 的 10 倍频程之内。

（2）螺旋桨“唱音”。舰船在航行过程中，螺旋桨高速旋转且周期性地切割水流，连续地拍击所产生的辐射噪声被称为螺旋桨“唱音”。由于螺旋桨“唱音”的产生是具有周期性的，因此在频谱特性上表现为一种叠加在空化噪声上的线谱分量，其频谱特性受螺旋桨叶片数及其转速的直接影响，满足如下关系：

$$f_m = mns \tag{5.141}$$

式中，f_m 是叶频线谱的第 m 次谐波分量；s 表示轴频转速；n 表示叶片数。

（3）节拍现象。舰船在航行过程中，部分船体结构的周期性振动会产生调幅效应，表现为对全频域的噪声信号进行调制，这样的现象称为节拍现象，也称为振幅包络调制。螺旋桨在水中高速旋转的周期性运动产生的节拍现象主要表现为螺旋桨的轴频、叶频及其谐波分量对空化噪声连续谱的调制，因此舰船辐射噪声的振幅包络调制受到螺旋桨转速、叶片数以及舰船航速等因素的影响，使得其调制频率对目标特征具有一定的表征意义。此外，舰船的机械往复运动，比如内燃机气缸中的活塞往复运动等也会产生调制现象，这种现象导致舰船辐射噪声的振幅包络是一种宽频带混合调制。

3. 水动力噪声

舰船航行过程中，船体周围不规则或起伏的水流不断作用在船体表面，所产生的不规则结构振动辐射至水中所产生成的噪声被称为水动力噪声。水动力噪声主要包括三个部分：舰船航行过程中，船体受不规则流体冲击引起船体共振而辐射至水中产生的噪声；舰船在水中悬浮时，船体与水接触的表面会形成一个湍流层，湍流层中的流体运动所产生的黏滞噪声；舰船所配备的循环排水系统在工作中，出水口与进水口的流速相对较高所产生的流噪声。舰船的水动力噪声量级与航行速度及船体湿表面积相关，资料表明水动力噪声的强度与航行速度的 5～6 次方成正比，即航速增加一倍，水动力噪声级增加 5～18dB。

5.11.2　舰船辐射噪声典型特征模拟仿真

舰船样本种类多、工况复杂以及样本数据难以获取等问题是目标识别和目标检测的难题，建立具有舰船辐射噪声特性的仿真模型具有重要的意义。本章主要研究舰船在匀速直线行驶状态下产生的辐射噪声特性，忽略舰船在转弯和变速状态时的非平稳变化，将舰船辐射噪声时域信号看成一个宽平稳随机过程[2]。图 5.27 为舰船辐射噪声仿真流程图。

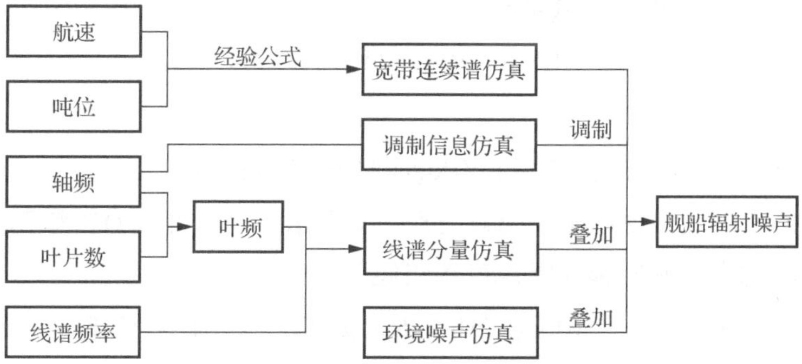

图 5.27　舰船辐射噪声仿真流程图

1. 宽带连续谱建模

由于舰船螺旋桨噪声对连续谱的影响明显高于其余噪声，并将其余噪声淹没，因此在舰船辐射噪声连续谱仿真过程中主要对空化情况进行分析。舰船辐射噪声信号是一类特殊的随机过程，将其宽带连续谱看成宽带平稳随机过程的拟合，将具有恒定功率的高斯白噪声输入一个具有舰船辐射噪声频率响应的线性系统，即可输出具有舰船辐射噪声宽带连续谱特性的噪声信号。图 5.28 为舰船辐射噪声宽带连续谱的仿真流程图。

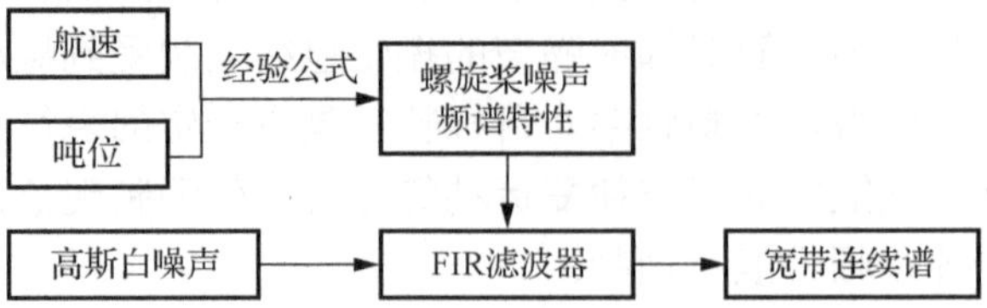

图 5.28　舰船辐射噪声宽带连续谱的仿真流程图

FIR（finite impulse response）表示有限冲激响应

根据大量的舰船辐射噪声统计分析，舰船的空化现象存在一个临界航速，当航速超过临界航速时开始发生空化，空化噪声的频谱存在一个峰值，空化噪声谱级在谱峰前以 6dB/倍频程增加，谱峰后以 6dB/倍频程降低。由于舰船航行过程中航行深度基本不变，因此忽略深度对临界航速的影响。数据表明当舰船航速达到 10kn 就开始产生空化现象，航速到达 40kn 空化现象达到饱和，航速增加使得气泡加快生成，舰船辐射噪声谱峰的频率向低频方向移动。舰船辐射噪声谱级如下：

$$\mathrm{SP}=\begin{cases}\mathrm{SP}_0+A_1\lg(f_{n1}/f), & f_{\mathrm{L}}\leqslant f<f_{n1}\\ \mathrm{SP}, & f_{n1}\leqslant f\leqslant f_{n2}\\ \mathrm{SP}_0+A_2\lg(f/f_{n2}), & f_{n2}<f\leqslant f_{\mathrm{H}}\end{cases}\tag{5.142}$$

式中，SP 和 SP_0 表示舰船辐射噪声谱级；f 表示频率；A_1 和 A_2 为幅频响应曲线的折线斜率；f_{n1} 和 f_{n2} 表示三折线模型的拐点频率；f_{L} 和 f_{H} 表示滤波器的截止频率上下限。

为了将舰船物理信息与辐射噪声信息相对应，根据对水面舰船辐射噪声数据统计分析得到的两种关于舰船吨位及航速的声源级计算经验公式，吨位在 30000 吨以下且航速在 8～24kn 的水面舰船辐射噪声声源级满足经验公式：

$$\mathrm{SL_S}=122+50\log(v/10)+15\log(\mathrm{DT})\tag{5.143}$$

和

$$\mathrm{SL_S}=134+60\log(v/10)+9\log(\mathrm{DT})\tag{5.144}$$

式中，$\mathrm{SL_S}$ 表示频率在 100Hz 以上的总声源级；v 表示航行速度；DT 表示舰船排水体积。

大于 30000 吨的大型舰船辐射噪声声源级经验公式需要修正为

$$\mathrm{SL_S}=112+50\log(v/10)+15\log(\mathrm{DT})-1.5\times10^{-5}(\mathrm{DT})\tag{5.145}$$

值得一提的是，该经验公式来自二战时期各型水面舰船的统计分析，随着技术的不断进步，相比于当时的统计结果，现代新型舰船辐射噪声的总声源级已经明显降低了。

根据舰船螺旋桨空化现象的特性，将宽带连续谱的谱峰变化与舰船航速相对应，同时计算出谱峰位置的声源级，其表达式如下：

$$\begin{cases}f_0=300-200(v-10)/30, & v\geqslant10\\ f_0=300, & v<10\end{cases}\tag{5.146}$$

$$\mathrm{SL}_{f_0}=\mathrm{SL_S}+20-20\log(f_0)\tag{5.147}$$

式中，SL_{f_0} 表示谱峰的功率谱级；f_0 表示谱峰频率；SL_S 表示频率在 100Hz 以上的总声源级。将式（5.146）和式（5.147）代入式（5.142），构造具有舰船辐射噪声特性的滤波器，输入一定功率谱级的高斯白噪声即可输出特定工况下的某类舰船辐射噪声信号。

2. 线谱分量建模

舰船辐射噪声的频域线谱分量主要是由主机或辅机振动噪声以及螺旋桨“唱音”三部分组成，在频域分布上具有以下特点：低频段的线谱与航行速度有关，主要分布在 0～100Hz 频带范围内；高频段的线谱具有一定的随机性，主要分布在 100～1000Hz 频带范围内。此外，可识别的舰船辐射噪声线谱特征有如下特点。

（1）持续时间稳定。线谱分量与舰船自身结构及航行状态密切相关，在具体工况条件下，线谱具有稳定性，如果某一个线谱在舰船航行过程中突然出现又消失，且频率或幅度具有随机性，说明其噪声源不稳定，不可作为识别特征。

（2）频率具有稳定性。在识别问题时通常把舰船辐射噪声看成短时间内的平稳信号，但是由于水下干扰的存在，舰船辐射噪声的线谱频率可能发生一定的漂移，因此舰船辐射噪声线谱频率稳定性表现为频率在某个值附近波动，变化范围不超过 10Hz。

（3）具有一定带宽。舰船辐射噪声线谱的频率大多表现为单频或其谐波分量的形式，即便是单频线谱也具有一定的带宽，不同工况或类型的舰船线谱带宽各不相同，一般不超过 10Hz。

（4）强度高于连续谱。通常将频谱中高于附近连续谱 6dB 及以上的单频信号点称为线谱，根据大量舰船辐射噪声统计，舰船辐射噪声的线谱的值比连续谱高 10～25dB。

（5）受航速影响。由螺旋桨“唱音”引起的线谱分量与舰船航行速度有直接关系，随着航速的增加螺旋桨空化现象加剧，随之而来的是螺旋桨叶片振动引起线谱强度增大，且线谱频率向低频移动。

（6）受深度影响。航行深度对螺旋桨空化现象的临界航速产生影响，这一特点对水面舰船辐射噪声线谱的影响并不明显，但是水下目标辐射噪声的线谱随着下潜深度增加而强度不断增加[3]。

综上所述，对特定工况下的舰船辐射噪声线谱变化建模，流程图如图 5.29 所示。

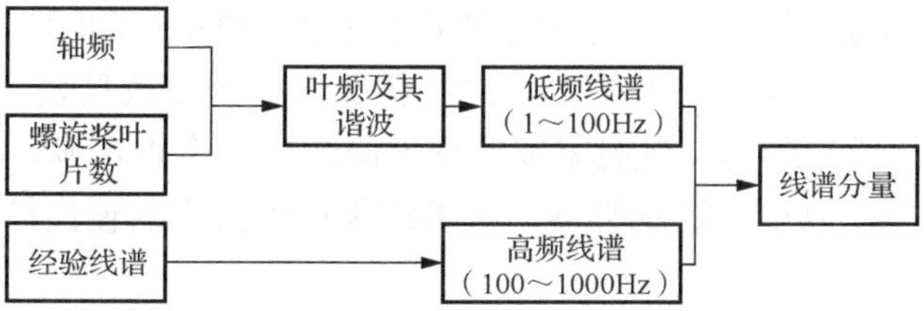

图 5.29　线谱分量仿真流程图

舰船辐射噪声线谱是由一系列单频正弦信号及其谐波分量相互叠加组成，数学表达式如下：

$$L(t)=\sum_{i=1}^{N}s_i(t)+\sum_{i=1}^{M}a_i\sin(2\pi f_i t+\varphi_i) \tag{5.148}$$

式中，$L(t)$ 表示线谱分量；等号后第二项表示舰船辐射噪声线谱在 100～1000Hz 的高频线谱，

其中 $a_i(i=1,2,\cdots,M)$ 表示线谱的强度，约高于连续谱 10～25dB；f_i 表示第 i 阶线谱的频率；φ_i 表示随机相位；等号后第一项表示由螺旋桨“唱音”引起的低频段线谱分量，第 i 阶谐波族的信号表达式为

$$s_i(t)=\sum_{n=1}^{n_i} a_{\text{in}}\cos(2\pi n f_i t+\varphi_{\text{in}}) \tag{5.149}$$

其中，φ_{in} 表示在 $[0,2\pi]$ 上的均匀随机初相，基频 f_1 表示舰船螺旋桨的轴频，n_i 表示第 i 阶谐波族中包含的谐波数。

3. 包络调制信息建模

螺旋桨节拍现象和往复运动部件的周期性运动使得舰船辐射噪声具有鲜明的节奏感，即幅度调制现象。舰船的主机、辅机上的各种往复运动部件由周期性往复运动引起的调制以混合调制的形式存在，由螺旋桨引起的包络调制参数由螺旋桨轴频及叶片数决定。根据傅里叶分解理论，连续谱上的包络调制可以看成由螺旋桨轴频及其谐波分量组成的谐波簇，表达式为

$$N_{\text{I}}(t)=\sum_{n=N_{\text{iL}}}^{N_{\text{iH}}} A_{\text{in}}\cos\left(2\pi n f_0 t+\varphi_{\text{in}}\right) \tag{5.150}$$

式中，f_0 表示螺旋桨的轴频；A_{in} 表示各阶谐波的幅度；φ_{in} 表示各阶谐波的相位，通常设置为 0；$N_{\text{iL}}=\text{ceil}\left(f_{\text{iL}}/f_0\right)$，$N_{\text{iH}}=\text{floor}\left(f_{\text{iH}}/f_0\right)$ 表示谐波数目[3]。

4. 舰船辐射噪声的生成

根据舰船辐射噪声特性分析及对宽带连续谱、线谱分量和调制分量的频域建模，获得舰船辐射噪声数学模型表达式：

$$X(t)=g_1(t)+[1+a(t)]g_{\text{x}}(t) \tag{5.151}$$

式中，$g_1(t)$ 表示线谱分量；$g_{\text{x}}(t)$ 表示连续谱分量；$a(t)$ 表示调制包络[4]。

综上所述，将根据式（5.151）生成的舰船辐射噪声叠加海洋背景噪声，即可得到具有明确物理意义（吨位、航速、轴频、螺旋桨叶片数以及经验线谱）的舰船辐射噪声信号。

为了对本章提出的舰船辐射噪声数学模型可靠性进行验证，同时为后文特征提取及目标识别提供样本数据，对两种类型的舰船样本进行仿真，样本参数见表 5.2。实验仿真参数：采样率=50kHz，采样时间 T=1s。将舰船辐射噪声源看成一个点声源，且忽略海洋信道传输过程中带来的幅频响应，以单通道水听器的采集结果作为仿真的输出结果。

表 5.2 两类舰船样本参数对照表

参数	A 类舰船	B 类舰船
吨位/t	20000	15000
航速/kn	10	18
轴频/Hz	12	20
螺旋桨叶片数/个	5	4
经验线谱频率/Hz	[460,580,650,790,880]	[370,495,570,695,760,900]

5. 宽带连续谱仿真

将表 5.2 中的参数代入式（5.143）获得舰船辐射噪声连续谱峰值参数，且构建连续谱的幅频响应曲线，使其满足该类舰船辐射噪声特性。连续谱谱级函数曲线仿真图如图 5.30 所示。

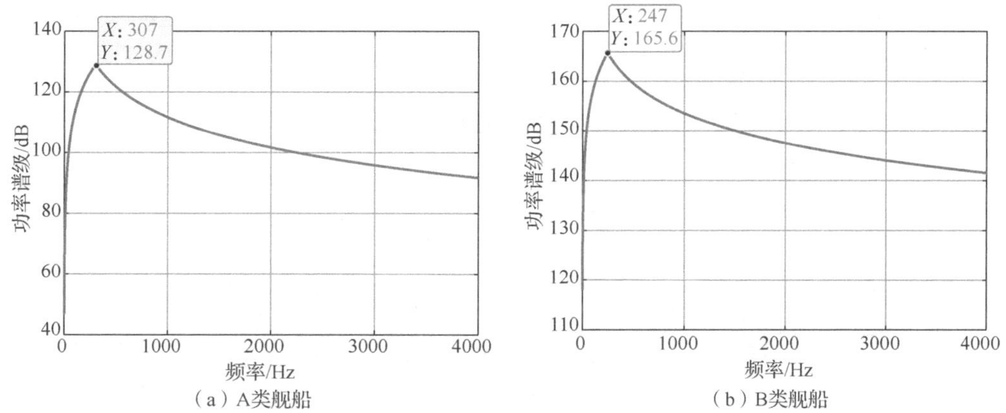

图 5.30　连续谱谱级函数曲线仿真图

图 5.30 为模拟舰船辐射噪声在 0～4kHz 频率范围内的功率谱级随频率变化，图（a）中峰值的频率为 307Hz，功率谱级为 128.7dB；图（b）中峰值的频率为 247Hz，功率谱级为 165.6dB。在谱峰之前以 6dB/倍频程增大，谱峰之后以−6dB/倍频程减小。理想幅频响应曲线仿真图如图 5.31 所示。

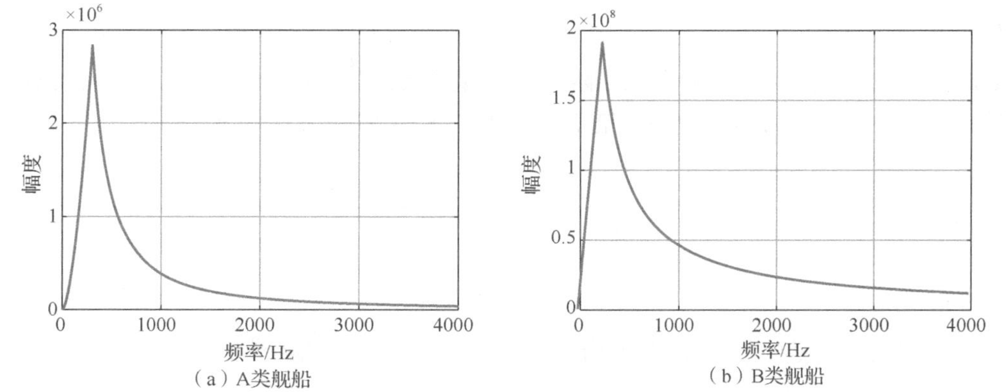

图 5.31　理想幅频响应曲线仿真图

生成一段功率谱为 0dB 的高斯白噪声，使其通过舰船辐射噪声特性滤波器得到舰船辐射噪声宽带连续谱信号，如图 5.32 和图 5.33 所示。

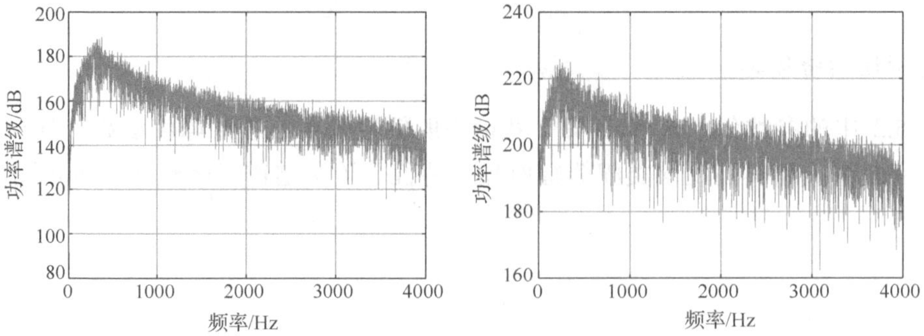

（a）A类舰船　　（b）B类舰船

图 5.32　舰船辐射噪声宽带连续谱频域功率谱仿真图

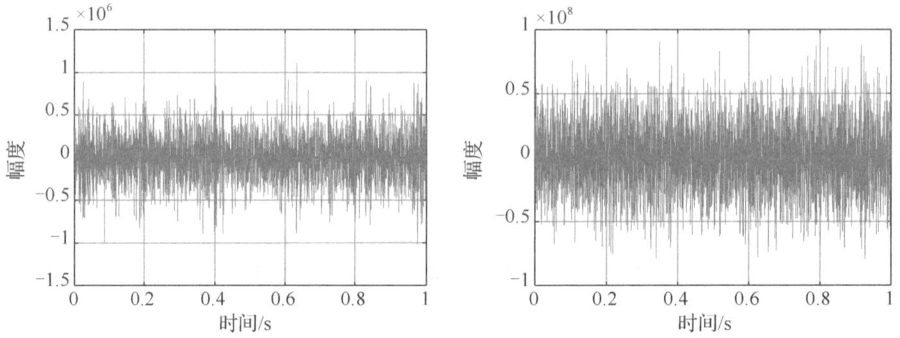

（a）A类舰船　　（b）B类舰船

图 5.33　舰船辐射噪声宽带连续谱时域信号仿真图

由两类舰船的辐射噪声宽带连续谱信号仿真结果可知，频域舰船辐射噪声功率谱级的变化规律与舰船辐射噪声连续谱特性基本吻合，仿真模型基本符合舰船辐射噪声特性。

6. 调制信息仿真

根据式(5.150)，将 A 类舰船调制 3 阶谐波分量、B 类舰船调制 5 阶谐波分量，由式(5.151)谐波组合得到经过调制后的宽带连续谱信号，如图 5.34 和图 5.35 所示。

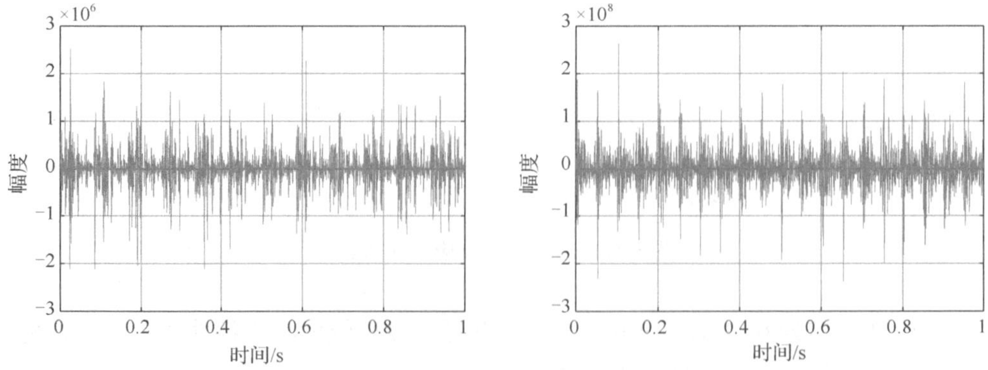

（a）A类舰船　　（b）B类舰船

图 5.34　包络调制后的连续谱时域波形仿真图

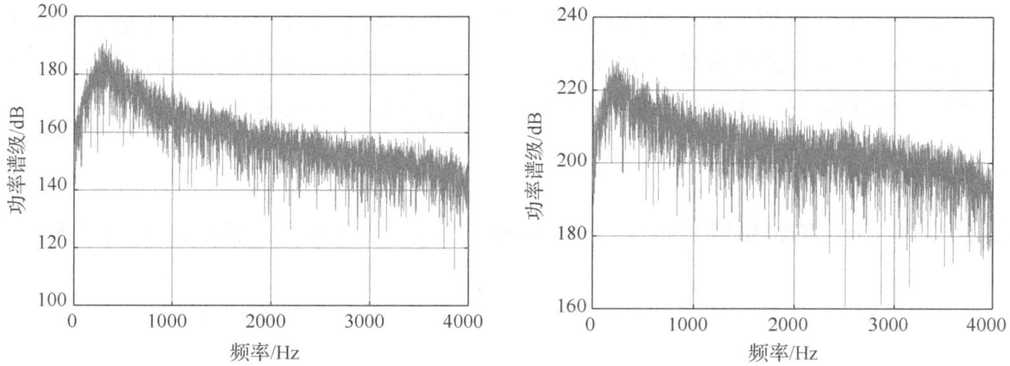

（a）A类舰船　　（b）B类舰船

图 5.35　包络调制后的连续谱频域波形仿真图

7. 线谱分量仿真

将舰船的航行速度、轴频和螺旋桨叶片数参数代入式(5.141)，线谱强度高于连续谱 10dB 左右，获得舰船辐射噪声线谱时域及频域波形，如图 5.36 和图 5.37 所示。

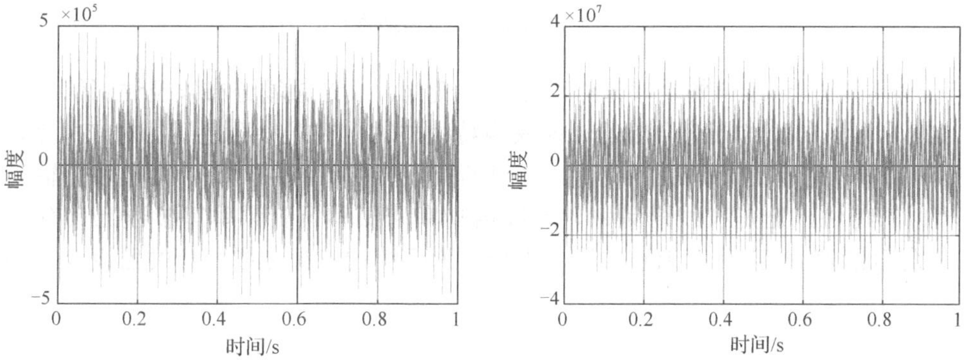

（a）A类舰船　　（b）B类舰船

图 5.36　舰船辐射噪声线谱分量时域波形仿真图

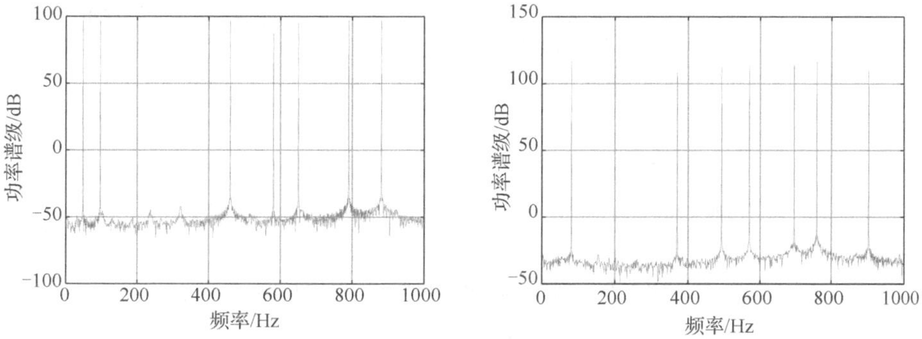

（a）A类舰船　　（b）B类舰船

图 5.37　舰船辐射噪声线谱分量频域波形仿真图

图 5.37 描述了舰船辐射噪声线谱分量的频域波形，线谱主要由两部分组成：叶频主要分布在 0～100Hz，与设置的螺旋桨轴频及叶片数有关；经验线谱位置与采集时刻的航行工况及舰船自身结构特性有关，分布在 100～1000Hz，线谱频率与参数输入一致。

8. 舰船辐射噪声分析

根据式（5.151）的辐射噪声模型，叠加10dB的海洋背景噪声，仿真结果如图 5.38 所示。

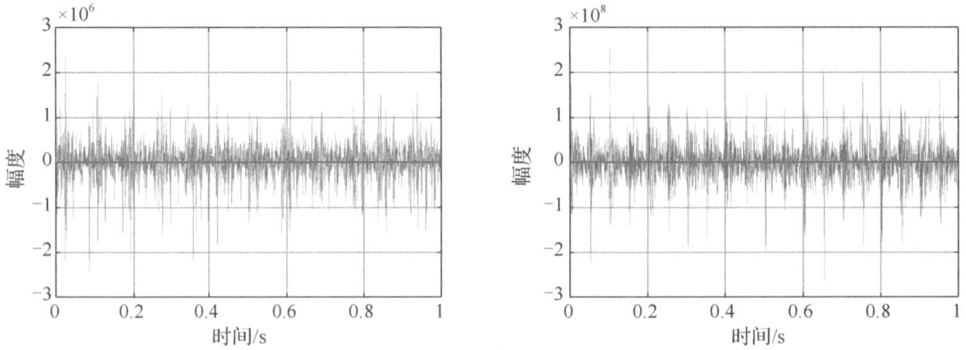

（a）A类舰船 （b）B类舰船

图 5.38 舰船辐射噪声时域波形仿真图

对舰船辐射噪声连续谱的功率谱级随频率的变化、线谱频域分布以及调制信息的仿真结果如图 5.39 所示。仿真结果符合舰船辐射噪声特性与输入舰船参数之间的对应关系，可以对舰船辐射噪声样本信息进行表征。此外，通过两类舰船仿真结果对比，两类舰船辐射噪声信号具有相似的特性，但是在线谱频率、连续谱功率谱级和调制频率等参数上具有明显的差异，形成了舰船辐射噪声目标识别的样本差异，为后续的特征提取和分类器设计提供了样本数据。

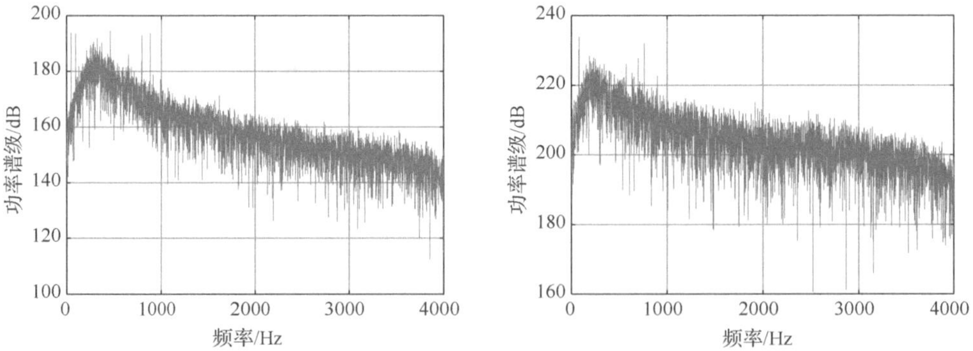

（a）A类舰船 （b）B类舰船

图 5.39 舰船辐射噪声频域波形仿真图

5.11.3　舰船辐射噪声的谱分析

舰船辐射噪声中携带着航行速度、主辅机设备信息等物理特性，是舰船目标识别的重要研究对象。但是，复杂的海洋环境和水下传输信道使得采集到的舰船辐射噪声中包含了大量的信息冗余，不仅增加了识别模型的复杂度，也大大降低了目标识别的准确率，因此有效的特征提取与特征选择是舰船目标识别的前提。

1. LOFAR 谱分析

LOFAR 谱分析是信号处理领域中的重要时频分析手段[5]，其基本步骤为：假定舰船辐射噪声在短时间内是平稳的，选取合适的窗函数以截取时间轴上的辐射噪声信号，将窗函数沿时间轴按照一定步长进行滑动，对窗函数截取的信号进行傅里叶变换，即可获得舰船辐射噪声信号的频谱随时间的变化，即为舰船辐射噪声的短时傅里叶变换。

值得强调的是，在使用短时傅里叶变换分析时，窗函数的类型和长度会影响信号的时间分辨率和频率分辨率，且二者属性相反。根据舰船辐射噪声的线谱分布，LOFAR 谱分析的主要关注频带为 0～1000Hz，窗函数选择汉明窗，窗长和覆盖度与样本的采样率及采样长度有关。LOFAR 谱分析的基本步骤如下。

（1）利用窗函数将舰船辐射噪声时域信号分成 M 帧信号，信号长度等于窗函数长度 N，令每两个相邻帧的两个信号之间存在一定的重叠，避免窗函数引起的信息丢失，重叠度取决于信号的时变特性。

（2）对窗函数中的信号 $L_k(n)$, $k=1,2,\cdots,M$, $n=1,2,\cdots,N$ 做中心化和归一化处理，使得窗函数中的信号幅度和方差保持在 0～1 范围内，且均值为 0。

综上所述，LOFAR 谱图可以看作一个 $M\times N$ 的二维谱图，N 表示频率轴长度，M 表示时间轴长度，谱图亮度对应某一时刻、某一频率的舰船辐射噪声幅度高低。当舰船辐射噪声信号在某一个时刻某一频率的信号幅度突然增强，则在 LOFAR 谱上，该时间点对应频率的位置会形成一个亮点，当该频率的强度保持不变，频率随时间的变化就组成了一条清晰的亮线，即为舰船辐射噪声的线谱信号。LOFAR 谱分析获得的是舰船辐射噪声信号中的线谱分量频率随时间变化图像，LOFAR 谱分析是获取舰船辐射噪声频域线谱特征的重要手段。

以两类舰船仿真数据作为输入进行 LOFAR 谱分析。仿真条件：输入数据为 A 类舰船和 B 类舰船的时域信号，采样率为 50kHz，信号长度为 1s，短时傅里叶变换窗函数长度为 4096，连续帧的窗函数重叠率为 99%。舰船辐射噪声信号仿真数据的 LOFAR 谱图如图 5.40 所示。

图 5.40 中深色竖条状部分表示舰船辐射噪声中单频分量随时间的变化，即为舰船辐射噪声的线谱。舰船辐射噪声的线谱主要分布在 0～1kHz 频率范围内，因此选取 LOFAR 谱图的 0～1kHz 频带输出作为观测结果。另外两类仿真舰船辐射噪声的 LOFAR 谱图存在明显差异，可以作为后续分类识别的特征向量。

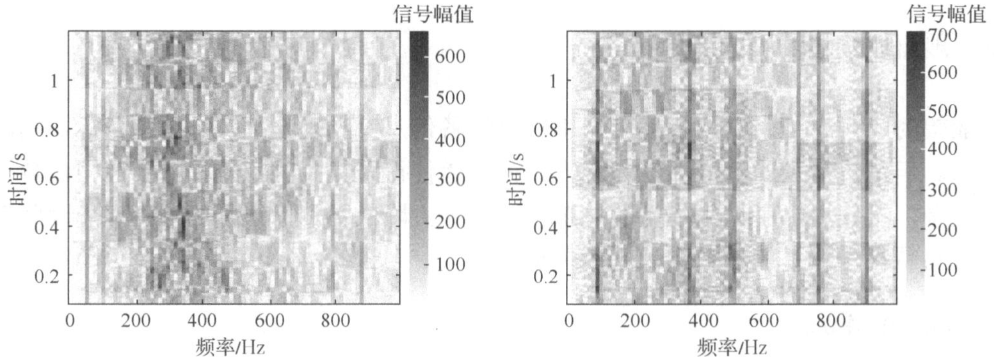

（a）A类舰船　　（b）B类舰船

图 5.40　舰船辐射噪声信号仿真数据的 LOFAR 谱图

2. DEMON 谱分析

舰船行驶过程中，由于螺旋桨节拍现象和船体内的往复运动会对辐射噪声产生调制现象，因此舰船辐射噪声调制谱中包含的物理信息可以作为舰船辐射噪声识别的重要特征。DEMON 谱分析是水声信号处理中的常用调制信号分析方法[6]，通常将调制包络的功率谱称为 DEMON 谱图。DEMON 谱分析流程图如图 5.41 所示。

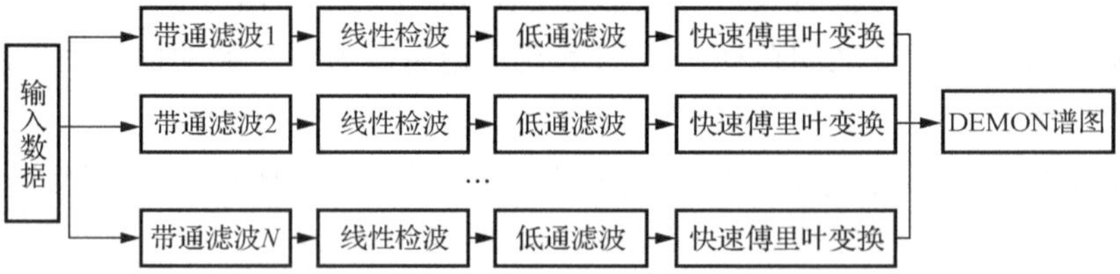

图 5.41　DEMON 谱分析流程图

DEMON 谱分析的具体步骤如下。

（1）带通滤波。不同舰船类型或不同工作态势下，舰船辐射噪声中携带的调制特征信息在频带上的分布是有限的，在某些频段上调制深度增大，所对应的 DEMON 谱图信噪比随之升高，反之信噪比降低。为了应对复杂的样本类型，设计一个带通滤波器组，分别对不同频段的窄带信号进行解调分析。

（2）线性检波。对于某一个带通滤波器的输出，通过正交解调的方式提取调制信号的包络信息，水声信号处理中常使用绝对值解调和平方解调。

（3）低通滤波。经过线性检波后的包络信息中包含了大量的调制频率信息，由于舰船辐射噪声的调制主要是由螺旋桨转动引起，与螺旋桨轴频、叶频及其谐波分量有关，且主要分布在低频范围内，因此通过一个低通滤波器来截取有效信息。

（4）傅里叶变换。舰船辐射噪声的调制信息主要由轴频、叶频及其谐波分量组成，利用傅里叶变换获取包络信号的频域分布有利于后续对螺旋桨轴频及叶频的提取。包络信号的功率谱就是最终输出的 DEMON 谱图。

对仿真数据进行 DEMON 谱分析，仿真条件为：输入信号为 A 类舰船和 B 类舰船的时域信号，采样率为 50kHz，信号长度均为 1s；设置带通滤波器组的通带截止频率分别为 0.1～1kHz、1～2kHz、2～3kHz、3～4kHz；采用平方检波的方式，低通滤波器的通带截止频率为 0～1kHz。图 5.42 的 DEMON 谱图中明显存在单频调制频率及其谐波分量，且表现为倍频关系，反映了舰船的螺旋桨节拍现象。对比两类仿真信号的 DEMON 谱图，发现其基频与谐波分量存在明显差异，且与各自的轴频信息有关，因此可以将 DEMON 谱图作为分类器的输入特征。

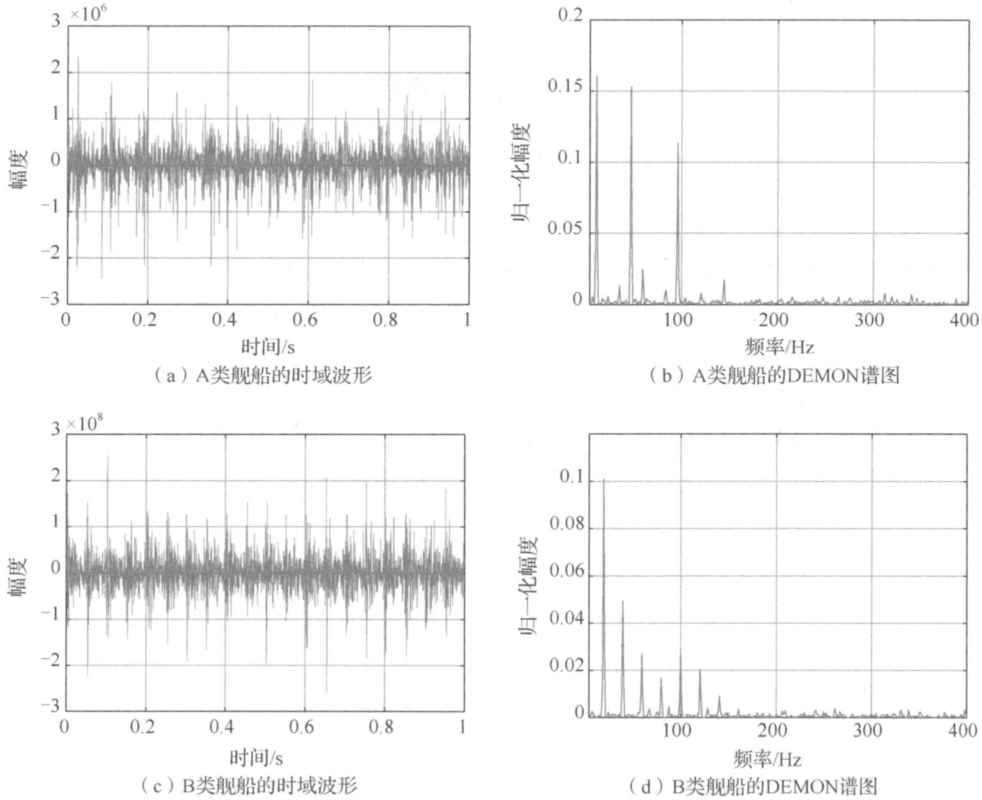

（a）A类舰船的时域波形　（b）A类舰船的DEMON谱图
（c）B类舰船的时域波形　（d）B类舰船的DEMON谱图

图 5.42　舰船辐射噪声的宽带 DEMON 谱图

通过 DEMON 谱分析得到了舰船辐射噪声的调制频率分布，然而受多途干涉影响产生的漏报或受噪声影响产生的虚警问题使得 DEMON 谱中的谱线不是一个理想的等差序列，为了更好地对舰船的轴频进行描述，根据 DEMON 谱中谐波分量间的倍频关系，对螺旋桨轴频进行估计。

（1）计算差频。利用自适应门限获取 DEMON 谱中的线谱集合$\{f_m\},m=1,2,\cdots,M$，线谱频率之间相互做差获得差频$F_{i,j}=f_i-f_j$，$i,j=1,2,\cdots,M(i>j)$，由于舰船辐射噪声的轴频与螺旋桨转速相关，因此对轴频的范围进行限定，将 3～60Hz 范围外的差频值舍弃，剩余的差频值构建新的差频数组$\{F_{i,j}\}$。

（2）求最大公约数。为了进一步锁定轴频参数，定义品质因数 a_n 用于统计差频数组 $\left\{F_{i,j}\right\}$ 中每一个元素的个数，并将其转化为无重复值的差频数组 $\left\{F_n\right\}$；定义品质因数 q_n 用于决定差频参数的可信度，将集合 $\left\{f_m\right\}, m=1,2,\cdots,M$ 中的元素与差频数组 $\left\{F_n\right\}$ 中的每一个元素相除，若满足下式，则品质因数 $q_n=q_n+1$：

$$\left|f_m / F_n-K\right|<\delta,\ m=1,2,\cdots,M,\ n=1,2,\cdots,N,\ f_m \geqslant F_n \tag{5.152}$$

式中，$K=\operatorname{floor}\left(f_m / F_n\right)$ 表示线谱与差频商的四舍五入值；δ 表示误差控制量，且 δ 的值由差频 F_n 确定，满足

$$\delta=\begin{cases}\dfrac{1}{F_n}, & F_n \leqslant 10\text{Hz} \\ \dfrac{2}{F_n}, & F_n>10\text{Hz}\end{cases} \tag{5.153}$$

品质因数 q_n 表示在线谱集合 $\left\{f_m\right\}, m=1,2,\cdots,M$ 中有 q_n 个线谱频率是差频 F_n 的整数倍。

（3）轴频估计。定义品质因数 $k_n=a_n \cdot q_n$，使 k_n 取最大值的差频是舰船辐射噪声的估计轴频结果。在 k_n 相同条件下，q_n 值大的是轴频。假设 q_n 也相同，如果二者满足倍频关系，取小的作为轴频，反之取大的作为轴频。

以 B 类舰船的 DEMON 谱图为例，轴频设置为 9Hz，利用差频算法对轴频进行估计，轴频估计范围为 2～30Hz。图 5.43 为 DEMON 谱图的线谱检测。

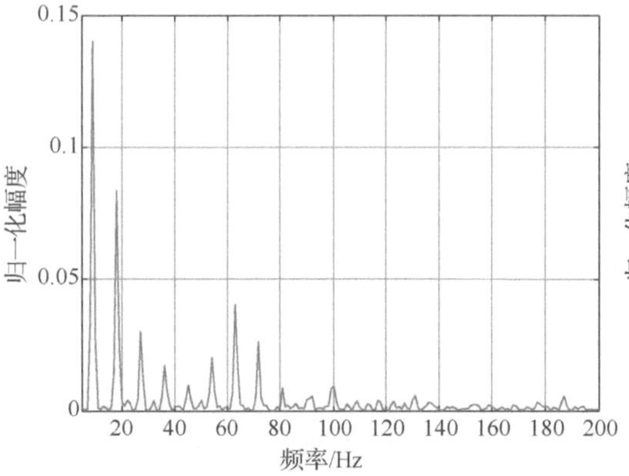

（a）B类舰船的DEMON谱图

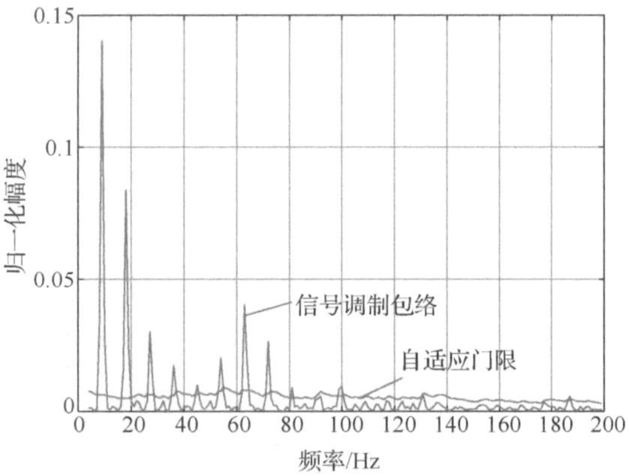

（b）线谱检测

图 5.43　DEMON 谱图的线谱检测

品质因数数据统计如表 5.3 所示，由此可以确定轴频估计的结果为 9Hz，与辐射噪声舰船输入参数一致，说明轴频估计方法有效。

表 5.3　品质因数数据统计

差频	a_n	q_n	k_n
4Hz	2	3	6
5Hz	2	1	3
9Hz	5	8	40
18Hz	1	0	0

3. 1 1/2 维谱分析

高阶谱分析是信号处理领域中的常用信号分析方法。相比于功率谱分析而言，高阶谱分析避免了相位信息的丢失且具有抑制高斯噪声的能力，但因其庞大的计算量而常常被替代。本章采用双谱分析的对角切片谱来简化双谱分析，既保持了抑制高斯噪声的能力又简化了计算量。

对于舰船辐射噪声信号 $X(t)$而言，计算其三阶积累量 $C_{3x}=(\tau_1,\tau_2)$，则其对角切片谱的值表示为 $C_{3x}(\tau,\tau)(\tau_1=\tau_2=\tau)$，将对角切片谱进行傅里叶变换的输出 $C_{3x}(\omega)$ 称为舰船辐射噪声信号的 1 1/2 维谱，表达式为

$$C_{3x}(\omega)=\int_{-\infty}^{\infty}\left[\int_{-\infty}^{\infty}x(t)x^2(t+\tau)\,\mathrm{d}t\right]\mathrm{e}^{-\mathrm{j}\omega\tau}\,\mathrm{d}\tau \tag{5.154}$$

整理得

$$C_{3x}(\omega)=\left[\int_{-\infty}^{\infty}x(t)\,\mathrm{e}^{-\mathrm{j}(-\omega)t}\,\mathrm{d}t\int_{-\infty}^{\infty}x^2(t+\tau)\right]\mathrm{e}^{-\mathrm{j}\omega(t+\omega)}\mathrm{d}(t+\tau) \tag{5.155}$$

$$C_{3x}(\omega)=X^*(\omega)[X(\omega)*X(\omega)] \tag{5.156}$$

式中，$X(\omega)$ 表示 $x(t)$ 的傅里叶变换输出；$X^*(\omega)$ 表示 $X(\omega)$ 的复共轭。

根据 1 1/2 维谱分析的高斯噪声抑制以及基频分量加强能力，其在舰船辐射噪声特征提取中有两个方向的应用：第一，对舰船辐射噪声信号的功率谱进行分析以获取加强后的基频线谱分量；第二，对舰船辐射噪声的 DEMON 谱图进行分析以获取纯净的调制分量。

以两类舰船辐射噪声仿真数据作为输入，进行 1 1/2 维谱分析。仿真条件：输入数据为 A 类舰船、B 类舰船的频域数据。1 1/2 维谱分析结果如图 5.44 所示。

图 5.44 中的 1 1/2 维谱分析经归一化处理后的输出反映了舰船辐射噪声信号中的线谱分布，有效地增强了基频线谱分量且将连续谱中的高斯噪声进行抑制。另外，图中两种舰船的线谱分量检测结果存在明显差异，可以作为分类器的识别特征。

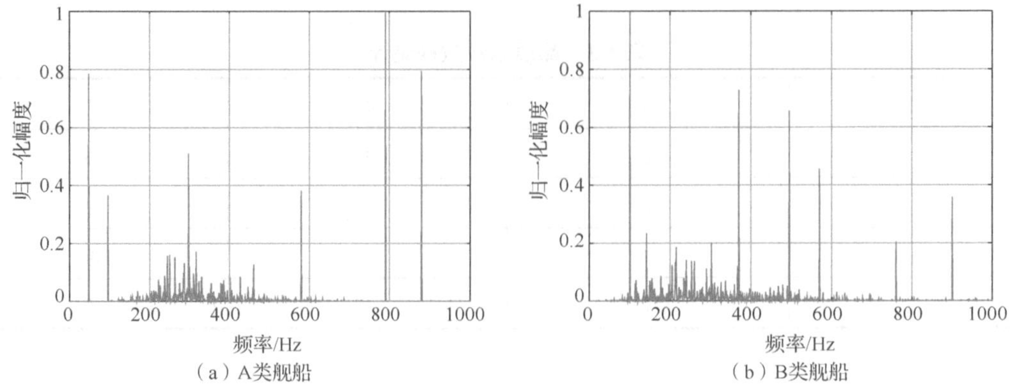

图 5.44　舰船辐射噪声的功率谱 1 1/2 维谱分析

改变仿真条件：输入数据为 A 类舰船、B 类舰船的 DEMON 谱数据。得到的 1 1/2 维谱分析结果如图 5.45 所示。

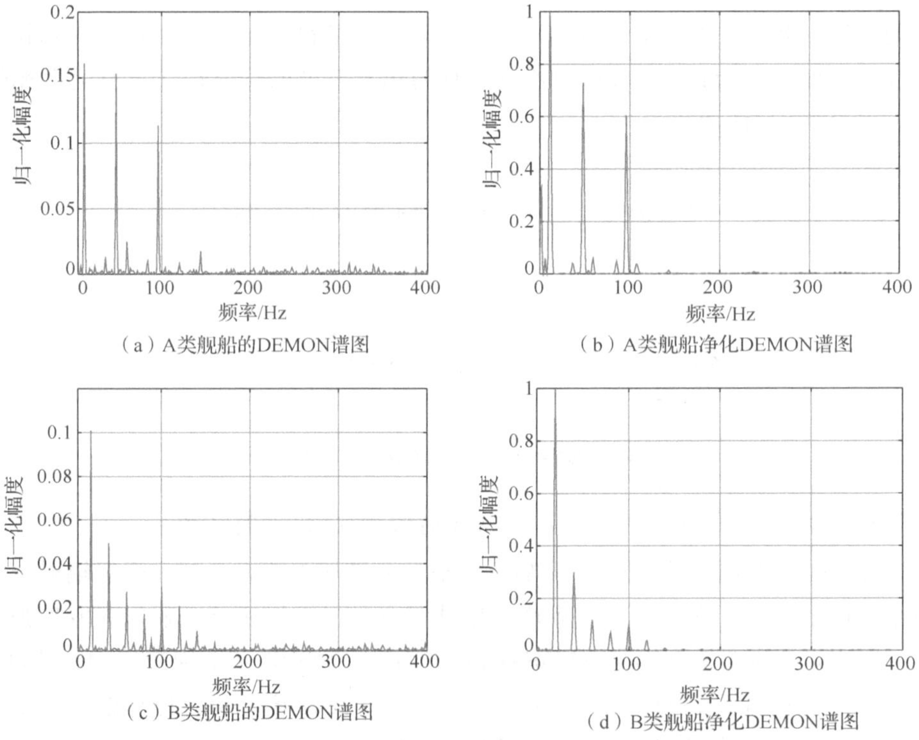

图 5.45　舰船辐射噪声的 DEMON 谱 1 1/2 维谱分析

相比于原始 DEMON 谱图，1 1/2 维谱分析保留了全部的包络调制，同时抑制了大部分高斯噪声，提高了 DEMON 谱的分析性能。

4. 小波变换分析

小波变换是水声信号处理中用于时频域局部分析的重要技术手段之一，其核心思想是通过将时域信号分解成一系列具有良好时频特性的基元信号（又称为小波函数），实现对输入信号时频域局部特征的细化分析。此外，小波变换分析从时域上反映了输入信号的时间与尺度特征，从频域上等效为多个频带上的滤波处理，利用其获取舰船辐射噪声的能量尺度特征为目标识别提供特征向量。

小波母函数 $\psi(t)$ 需要符合平方可积条件（即满足 $\psi(t)\in L^2(R)$ ），且符合小波的可容性条件：

$$\int_R \frac{|\psi(\omega)|^2}{\omega}\mathrm{d}\omega<\infty \tag{5.157}$$

式中，$\psi(\omega)$ 表示 $\psi(t)$ 的傅里叶变换结果。利用小波母函数的尺度伸缩变化与平移变化，小波基函数的计算方式为

$$\psi_{a,r}(t)=a^{-\frac{1}{2}}\psi\left(\frac{t-\tau}{a}\right),\ a>0,\ \tau\in R \tag{5.158}$$

式中，τ 表示平移变化因子，用于衡量小波母函数的位移量；a 表示伸缩变化因子，用于衡量小波母函数的尺度变换。对 $f(t)$ 小波变换的表达式为

$$WT_x(a,\tau)=\frac{1}{\sqrt{a}}\int_{-\infty}^{+\infty}f(t)\psi\left(\frac{t-\tau}{a}\right)\mathrm{d}t,\ a>0 \tag{5.159}$$

在实际应用中，多使用离散化小波变换，通过对连续小波的离散采样，将尺度参数设置为 $a=a_0^m$ 、 $b=nb_0a_0^m$ ，得到

$$\psi_{m,n}(t)=a^{-\frac{m}{2}}\psi(a_0^{-m}t-nb_0) \tag{5.160}$$

$$W_f(m,n)=\int_{-\infty}^{+\infty}f(t)\psi_{m,n}(t)\mathrm{d}t=\{f(t),\psi_{m,n}(t)\} \tag{5.161}$$

式（5.161）反映了可以将小波函数看成一个恒 Q 值的滤波器组，且原始信号 $f(t)$ 通过不同带通滤波器的输出响应具有明显差异性：信号在小波域的局部极大值与不同尺度下原始信号 $f(t)$ 中的信号突变点的分布相对应；小波域中高斯噪声的模与尺度成反比，这一特性通常用于信噪分离。

以两类舰船辐射噪声仿真数据作为输入，进行小波变换分析。仿真条件：输入数据为 A 类舰船、B 类舰船的频域信号，伸缩变化因子 $a=\{1,2,3,4,5\}$ 条件下小波变换的结果如图 5.46 所示。

图 5.46 中由上至下对应舰船辐射噪声分别在伸缩变化因子 $a=\{1,2,3,4,5\}$ 的小波变换频域输出，随着伸缩变化因子的递增曲线愈加光滑，说明输入信号中的高斯噪声被分离出去，且信噪比不断增高。综上所述，舰船辐射噪声信号在不同伸缩变化因子下小波变换输出结果的能量和信噪比与小波伸缩变化因子相关，由于不同舰船目标所在的环境噪声谱级不同，经过小波变换后的输出存在明显的差异，这一特性可以作为舰船辐射噪声识别的分类特征。

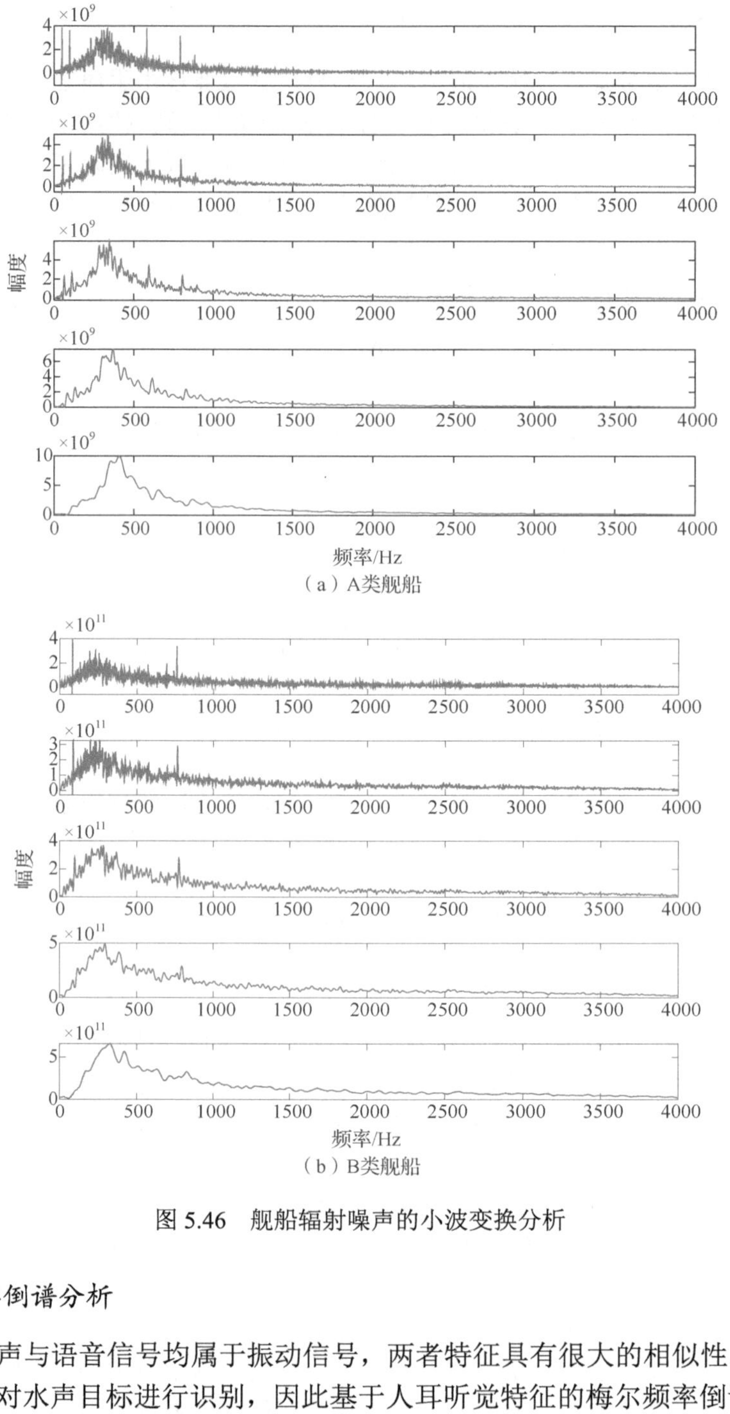

（a）A类舰船

（b）B类舰船

图 5.46　舰船辐射噪声的小波变换分析

5. 梅尔频率倒谱分析

舰船辐射噪声与语音信号均属于振动信号，两者特征具有很大的相似性，早期的声呐兵也是利用“听”对水声目标进行识别，因此基于人耳听觉特征的梅尔频率倒谱系数对于舰船辐射噪声同样是一种行之有效的特征提取方法。

人耳通过听觉感知系统中的基底膜对声音信号进行处理，不同频率的声音信号传播至基底膜时会引起基底膜不同的位置产生振动，这个过程可以认为是基底膜对声音信号频率的分解作用，这样的频率响应特性类似一组中心频率线性分布的带通滤波器组。此外，人耳听觉系统常常会出现掩蔽现象，响度较弱的信号很容易被响度强的信号影响而变得不易察觉。掩蔽效应的强弱与信号带宽成正比，当信号带宽到达某一个上限时，掩蔽效应会趋于稳定，这个带宽的值被称为人耳的临界频带，中心频率与临界频带成正比。为了描述人耳的掩蔽效应，对于抽象的带通滤波器组而言，带通滤波器的中心频率与通带宽度成正比，且连续的两个滤波器的通带之间相互重叠。

人耳对声信号的频率分解功能可以被描述为一组中心频率连续的带通滤波器组，中心频率与带宽的非线性分布对应了人耳对不同频率信号的选择能力，由此设置一组通带互相重叠的三角滤波器组，使其中心频率在梅尔频率尺度空间呈现线性。本章设计了舰船辐射噪声频率范围的 24 通道的梅尔频率滤波器组，各滤波器的中心频率如表 5.4 所示。

表 5.4　梅尔频率滤波器组中心频率分布

滤波器标号	中心频率/Hz	滤波器标号	中心频率/Hz	滤波器标号	中心频率/Hz
1	61.25	9	789.28	17	2213.58
2	127.87	10	919.60	18	2468.53
3	200.31	11	1061.33	19	2745.79
4	279.09	12	1215.45	20	3047.31
5	364.76	13	1383.06	21	3375.22
6	457.94	14	1565.34	22	3731.82
7	559.26	15	1763.57	23	4119.62
8	669.45	16	1979.14	24	4541.36

梅尔频率滤波器组的频率响应 $H_i(k)$ 表达式如下：

$$H_i(k)=\begin{cases}0, & k<f(i-1)\\ \dfrac{2\left[k-f(i-1)\right]}{\left[f(i+1)-f(i-1)\right]\left[f(i)-f(i-1)\right]}, & f(i-1)\leqslant k<f(i)\\ \dfrac{2\left[f(i+1)-k\right]}{\left[f(i+1)-f(i-1)\right]\left[f(i)-f(i-1)\right]}, & f(i)\leqslant k<f(i+1)\\ 0, & k\geqslant f(i+1)\end{cases}\tag{5.162}$$

式中，$f(i)$ 表示第 i 个带通滤波器的中心频率，且满足

$$\mathrm{Mel}[f(i+1)]-\mathrm{Mel}[f(i)]=\mathrm{Mel}[f(i)]-\mathrm{Mel}[f(i-1)]\tag{5.163}$$

图 5.47 给出了梅尔频率滤波器组的幅频响应曲线。

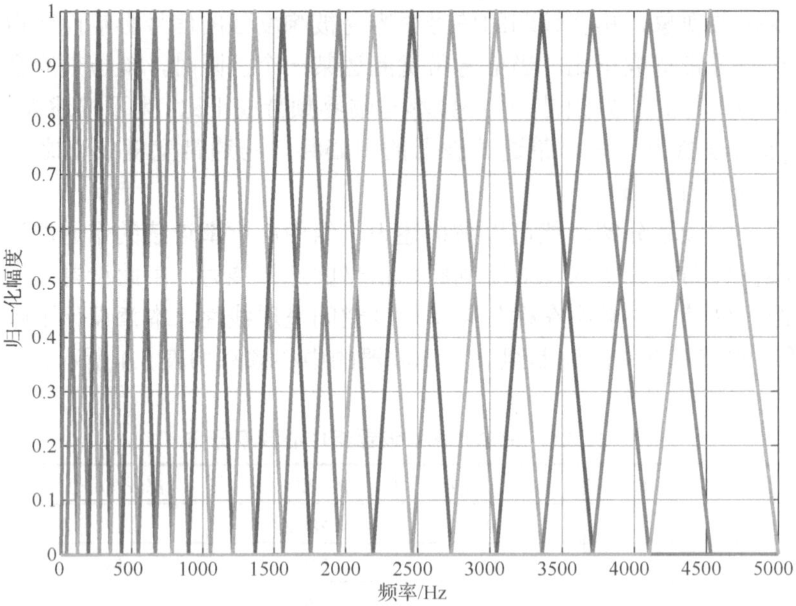

图 5.47　梅尔频率滤波器组的幅频响应曲线

梅尔频率滤波器模拟了人耳对不同声音频率的响应情况，但是舰船辐射噪声源产生的振动经由海洋信道传播至采集端，其幅频响应特征很难直观地表现目标自身的特征。因此引入信号处理中的同态信号处理将卷积运算转化为求和运算完成舰船辐射噪声源信号的分离，这个过程称为倒谱分析，倒谱分析的解卷积过程如图 5.48 所示。

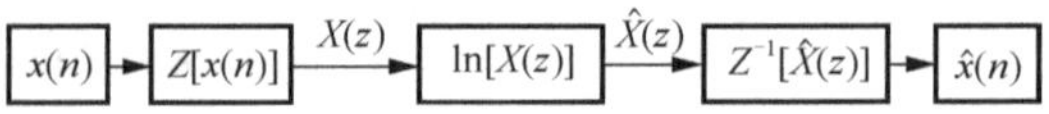

图 5.48　倒谱分析的解卷积过程

假设存在一个稳定的序列 $x(n)$，它的 Z 变换表示为 $X(z)$，对其取对数之后得 $\ln X(z)$，然后再通过 Z 逆变换，得到的 $\hat{x}(n)$ 称为原始信号 $x(n)$ 的复倒谱。假设一个信号系统表示为

$$y(n)=x_1(n)*x_2(n) \tag{5.164}$$

对式（5.164）进行傅里叶变换，得到

$$Y(\mathrm{e}^{\mathrm{j}\omega})=X_1(\mathrm{e}^{\mathrm{j}\omega})X_2(\mathrm{e}^{\mathrm{j}\omega}) \tag{5.165}$$

对式（5.165）取对数运算，可得

$$\ln[Y(\mathrm{e}^{\mathrm{j}\omega})]=\ln[X_1(\mathrm{e}^{\mathrm{j}\omega})]+\ln[X_2(\mathrm{e}^{\mathrm{j}\omega})] \tag{5.166}$$

对式（5.166）进行傅里叶逆变换，得到

$$F^{-1}[\ln Y(\mathrm{e}^{\mathrm{j}\omega})]=F^{-1}[\ln X_1(\mathrm{e}^{\mathrm{j}\omega})]+F^{-1}[\ln X_2(\mathrm{e}^{\mathrm{j}\omega})] \tag{5.167}$$

令 $\hat{y}(n)=F^{-1}[\ln Y(\mathrm{e}^{\mathrm{j}\omega})]$、$\hat{x}_1(n)=F^{-1}[\ln X_1(\mathrm{e}^{\mathrm{j}\omega})]$、$\hat{x}_2(n)=F^{-1}[\ln X_2(\mathrm{e}^{\mathrm{j}\omega})]$，整理式（5.167）可得

$$\hat{y}_1(n)=\hat{x}_1(n)+\hat{x}_2(n) \tag{5.168}$$

由此可见，复倒谱分析将卷积信号转化为累加的倒谱信号，倒谱 $c(n)$ 的表达式为

$$c(n)=F^{-1}\left[\ln\left|Y(\mathrm{e}^{\mathrm{j}\omega})\right|\right] \tag{5.169}$$

长短时记忆神经网络的梅尔频率倒谱特征提取的具体步骤如下。

（1）分帧处理。舰船辐射噪声是一种缓慢时变信号，但是海洋传播特性及高采样率采样使得舰船辐射噪声在短时间内具备平稳特性，即在短时间内信号的频谱特性及特征向量是不变的。因此在计算舰船辐射噪声的特征向量时，在时间轴上将连续的时域信号分割成若干帧的短时信号，在较短的采样时间内，每一帧信号的特征向量之间具有较小的差异。为了保证分帧处理过程中节点信息能够被保留，在分帧处理过程中连续帧之间存在一部分重叠，利于提高样本的独立性和样本集内的相关性。为了消除连续两帧信号之间可能造成的信号不连续，本章采用窗选法对舰船辐射噪声进行滑动加窗处理，利用汉明窗进行帧选，其表达式如下：

$$w(n)=0.54-0.46\cos\left(\frac{2\pi}{M-1}\right),\ 0\leqslant n\leqslant M-1 \tag{5.170}$$

式中，M 表示为汉明窗的窗长，其值与采样时间相同，以减小窗选的截断效应。

（2）对窗函数中的信号 $x(n)$ 进行傅里叶变换以获得其频谱，频谱的模平方表示为信号能量谱 $P(f)$，其表达式如下：

$$P(f)=\left|X(f)\right|^2=\left|\mathrm{fft}\left[x(n)\right]\right|^2 \tag{5.171}$$

（3）梅尔频率滤波。将式（5.171）获得的信号能量谱输入 24 通道的梅尔频率滤波器组，以每个滤波器带宽内信号输出幅度加权和作为当前滤波器的输出，获得 24 个滤波器系数 $m_1,m_2,\cdots,m_{24}$，第 i 个滤波器的系数 m_i 表达式为

$$m_i=\sum_{k=1}^{N}P(k)H_i(k) \tag{5.172}$$

式中，N 表示信号的点数。

（4）求倒谱。为了模拟人耳对声音强度的非线性压缩能力，对梅尔频率滤波器组的输出取对数，得到

$$E(i)=\lg(m_i)=\lg\left[\sum_{k=1}^{N}P(k)H_i(k)\right] \tag{5.173}$$

采用离散余弦变换降低特征维度且去除相关性，得到目标的梅尔频率倒谱静态特征，表达式为

$$C(u)=\left(\frac{2}{M}\right)^{0.5}\sum_{i=1}^{M}\left\{\lg\left[E(i)\right]\cos\left[\frac{\pi u}{2M}(2i-1)\right]\right\} \tag{5.174}$$

式中，$M=24$ 表示滤波器组的通道数。此外，梅尔频率倒谱的差分系数构成的动态特征中携带了大量瞬时信息，其表达式为

$$\Delta C(u)=\frac{\sum_{w=1}^{W} w\left[C(u+w)-C(u-w)\right]}{2\sum_{w=1}^{W} w^{2}} \tag{5.175}$$

$$\Delta\Delta C(u)=\frac{\sum_{w=1}^{W} w\left[\Delta C(u+w)-\Delta C(u-w)\right]}{2\sum_{w=1}^{W} w^{2}} \tag{5.176}$$

式中，$\Delta C(u)$ 表示一阶差分 MFCC；$\Delta\Delta C(u)$ 表示二阶差分 MFCC；W 表示差分间隔，通常取 2。

仿真条件：输入数据为 A 类舰船和 B 类舰船的时域信号，梅尔频率倒谱分析的窗函数长度为 256，帧长为 320，连续帧的窗函数重叠率为 50%。获得的舰船辐射噪声 MFCC 如图 5.49 所示。

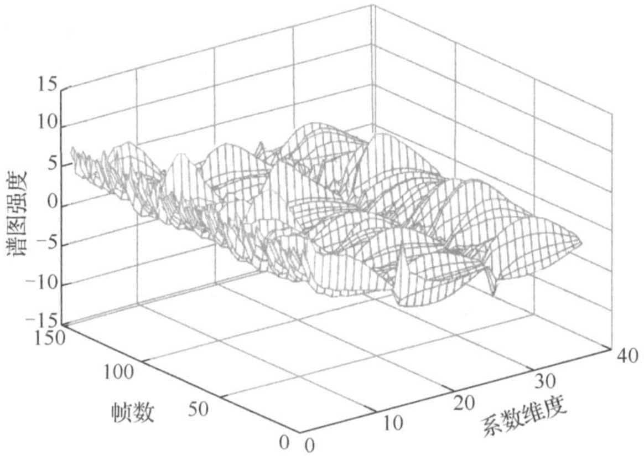

（a）A类舰船

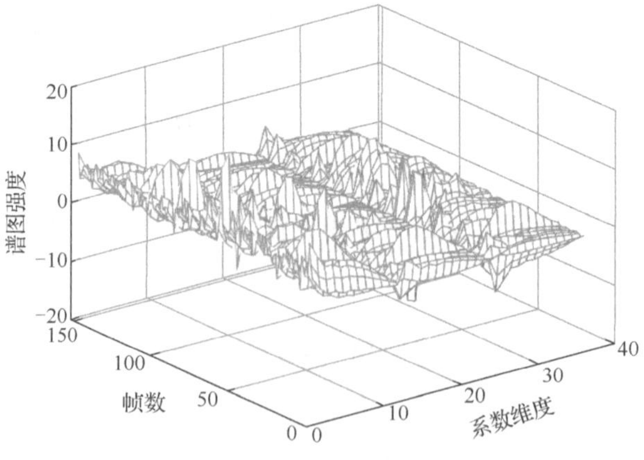

（b）B类舰船

图 5.49 舰船辐射噪声 MFCC

图 5.49 中提取了舰船辐射噪声的 MFCC、一阶差分 MFCC、二阶差分 MFCC 合计 36 维的特征，横轴表示系数维度，纵轴表示分帧处理后的帧数，竖轴表示谱图强度，反映了经过梅尔频率倒谱处理后的各阶系数值。通过对比发现两类舰船的系数矩阵具有明显差异，因此可以作为舰船辐射噪声识别的特征向量。

5.11.4　基于卷积神经网络的舰船辐射噪声识别

卷积神经网络的核心思想是通过对输入数据使用卷积核获得可输入的特征张量，再通过激活函数实现样本的标签以完成模型的训练。

1. 卷积神经网络的基本结构

卷积神经网络一般由输入层、卷积层、池化层、全连接层以及输出层组成。

卷积层是卷积神经网络获取输入数据特征的底层结构，有以下几个特点：①具备特征学习能力，卷积层通过卷积运算获取输入数据中的有效信息，这取代了浅层机器学习的特征提取部分；②卷积核的大小决定特征提取的计算量和分辨率，等效于滤波器的阶数，卷积神经网络中的卷积核大小需要低于输入特征维度；③卷积层的层数可以改变，增多卷积核的个数便可以不断迭代提取出高层次的更加复杂的特征。

假设 $f(t)$ 和 $g(t)$ 是在实数域上的可积函数，$f(t)$ 与 $g(t)$ 卷积得到的 $z(t)$ 如下：

$$z(t)=f(t)*g(t)=\sum_{\tau=-\infty}^{\infty}f(\tau)g(t-\tau) \tag{5.177}$$

其积分形式为

$$z(t)=f(t)*g(t)=\int_{-\infty}^{\infty}f(\tau)g(t-\tau)\mathrm{d}\tau=\int_{-\infty}^{\infty}f(t-\tau)g(\tau)\mathrm{d}\tau \tag{5.178}$$

当卷积层的输入为图像数据时，可将其看成二维空间内的离散函数，记为 $f(x,y)$，通过与卷积函数 $g(x,y)$ 卷积，便可得到输出矩阵 $z(x,y)$，由下式表示：

$$z(x,y)=f(x,y)*g(x,y)=\sum_{t}\sum_{h}f(t,h)g(x-t,y-h) \tag{5.179}$$

其积分形式如下：

$$z(x,y)=f(x,y)*g(x,y)=\iint f(t,h)g(x-t,y-h)\mathrm{d}t\mathrm{d}h \tag{5.180}$$

假设卷积核的大小为 $m_1\times m_2$，代入卷积公式得到

$$z(x,y)=f(x,y)*g(x,y)=\sum_{t=0}^{t=m_1}\sum_{h=0}^{h=m_2}f(t,h)g(x-t,y-h) \tag{5.181}$$

卷积运算利用了数据的空间局部特性和平移不变性。在卷积操作中，卷积核与图像中 $m_1\times m_2$ 范围内的子区域进行卷积运算，相当于获得该子区域的特征；然后卷积核以步长 stride 在输入数据滑动，直到遍历完成输入数据的全部子区域获得卷积层的输出特征矩阵。特别地，为了提高图像边缘信息的利用率，使边缘数据也可以像中间数据一样经过多次卷积运算，在

特征矩阵周围用 0 填充，另外可通过调整填充数目 padding 的大小以达到输入特征和输出特征大小相等的目的。输出特征与输入特征的关系如下式：

$$\begin{aligned}\text{height}_{\text{out}} &= (\text{height}_{\text{in}} - \text{height}_{\text{kernel}} + 2\times\text{padding}) / \text{stride} + 1 \\ \text{width}_{\text{out}} &= (\text{width}_{\text{in}} - \text{width}_{\text{kernel}} + 2\times\text{padding}) / \text{stride} + 1\end{aligned} \tag{5.182}$$

式中，$\text{width}_{\text{out}}$、$\text{height}_{\text{out}}$ 表示输出的特征维度；width_{in}、$\text{height}_{\text{in}}$ 表示输入的特征维度；$\text{width}_{\text{kernel}}$、$\text{height}_{\text{kernel}}$ 表示卷积核维度。

池化层的作用是对输入数据进行数据降维和压缩，降低网络训练的复杂度，进而减少过拟合现象的发生。在卷积神经网络中有若干种池化方式，如最大池化、L2 池化、平均池化、空间金字塔池化等。

图 5.50 中，假设输入特征数据的大小为 4×4，池化区域大小为 2×2，步长为 2，池化输出为一个 2×2 的特征矩阵。最大池化方法的思想是取池化区域内的最大数值作为该池化区域的输出。最大池化又可称为噪声抑制器，通过提取最大数值，摒弃其他的嘈杂特征，使得输出特征更加明显。均值池化则是选取区域内数据的平均值作为当前区域的特征，相比于最大池化更好地反映了特征与背景之间的关联。

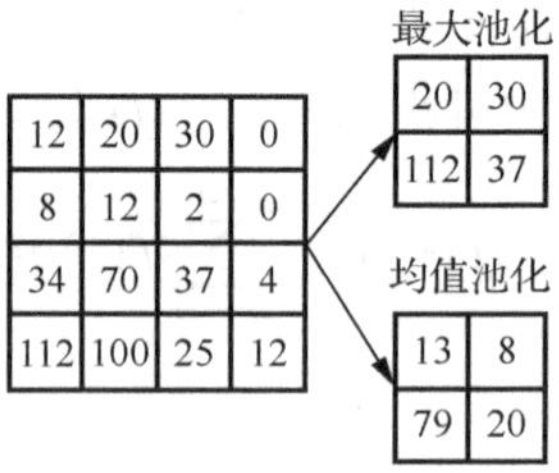

图 5.50　最大池化与均值池化

全连接层用于连接卷积神经网络中的神经元，将卷积池化输出的高维度数据与输出层相连接，它是卷积神经网络中局部至整体和非线性组合的重要连接层。神经元连接过程中需要保证与上一层的全部神经元进行连接，在保证对全局特征提取的同时保证权值的共享。

激活函数是通过非线性的数学运算把输入数据映射到某一个观测空间内，将复杂的运算结构转化为有限的判决机制，保证了模型的收敛约束。常用的激活函数有 sigmoid、tanh、ReLU、LeakyReLU 等，不同的函数具有各自的优势和特点。

（1）sigmoid 函数的表达式如下：

$$\sigma(z) = \frac{1}{1+\mathrm{e}^{-z}},\ \sigma(z) \in (0,1) \tag{5.183}$$

sigmoid 函数的特点是当 x 的取值范围在 $[-2,2]$ 内，y 受 x 波动影响较大；在其他区域中，y 受 x 波动影响较小，导致网络中权值无法更新，即导致梯度变化消失现象。

（2）tanh 函数的表达式如下：

$$\tanh(z) = \frac{\mathrm{e}^{z} - \mathrm{e}^{-z}}{\mathrm{e}^{z} + \mathrm{e}^{-z}},\ \tanh(z) \in (-1,1) \tag{5.184}$$

tanh 函数的特点同样是当 x 的取值范围在 $[-2,2]$ 内，y 受 x 波动影响较大；在其他区域中，y 受 x 波动影响较小。但是与 sigmoid 函数不同点在于其映射区间不同。由此可以看出，tanh 函数和 sigmoid 函数都是幂指数形式，在进行梯度更新时求导运算会使网络计算量增大，容易产生过拟合现象。

（3）ReLU 函数的表达式如下：

$$y=\max(0,x),\ y\in(0,+\infty) \tag{5.185}$$

ReLU 函数的特点是当 x 的取值范围在 $(-\infty,0)$ 内恒定满足 $y=0$，此区域的梯度为 0，即在权值更新时这部分神经元的权值将不会被改变；在其他区域中恒定满足 $y=1$，此区域的梯度为1，即在求反向传播更新参数的过程中梯度不会发生衰减，很好地抑制了梯度消失。如果某个偏置取值 b 过小，使得 $wx+b<0$，经过 ReLU 函数的激活使得梯度等于 0，那么该神经元之前的神经元无法进行参数更新，神经元无法学习。

（4）LeakyReLU 函数的表达式如下：

$$f(x)=\begin{cases}x, & x>0\\ \alpha x, & x\leqslant 0\end{cases},\ f(x)\in(-\infty,\infty) \tag{5.186}$$

与 ReLU 函数相比，LeakyReLU 函数是当 x 的取值范围在 $(-\infty,0)$ 内时恒定满足 $y=\alpha$，主要是因为在解决在反向传播过程中，当某个偏置取值 b 过小，使得 $wx+b<0$，经过 ReLU 函数激活后的神经元无法进行参数更新。

在卷积神经网络中，损失函数用来对模型的预测输出与输入标签之间的误差进行估计。为了衡量误差的变化，通常用误差值的均方值来表达：

$$l=\frac{1}{2}\sum_{b}\sum_{s_{\rm N}=1}^{S_{\rm N}}(a_{s_{\rm N}}-o)^2 \tag{5.187}$$

式中，$s_{\rm N}$ 为输出层神经元，$s_{\rm N}=1,2,\cdots,S_{\rm N}$；$S_{\rm N}$ 表示标签类别数目；o 表示神经网络的预测输出；b 表示参与训练的全部样本数。

2. 卷积神经网络的训练

卷积神经网络有反向传播过程与前向传播过程，其中前向传播用于对输入数据特征的提取，而反向传播则是根据模型训练中的损失函数对网络各层权值进行更新和修正，使得损失函数不断收敛，提高目标识别率。训练流程如图 5.51 所示。

1）前向传播

在卷积神经网络中，前向传播过程是指输入数据经过卷积池化单元和全连接层输出得到损失函数的过程，计算公式如下：

$$\begin{aligned}y_n&=W_n x_{n-1}+b_n\\ x_n&=f(y_n)\end{aligned} \tag{5.188}$$

式中，n 是隐层数；y_n 是第 n 层的输出特征向量；W_n 是第 n 层的权值矩阵；f 是激活函数。

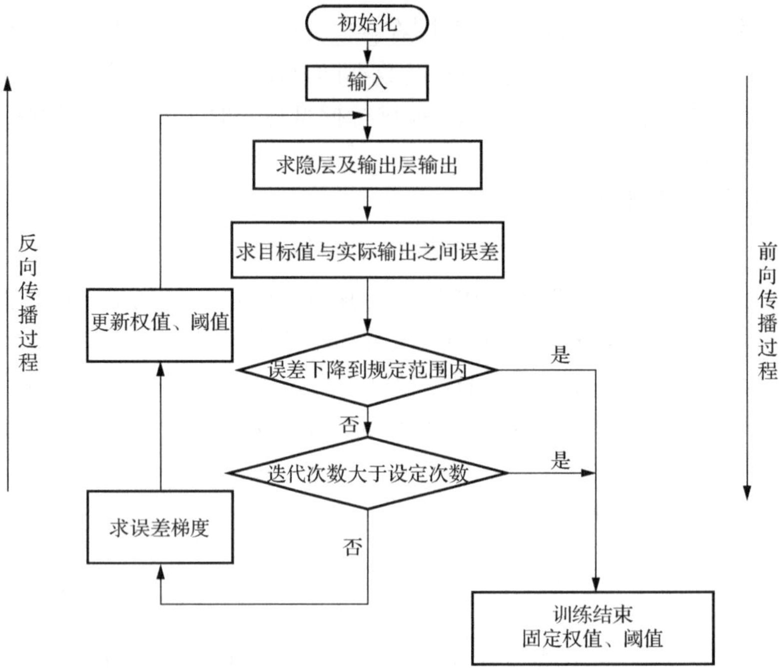

图 5.51　卷积神经网络训练流程

2）反向传播

反向传播的主要思想是根据链式法则求出每一个神经元节点对应的梯度，以此来判断当前神经元节点对结果的影响，以使损失函数不断收敛为目的，对权值和阈值进行更新。反向传播过程对权值参数进行调整的表达式如下：

$$\begin{aligned} \Delta W(k) &= -\eta \frac{\partial E}{\partial W(k)} \\ W(k+1) &= W(k) - \eta \frac{\partial E}{\partial W(k)} \end{aligned} \tag{5.189}$$

式中，E 表示损失值；η 表示学习率；$W(k)$ 表示第 k 次迭代时的权值；$\Delta W(k)$ 表示第 k 次迭代时反向传播过程对权值的修改量，反向传播的过程就是通过不断地对 W 值进行更新，保证损失值 E 递减至收敛。

3. 卷积神经网络常见问题分析

1）过拟合现象

过拟合现象是指在卷积神经网络训练过程中，已经训练好的网络模型对于训练样本有较高的识别率，但对于测试集数据达不到预期效果。过拟合现象的主要原因是训练样本数目较少，导致模型过分关注训练样本局部特征，使其推广能力降低，除此以外网络过于复杂引起权值参数特例化也同样会造成过拟合的问题。

常用的解决过拟合问题的方法是随机失活（dropout）方法和权值共享。dropout 方法的核心思想是通过舍弃某些隐神经单元或链接来产生不同的稀疏网络体系结构，在不降低模型表达能力的同时，打破部分互相适应的非线性关系链接，从而提高模型泛化性，避免过拟合现象。权值共享的核心思想是每一个卷积核在不同卷积运算过程中使用同一个权值矩阵，通过这样的方式来有效限制网络中的参数，避免过拟合现象。

2）梯度消失现象

梯度消失是指在训练过程中当网络层数增多时，某一参数的梯度计算方法需要对从该参数到最终输出层的每个节点的输出都进行一次求导并连续相乘，那么就很有可能出现某些偏导值趋近于 0，经过累乘之后最终求得的梯度也趋近 0。层数越多这种情况发生的可能性就会越大。而梯度消失会给损失函数造成不再减小、识别率低、收敛缓慢的影响，解决梯度消失的方法一般是改变激活函数或是改变网络层次。

3）网络收敛到局部最优现象

在深度网络训练最初，通常会使用随机值来作为网络初始化的参数值，这就可能会导致误差反向传播时的参数值与较好的参数值偏离较大，无法达到一个较好的识别率。

在神经网络中，初始学习率需要人工进行设置。选用一个很大的学习率意味着每次学习过程中权值调整会比较大，使得收敛速度加快。但过高的学习率可能会导致权值调整跨度过大，网络最终无法收敛到最优而是在最优点周围产生振荡。

5.11.5　基于 AlexNet 卷积神经网络的舰船辐射噪声识别

根据前文中对舰船辐射噪声特性和卷积神经网络模型的理论研究，由水听器在水下采集的声音信号表现为一维时域信号，信号中包含了大量的冗余信息，无法直观地表现出目标特征，因此在采集数据和识别网络之间添加信号预处理，利用短时傅里叶变换的时频分析能力以及线谱增强技术建立舰船辐射噪声特征样本，减小模型设计的复杂度，同时加快收敛速度。

1. 预处理

LOFAR 谱图中反映了舰船辐射噪声线谱随时间的连续、缓慢变化以及线谱强度的局部极大值等特征，而图中的背景噪声在时间和频率上都不连续，具有明显的随机性，在基于 LOFAR 谱分析的预处理中为特征向量带来了较大的冗余。在 LOFAR 谱分析的基础上，构建频域滑动窗积分路径的特征函数，通过窄带观察窗滑动的方式寻找特征函数最优路径，降低背景噪声干扰，达到线谱特征增强的作用。特征函数定义为

$$\varphi(\xi)=\frac{A(\xi)}{\alpha\cdot G(\xi)+\beta\cdot C(\xi)+\gamma},\ \gamma\neq 0 \tag{5.190}$$

式中，ξ 表示滑动窗中的某个观测路径；α,β,γ 分别表示幅度权系数、频率连续性权系数、轨迹连续性权系数；$A(\xi),C(\xi),G(\xi)$ 分别表示线谱的幅度特性、频率线性变化特征和滑动窗轨迹特征，其表达式如下：

$$\begin{cases} A(\xi)=\sum_{i=1}^{N}a(P_i) \\ d(P_i,P_{i+1})=f(P_i)-f(P_{i+1}) \\ C(\xi)=\sum_{i=2}^{N-1}\left|d(P_{i-1},P_i)-d(P_i,P_{i+1})\right| \\ g(P_i)=\begin{cases}1, & a(P_i)\leqslant\eta \\ 0, & \text{其他}\end{cases} \\ G(\xi)=\sum_{i=1}^{N}g(P_i) \end{cases} \tag{5.191}$$

式中，P_i, $1\leqslant i\leqslant N$ 表示积分路径上的像素点；$a(P_i)$ 表示像素点的幅值；$f(P_i)$ 表示像素点的频率；$d(P_{i-1},P_i)$ 表示积分路径前后两个像素点的频率梯度；$g(P_i)$ 表示积分路径像素点的连续性标记。将 $a(P_i)\leqslant\eta$ 的像素点称为断点，标记为 1，否则标记为 0，η 表示为噪声抑制门限。

在窄带观察窗滑动过程中，当积分路径经过线谱分量时特征函数值增大，反之经过噪声点时特征函数值降低，将使特征函数达到极大值的积分路线作为线谱增强的输出，当窄带滑动窗遍历整个 LOFAR 谱图，累计被最优路径经过最多次数的像素点即为线谱增强 LOFAR 谱图。图 5.52 为线谱增强的滑动窗积分路径检测。

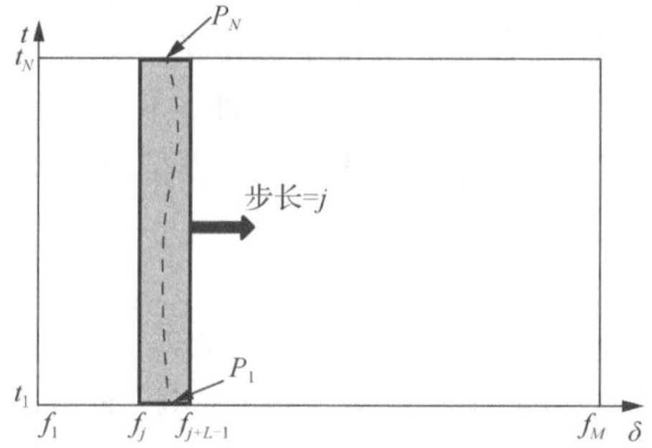

图 5.52　线谱增强的滑动窗积分路径检测

图 5.52 中，f_M 表示 LOFAR 谱图频率轴长度，t_N 表示 LOFAR 谱图时间轴长度，L 表示窄带滑动窗的窗长，f_j,f_{j+L-1} 分别表示在滑动到第 j 步时的窄带窗起始频率、终止频率。

首先建立一个与 LOFAR 谱图等维度的计数矩阵且初始化为 0，将 t_1 行的像素点 $\left[A(\xi_p^*),C(\xi_p^*),G(\xi_p^*)\right]$ 初始化为 $\left[0,0,a(P)\right]$，从 t_2 到 t_N 行遍历全部的最优路径集合 $V(P_i)$。为了简化计算过程，假设 P_1 到达 P_i 的最优路径 $\xi_{P_i}^*$ 等于 P_1 到达 P_{i-1} 的最优路径 $\xi_{P_{i-1}}^*$ 与 P_{i-1} 到达 P_i 的最优路径 $\xi_{P_i}^{i-1}$ 之和。当最优路径上计算的特征函数 $\varphi(\xi_{P_i}^*)$ 大于噪声抑制门限时像素点计数器加 1，令窄带滑动窗遍历整个 LOFAR 谱图。像素点计数器的值反映了最优路径经过该像素点的次数，对应线谱在频谱上分布的位置。图 5.53 为对舰船辐射噪声仿真数据的 LOFAR 谱及线谱增强后的图谱对比。

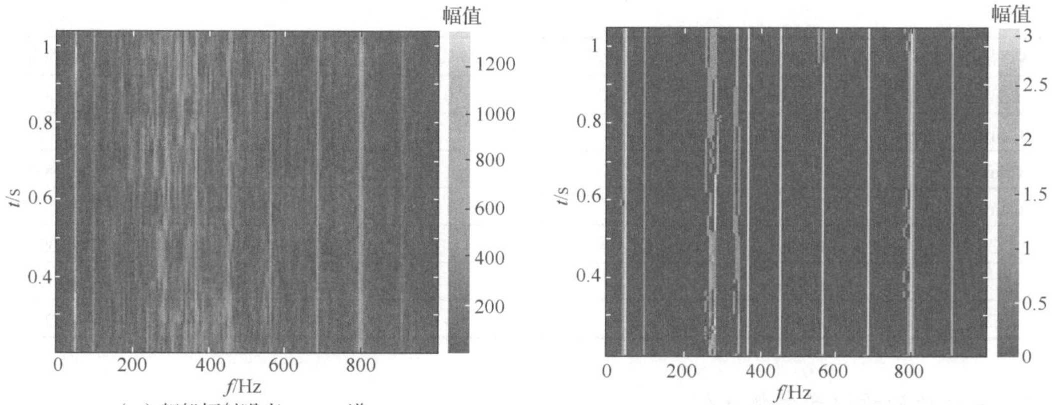

（a）舰船辐射噪声LOFAR谱　（b）线谱增强的舰船辐射噪声LOFAR谱

图 5.53　线谱增强的 LOFAR 谱前后对比

将连续的舰船辐射噪声截取为 1s 的数据，经过线谱增强后的 LOFAR 谱图作为卷积神经网络的输入。

2. 模型参数

卷积神经网络采用的是 AlexNet 模型结构，除了输入层和输出层之外，由5个卷积层(Conv1, Conv2, Conv3, Conv4, Conv5)、3个池化层(Pool1, Pool2, Pool3)、3个全连接层(FC1, FC2, FC3)组成。

输入层的输入是经过预处理获得的 227×227 图谱，卷积层 Conv1 使用3×96个11×11大小的卷积核来滑动处理输入数据，步长stride = 4，通过在周围补零保持数据大小，选择ReLU函数；Conv1 经过激活函数的输出作为池化层Pool1的输入，采用最大池化且池化大小为3×3，步长stride = 2；卷积层 Conv2 使用256个5×5大小的卷积核来处理Pool1的输出，填充数目padding = 2，步长stride = 1，同样选择ReLU 函数；Conv2 的输出作为池化层Pool2的输入，且Pool2的参数与Pool1一致；Pool2的输出连续输入到卷积层 Conv3、Conv4、Conv5中，其中卷积层 Conv3 和 Conv4 的参数一致，卷积核个数为384，大小为3×3，填充数目padding = 1，步长stride = 1，选择ReLU 函数，Conv5 特别的地方是卷积核个数为256，大小为3×3；Conv5 的输出作为池化层Pool3的输入，池化层Pool3的参数与Pool1一致，至此卷积池化的全部工作已经完成。经过卷积池化后的特征数据会转化至一维空间再传送至全连接层，全连接层FC1、FC2、FC3的神经元个数分别为4096、4096、2，用来对舰船辐射噪声特征进行分类。表 5.5 中记录了各层的参数及输入输出变化。

表 5.5　神经网络各层结构参数及输入输出变化

网络层级	卷积核/池化区域	步长	填充数目	输入特征维度	输出特征维度
Input	—	—	—	227×227	227×227×3
Conv1	11×11×96	4	0	227×227×3	55×55×96
Pool1	3×3	2	0	55×55×96	27×27×96
Conv2	5×5×256	1	2	27×27×96	27×27×256

续表

网络层级	卷积核/池化区域	步长	填充数目	输入特征维度	输出特征维度
Pool2	3×3	2	0	27×27×256	13×13×256
Conv3	3×3×384	1	1	13×13×256	13×13×384
Conv4	3×3×384	1	1	13×13×384	13×13×384
Conv5	3×3×256	1	1	13×13×384	13×13×256
FC1	1×4096	—	—	1×4096	1×4096
FC2	1×4096	—	—	1×4096	1×4096
FC3	1×2	—	—	1×4096	1×2

3. 基于动量的梯度参数优化

基于动量的梯度参数优化方法在随机梯度下降算法中引入一个动量参数，动量参数用来描述梯度方向变化，在参数更新的过程中可以根据损失函数的斜率来对模型参数更新速率进行微调，从而减少极点振荡，加快模型收敛。

在使用梯度下降法过程中，通常利用权值衰减来防止过拟合现象发生，这个过程也称为L2 正则，其表达式为

$$C = C_0 + \frac{\lambda}{2n}\sum_w w^2 \tag{5.192}$$

式中，C_0 表示损失函数；n 表示训练样本的数量；w 表示权值参数；λ 表示权值衰减值，为了方便求导后的运算，通常设置 $\lambda = 0.5$，在此将权值参数的平方和与样本数的商乘上权值衰减值称为 L2 正则化项。首先对代价函数求导得

$$\begin{aligned}\frac{\partial C}{\partial w} &= \frac{\partial C_0}{\partial w} + \frac{\lambda}{n}w \\ \frac{\partial C}{\partial b} &= \frac{\partial C_0}{\partial b}\end{aligned} \tag{5.193}$$

式中，b 表示参数更新中的偏置值。由此可见求导过程中仅对权值参数 w 的更新有影响，代入随机梯度下降过程，即 $x \to x - \alpha \times \mathrm{d}x$，得

$$w \to w - \eta\frac{\partial C_0}{\partial w} - \frac{\eta\lambda}{n}w = \left(1 - \frac{\eta\lambda}{n}\right)w - \eta\frac{\partial C_0}{\partial w} \tag{5.194}$$

式中，为了保证权值参数 w 按照负梯度方向下降，$1 - \frac{\eta\lambda}{n}$ 的结果必定小于 1，所以 $\left(1 - \frac{\eta\lambda}{n}\right)w$ 的结果必定减小，故称为权值衰减。但是由于 $\eta\frac{\partial C_0}{\partial w}$ 项的存在，权值参数更新的结果无法确定，因此引入动量 v，表达式为

$$\begin{aligned}v &= \beta v - \alpha \times \mathrm{d}x \\ x + v &\to x\end{aligned} \tag{5.195}$$

式中，β 表示动量系数。根据梯度下降法可知 x 沿着负梯度方向下降，因此当 v 的方向与负梯度方向一致时，$x + v$ 会达到正向效果，进而加速网络的收敛。

4. 仿真实验

利用生成的舰船辐射噪声建立样本识别库，对设计的基于 AlexNet 卷积神经网络的舰船辐射噪声识别模型性能进行验证，基本步骤如下。

（1）连续生成两类舰船辐射噪声样本数据（A 类、B 类），在时间轴上将样本拆分为 1s 长度的数据样本。

（2）对每一个数据样本进行 LOFAR 谱分析，选择窗长为 4096 的汉明窗，连续帧之间的重叠率设置为 90%，获得 0～1kHz 频率范围内的 LOFAR 谱图。

（3）对每一个 LOFAR 谱图进行线谱增强，滑动窗长度设置为 5，噪声抑制门限 η 设置为 0.1；将线谱增强后的 LOFAR 谱图存储为 227×227 大小。

（4）将样本集根据 8∶2 的比例划分为训练集和测试集，本次实验中训练集中样本数目为 3000，测试集中样本数目为 738，且两类舰船样本数目均衡。

（5）在 PyCharm 平台利用 Python 语言调用 TensorFolw 库对卷积神经网络进行实现，模型中批处理大小设置为 500，每一个批次中选择 125 个样本作为验证集对模型进行验证，训练步数设置为 1000，得到的损失函数曲线及识别精度曲线随训练步数的变化如图 5.54 所示。

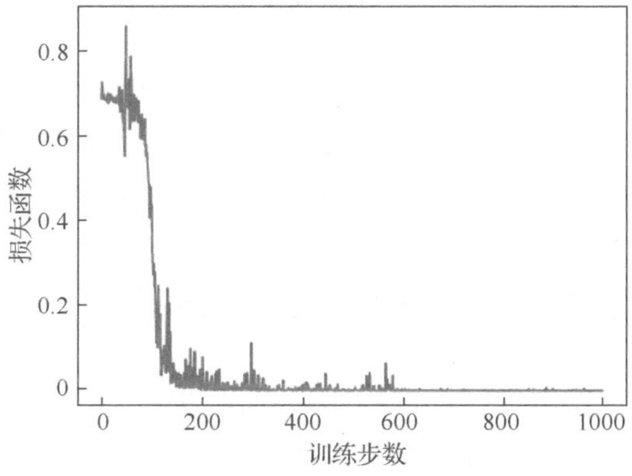

（a）模型损失函数曲线

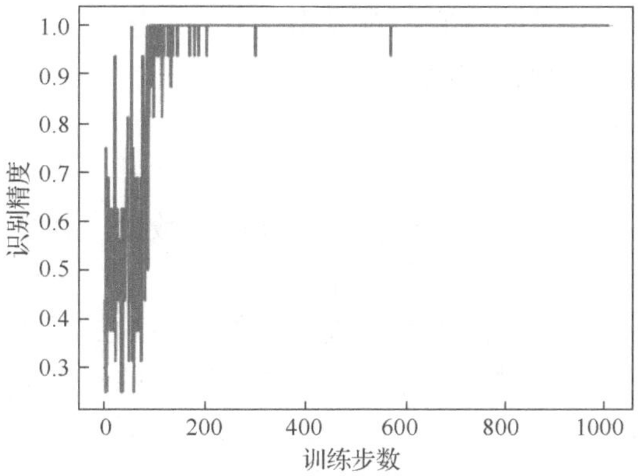

（b）模型验证集识别精度曲线

图 5.54　模型训练情况

（6）图 5.54 反映了模型训练情况，在训练步数到 600 左右模型达到收敛状态，损失函数趋近于 0，验证集的识别精度趋近于 1，说明模型对于两类舰船样本已经具备识别能力。将测试集中的样本输入到已经训练好的网络模型中，利用混淆矩阵对识别结果进行统计，如图 5.55 所示。

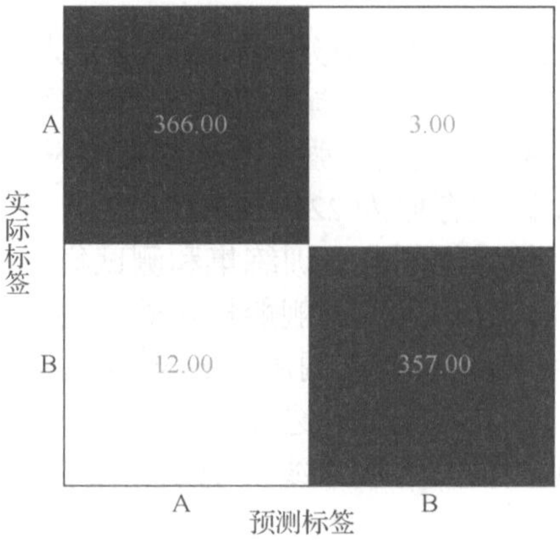

图 5.55　测试集识别结果的混淆矩阵

根据混淆矩阵的输出结果，该网络模型对于仿真的舰船辐射噪声样本的识别精度为 97.97%。对 A 类舰船的识别精度为 96.83%，召回率为 99.19%；B 类舰船的识别精度为 99.17%，召回率为 96.75%。总体来说该网络模型对舰船辐射噪声的识别性能较好，满足识别要求。

5.11.6　基于长短时记忆神经网络的舰船辐射噪声识别

根据前文的介绍，不难发现卷积神经网络以层间的空间结构层次连接为主，即对于样本间相对独立且空间上具有局部相关性的样本集有契合的识别效果。对于连续声信号这类具有间域相关性的信号数据，使用卷积神经网络只能通过分帧处理的方式将信号切割成多个样本，样本间独立性难以保证且时间关联性难以得到利用，因此本节中将介绍更适用于具有时域相关性的样本信号的长短时记忆神经网络。

1. 循环神经网络

语言模型、语音、视频分析等都可以称为时间序列数据，其显著特征是样本间存在时域上相关性关联。对于这一类数据集，在分类器的设计中，上一个样本的预测或训练会对当前样本的决策产生影响。循环神经网络相比于卷积神经网络添加了隐层之间的相互连接结构，当前时刻神经元计数结果由当前时刻的输入以及上一时刻的记忆共同决定，这样带有记忆状态的结构有效利用了样本的时间关联性。图 5.56 为循环神经网络的模型结构。

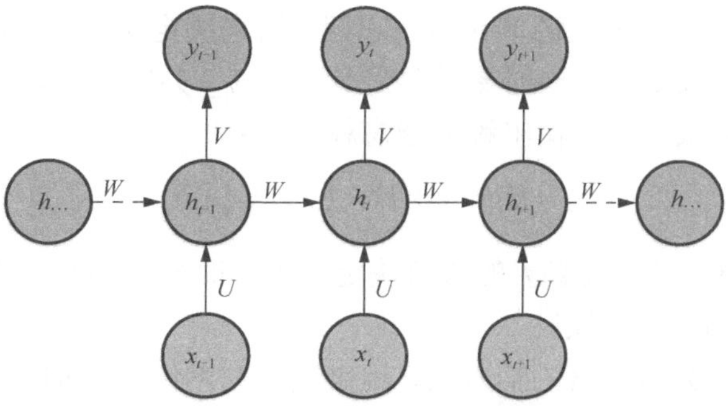

图 5.56 循环神经网络的模型结构

循环神经网络的参数共享机制采用在时间数据上的滑动窗处理方式。图中U,V,W表示神经元之间的权值矩阵，假设输入训练矩阵为$X=[x_1,x_2,\cdots,x_t,x_{t+1},\cdots]$，输出标记矩阵为$Y=[y_1,y_2,\cdots,y_t,y_{t+1},\cdots]$，训练过程如下：

$$h_t=\sigma_h\left(Ux_t+Wh_{t-1}+b_h\right) \tag{5.196}$$

$$\hat{y}_t=\sigma_o\left(Vh_o+b_o\right) \tag{5.197}$$

式中，σ_h，σ_o表示神经元结构的激活函数；b_h，b_o表示神经元计数的偏置；$\hat{y}_t$表示网络预测输出值。

循环神经网络有效地利用了样本的时间相关性信息，但是共享参数的记忆结构在输入长序列数据时很容易出现梯度消失或者梯度爆炸的问题，造成权值矩阵无法更新或者长序列数据特征提取不全等问题，由此引出了长短时记忆神经网络来解决相关问题。

2. 长短时记忆神经网络的基本结构

长短时记忆神经网络的隐层结构中添加了3个控制单元用于读写和复位操作，设置的长短时记忆机制在学习长期记忆信息的同时又避免了长期依赖性，解决了梯度变化爆炸的问题。长短时记忆神经网络典型结构如图 5.57 所示。

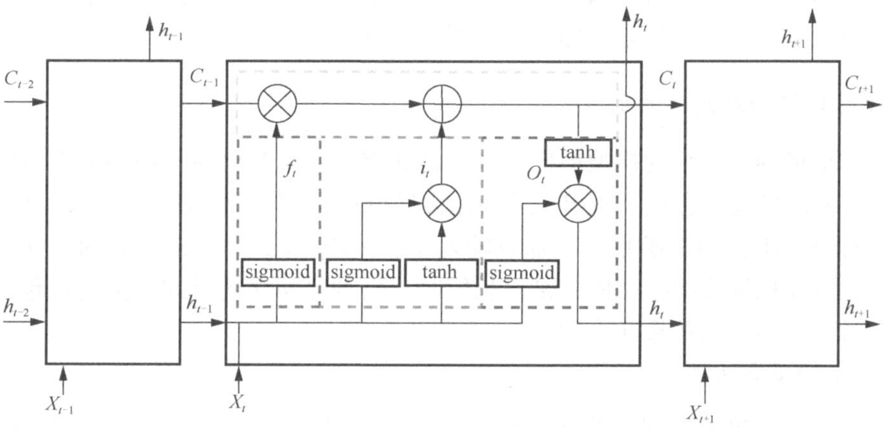

图 5.57 长短时记忆神经网络典型结构（扫封底二维码可见彩图）

图 5.57 中红色虚线内表示记忆单元的遗忘门，用来决定状态应该被舍弃或传递。遗忘门的输入由当前神经元输入 x_t 和上一时刻的神经元输出 h_{t-1} 共同决定，遗忘门中的权值矩阵是 W_f ，经过 sigmoid 函数激活后的输出称为遗忘权值 f_t：

$$f_t = \mathrm{sigmoid}\left(W_f \cdot \left[h_{t-1}, x_t\right] + b_f\right) \tag{5.198}$$

式中，b_f 表示偏置向量。遗忘权值 f_t 的取值决定了上一时刻状态 C_{t-1} 是保留或忘记，$f_t = 1$ 表示完全保留，$f_t = 0$ 表示完全忘记。

图 5.57 中绿色框部分是网络的输入门，用来决定向网络中添加哪些新的信息。输入门的输入同样是由当前时刻的输入 x_t 和上一时刻的输出 h_{t-1} 共同决定，输入门中的权值矩阵是输入层与隐层之间的权值矩阵 W_i。经过 sigmoid 函数激活后的输出称为输入权值 i_t，经过 tanh 函数激活的输出称为候选状态 $\tilde{C}_t$：

$$\begin{aligned} i_t &= \mathrm{sigmoid}\left(W_i \cdot \left[h_{t-1}, x_t\right] + b_i\right) \\ \tilde{C}_t &= \tanh\left(W_C \cdot \left[h_{t-1}, x_t\right] + b_C\right) \end{aligned} \tag{5.199}$$

式中，b_i, b_C 表示偏置向量。输入权值 i_t 的取值决定了候选状态 $\tilde{C}_t$ 是保留或忘记，$i_t = 1$ 表示完全保留，$i_t = 0$ 表示完全忘记。

结合遗忘门和输入门的输出得到当前时刻的神经元状态 C_t，状态更新的过程如图 5.57 黄色框中部分，其表达式如下：

$$C_t = f_t \times C_{t-1} + i_t \times \tilde{C}_t \tag{5.200}$$

图 5.57 中紫色框部分是网络的输出门，用来决定当前神经元的输出状态。输出门的输入同样是由 x_t 和 h_{t-1} 共同决定，权值矩阵为 W_o。经过 sigmoid 函数激活后获得输出权值 O_t，当前神经元状态 C_t 经过 tanh 函数激活后得到记忆单元输出 h_t：

$$\begin{aligned} O_t &= \mathrm{sigmoid}\left(W_o h_{t-1} + U_o x_t + b_o\right) \\ h_t &= O_t * \tanh\left(C_t\right) \end{aligned} \tag{5.201}$$

长短时记忆神经网络通过每个神经元的遗忘权值和输入权值决定了当前时刻对记忆信息的使用和存储情况，遗忘门和输入门的存在解决了循环神经网络的长效依赖问题，有效地摆脱了模型的梯度变化消失问题和梯度变化爆炸问题。

3. 长短时记忆神经网络的训练

在长短时记忆神经网络的模型前向推导中，获得了各个时刻遗忘门的遗忘权值 f_t、输入门的输入权值 i_t、候选状态 $\tilde{C}_t$、输出门的输出权值 O_t、神经元状态 C_t 与记忆单元输出 h_t。反向传播过程是指根据损失函数 E 对加权输入 $\mathrm{net}_t = \left(W_h \cdot h_{t-1} + W_x \cdot x_t + b\right)$ 的偏导对网络权值矩阵的更新。与卷积神经网络不同的是，长短时记忆神经网络的反向传播过程包含空间上的反向传播和时间上的反向传播两个部分。

1）空间上的反向传播

空间上的反向传播是指网络的隐层至输入层的参数更新，首先定义偏导 $\delta_{h_t} = \dfrac{\partial E}{\partial h_t}$，代入

公式（5.201）得到

$$\delta_{O_t}=\frac{\partial E}{\partial O_t}=\frac{\partial E}{\partial h_t}\cdot\frac{\partial h_t}{\partial O_t}=\delta_{h_t}*\tanh(C_t) \tag{5.202}$$

由于 C_t 记忆了全部时刻的状态信息，因此在时间迭代过程中需要进行累加运算，由此可得

$$\delta_{C_t}+=\delta_{h_t}*O_t*\left(1-\tanh^2(C_t)\right) \tag{5.203}$$

由公式（5.201）可推导偏导值公式如下：

$$\begin{cases}\delta_{f_t}=\delta_{C_t}*C_{t-1}\\ \delta_{i_t}=\delta_{C_t}*\tilde{C}_t\\ \delta_{\tilde{C}_t}=\delta_{C_t}*i_t\\ \delta_{C_{t-1}}=\delta_{C_t}*f_t\end{cases} \tag{5.204}$$

将公式（5.198）、公式（5.199）、公式（5.201）代入上式，可得

$$\begin{cases}\delta_{\text{net}_{f_t}}=\delta_{f_t}*\text{sigmoid}'\left(\text{net}_{f_t}\right)=\delta_{f_t}*f_t*\left(1-f_t\right)\\ \delta_{\text{net}_{\tilde{C}_t}}=\delta_{\tilde{C}_t}*\text{sigmoid}'\left(\text{net}_{\tilde{C}_t}\right)=\delta_{\tilde{C}_t}*\left(1-\tilde{C}_t^2\right)\\ \delta_{\text{net}_{i_t}}=\delta_{i_t}*\text{sigmoid}'\left(\text{net}_{i_t}\right)=\delta_{i_t}*i_t*\left(1-i_t\right)\\ \delta_{\text{net}_{O_t}}=\delta_{O_t}*\text{sigmoid}'\left(\text{net}_{O_t}\right)=\delta_{O_t}*O_t*\left(1-O_t\right)\end{cases} \tag{5.205}$$

根据长短时记忆神经网络的共享参数原则，各个权值矩阵偏导数在时间轴上做累加运算，偏导值如下所示：

$$\begin{cases}\dfrac{\partial E}{\partial W_{hf}}+=\delta_{\text{net}_{f_t}}*h_{t-1}^{\mathrm{T}},\dfrac{\partial E}{\partial W_{xf}}+=\delta_{\text{net}_{f_t}}*x_t^{\mathrm{T}},\dfrac{\partial E}{\partial b_f}+=\delta_{\text{net}_{f_t}}\\ \dfrac{\partial E}{\partial W_{hi}}+=\delta_{\text{net}_{i_t}}*h_{t-1}^{\mathrm{T}},\dfrac{\partial E}{\partial W_{xi}}+=\delta_{\text{net}_{i_t}}*x_t^{\mathrm{T}},\dfrac{\partial E}{\partial b_i}+=\delta_{\text{net}_{i_t}}\\ \dfrac{\partial E}{\partial W_{hC}}+=\delta_{\text{net}_{\tilde{C}_t}}*h_{t-1}^{\mathrm{T}},\dfrac{\partial E}{\partial W_{xC}}+=\delta_{\text{net}_{\tilde{C}_t}}*x_t^{\mathrm{T}},\dfrac{\partial E}{\partial b_C}+=\delta_{\text{net}_{\tilde{C}_t}}\\ \dfrac{\partial E}{\partial W_{hO}}+=\delta_{\text{net}_{O_t}}*h_{t-1}^{\mathrm{T}},\dfrac{\partial E}{\partial W_{xO}}+=\delta_{\text{net}_{O_t}}*x_t^{\mathrm{T}},\dfrac{\partial E}{\partial b_O}+=\delta_{\text{net}_{O_t}}\end{cases} \tag{5.206}$$

2）时间上的反向传播

时间上的反向传播是通过计算 $t-1$ 时刻的误差项 δ_{t-1} 实现对权值矩阵的更新，根据前文所述，误差项 δ_{t-1} 可以表示为

$$\delta_{t-1}=\frac{\partial E}{\partial h_t}\cdot\frac{\partial h_t}{\partial h_{t-1}}=\delta_t\cdot\frac{\partial h_t}{\partial h_{t-1}} \tag{5.207}$$

根据已经求出的 $O_t,f_t,i_t,\tilde{C}_t$ 关于 h_{t-1} 的函数，对式（5.207）进行变换，得到

$$\delta_{t-1}=\delta_t\cdot\frac{\partial h_t}{\partial h_{t-1}}=\delta_t\cdot\frac{\partial h_t}{\partial O_t}\cdot\frac{\partial O_t}{\partial \mathrm{net}_{O_t}}\cdot\frac{\partial \mathrm{net}_{O_t}}{\partial h_{t-1}}+\delta_t\cdot\frac{\partial h_t}{\partial C_t}\cdot\frac{\partial C_t}{\partial f_t}\cdot\frac{\partial f_t}{\partial \mathrm{net}_{f_t}}\cdot\frac{\partial \mathrm{net}_{f_t}}{\partial h_{t-1}}$$
$$+\delta_t\cdot\frac{\partial h_t}{\partial C_t}\cdot\frac{\partial C_t}{\partial i_t}\cdot\frac{\partial i_t}{\partial \mathrm{net}_{i_t}}\cdot\frac{\partial \mathrm{net}_{i_t}}{\partial h_{t-1}}+\delta_t\cdot\frac{\partial h_t}{\partial C_t}\cdot\frac{\partial C_t}{\partial \tilde{C}_t}\cdot\frac{\partial \tilde{C}_t}{\partial \mathrm{net}_{\tilde{C}_t}}\cdot\frac{\partial \mathrm{net}_{\tilde{C}_t}}{\partial h_{t-1}} \tag{5.208}$$

由公式（5.198）～公式（5.201）可得

$$\begin{aligned}
&\frac{\partial h_t}{\partial O_t}=\tanh(C_t),\ \frac{\partial h_t}{\partial C_t}=O_t*\left[1-\tanh^2(C_t)\right]\\
&\frac{\partial O_t}{\partial \mathrm{net}_{O_t}}=O_t*(1-O_t),\ \frac{\partial \mathrm{net}_{O_t}}{\partial h_{t-1}}=W_{hO}\\
&\frac{\partial C_t}{\partial f_t}=C_{t-1},\ \frac{\partial f_t}{\partial \mathrm{net}_{f_t}}=f_t*(1-f_t),\ \frac{\partial \mathrm{net}_{f_t}}{\partial h_{t-1}}=W_{hf}\\
&\frac{\partial C_t}{\partial i_t}=\tilde{C}_t,\ \frac{\partial i_t}{\partial \mathrm{net}_{i_t}}=i_t*(1-i_t),\ \frac{\partial \mathrm{net}_{i_t}}{\partial h_{t-1}}=W_{hi}\\
&\frac{\partial C_t}{\partial \tilde{C}_t}=i_t,\ \frac{\partial \tilde{C}_t}{\partial \mathrm{net}_{\tilde{C}_t}}=\tilde{C}_t*(1-\tilde{C}_t),\ \frac{\partial \mathrm{net}_{\tilde{C}_t}}{\partial h_{t-1}}=W_{hC}
\end{aligned} \tag{5.209}$$

代入公式（5.208）得到误差沿时间传播的公式

$$\begin{cases}
\delta_{t-1}=\delta_{O_t}\cdot W_{hO}+\delta_{f_t}\cdot W_{hf}+\delta_{i_t}\cdot W_{hi}+\delta_{\tilde{C}_t}\cdot W_{hC}\\
\delta_{O_t}=\delta_t*O_t*\tanh(C_t)*(1-O_t)\\
\delta_{f_t}=\delta_t*O_t*\left(1-\tanh^2(C_t)\right)*C_{t-1}*f_t*(1-f_t)\\
\delta_{i_t}=\delta_t*O_t*\left(1-\tanh^2(C_t)\right)*\tilde{C}_t*i_t*(1-i_t)\\
\delta_{\tilde{C}_t}=\delta_t*O_t*\left(1-\tanh^2(C_t)\right)*i_t*\left(1-\tilde{C}_t^2\right)
\end{cases} \tag{5.210}$$

通过反向传播获得任意 k 时刻的误差项表达式为

$$\delta_k=\prod_{j=k}^{t-1}\delta_{Oj}\cdot W_{hO}+\delta_{fj}\cdot W_{hf}+\delta_{ij}\cdot W_{hi}+\delta_{\tilde{C}j}\cdot W_{hC} \tag{5.211}$$

4. 基于长短时记忆神经网络的舰船辐射噪声识别模型设计

长短时记忆神经网络拥有的门控机制使得其长短时记忆神经网络细胞单元具有记忆能力，因此其常常应用在自然语言处理与语音信号识别等具有时间序列性质的问题中。水听器采集的舰船辐射噪声在整体上看是时变信号，而在短时间内可以认为是一个时不变信号，连续的样本信号之间舰船的状态不会发生骤变，因此舰船辐射噪声信号同样具备时间序列特性。本节中根据舰船运动过程中频域线谱与轴频的连续性特征，利用 MFCC 与 DEMON 谱轴频提取方法构建长短时记忆神经网络的输入向量，通过有监督预训练的长短时记忆神经网络模型得到模型的最优解。基于长短时记忆神经网络的舰船辐射噪声识别模型如图 5.58 所示。

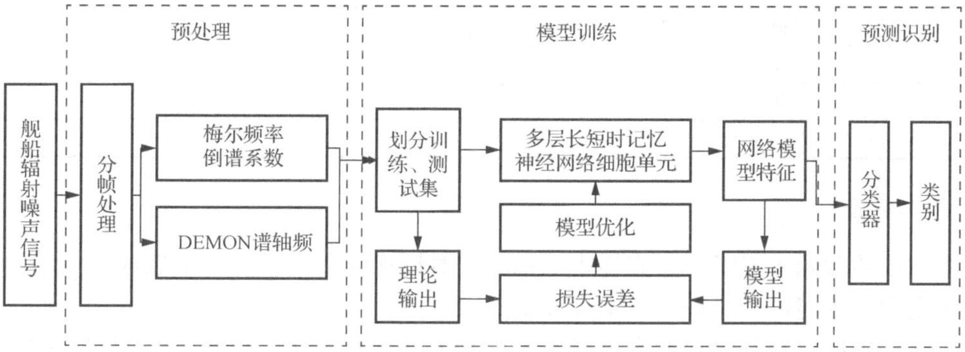

图 5.58　基于长短时记忆神经网络的舰船辐射噪声识别模型

1）预处理

相比于卷积神经网络，长短时记忆神经网络更大程度地利用了时间序列样本的时间相关性，然而以舰船辐射噪声时域数据作为样本无疑导致计算量过大且网络模型过于复杂。因此，选取合适的特征提取方法，在提取舰船辐射噪声的物理特征的同时保留样本之间的时间相关性是预处理中的重点。根据舰船航行或作业过程中舰船辐射噪声与物理特征之间的对应关系，本章着重关注了舰船辐射噪声中的线谱及轴频随时间的变化规律，通过梅尔频率倒谱分析获取舰船辐射噪声频域线谱变化，同时利用 DEMON 谱分析进行轴频估计，建立联合舰船辐射噪声识别特征作为长短时记忆神经网络的输入。预处理的基本步骤如下。

（1）将舰船辐射噪声时域数据做连续分帧处理，将其划分为长度相等且满足时频分析采样点数的样本数据。

（2）对每一帧数据进行梅尔频率倒谱分析，获取样本数据 MFCC $C_i, i=1,2,\cdots,12$ 、一阶差分 MFCC $\Delta C_i, i=1,2,\cdots,12$ 以及二阶差分 MFCC $\Delta\Delta C_i, i=1,2,\cdots,12$ 。

（3）对每一帧数据进行 DEMON 谱分析，根据 DEMON 谱分析的结果进行轴频估计，获得舰船辐射噪声样本的轴频 F_z 。

（4）根据步骤（2）、（3）的特征提取结果，构建 37 维的联合特征向量如下：

$$[C_1, C_2, \cdots, C_{12}, \Delta C_1, \Delta C_2, \cdots, \Delta C_{12}, \Delta\Delta C_1, \Delta\Delta C_2, \cdots, \Delta\Delta C_{12}, F_z] \tag{5.212}$$

2）模型参数

长短时记忆神经网络的层数多设置为 1～3 层，由于长短时记忆神经网络参数非常多，层数增加会加大计算压力使网络训练速度减慢，并且网络更难收敛。网络隐层节点数多取值为64、128、256、512，各个层的节点数可以相同或不同，隐层的层数和隐层的节点个数决定了网络的复杂度。学习率大多设置为0.1、0.001、0.0001、0.00001，学习率决定了网络的收敛快慢。网络模型的输入步长表现为对观测样本数据的批处理大小，步长的增大会增加样本在时域的相关性信息，进而提高准确率，然而步长过大也会带来信息的冗余，影响准确率。此外，为了避免模型过拟合问题，将训练数据充分地打乱，使用 dropout 技术进行神经元节点的失效处理并选取自适应矩估计算法作为优化算法。根据多次数据尝试，基于长短时记忆神经网络的舰船辐射噪声识别模型的参数选择如表 5.6 所示。

表 5.6　基于长短时记忆神经网络的舰船辐射噪声识别模型的参数选择

参数类型	参数值
长短时记忆单元层数	2
神经元个数	256
学习率	0.0001
随机失活比例	0.7

5. 仿真实验

利用生成的舰船辐射噪声建立样本识别库，对设计的基于长短时记忆神经网络的舰船辐射噪声识别模型性能进行验证，基本步骤如下。

（1）连续生成两类舰船辐射噪声样本数据（A 类、B 类），在时间轴上将样本拆分为 1s 长度的数据样本。

（2）对每一个数据样本进行梅尔频率倒谱分析，选择窗长为 256 的汉明窗，帧长为 320 个采样点，连续帧之间的重叠率为 50%，获得每一个样本数据的 MFCC $C_i, i=1,2,\cdots,12$ 、一阶差分 MFCC $\Delta C_i, i=1,2,\cdots,12$ 以及二阶差分 MFCC $\Delta\Delta C_i, i=1,2,\cdots,12$ 。

（3）对每一个数据样本进行 DEMON 谱分析，自适应门限的学习速率设置为 300，门限放大倍数设置为 5，进行线谱检测和轴频估计，获取轴频 F_z 。

（4）根据步骤（2）、（3）的特征提取结果构建联合舰船特征，并存储在格式为“.txt”的文档中。将 A 类舰船标记为 0 ，B 类舰船标记为 1 ，存储成“.txt”格式的标签文档。

（5）将样本集根据 8∶2 的比例划分为训练集和测试集，本次实验中训练样本集中样本数目为 3000，测试集中样本数目为 738，且两类舰船样本数目均衡。

（6）在 PyCharm 平台利用 Python 语言调用 TensorFolw 库对长短时记忆神经网络进行实现，模型中批处理大小设置为 500，每一个批次中选择 125 个样本作为验证集对模型进行验证，得到的损失函数曲线随训练步数的变化如图 5.59 所示。

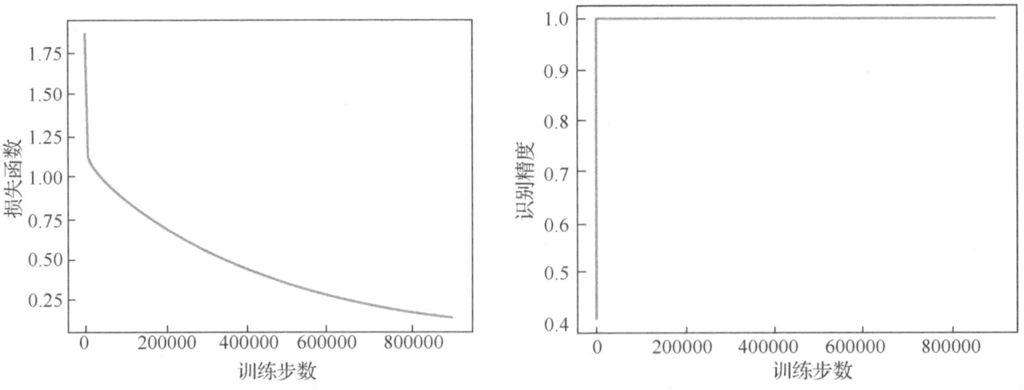

（a）模型损失函数曲线　　（b）模型验证样本识别精度曲线

图 5.59　长短时记忆神经网络的舰船辐射噪声识别模型训练情况

（7）图 5.59 反映了模型训练情况，为了满足与卷积神经网络的对比，在相同的运行环境中，在模型训练时间保持一致的条件下，在训练步数到 800000 时结束长短时记忆神经网络的舰船辐射噪声识别模型的训练。其中损失函数随着训练步数增加不断降低，趋近于 0，而验证样本识别精度在训练步数等于 5000 时已经等于 1，且随着训练步数的增加一直保持识别率为 1，说明模型对于这两类舰船样本已经具备识别能力。将测试集中的样本输入已经训练好的网络模型中，利用混淆矩阵对识别结果进行统计，如图 5.60 所示。

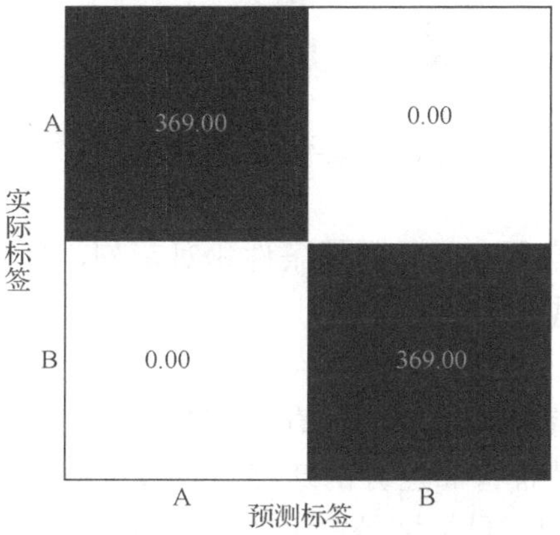

图 5.60 测试集识别结果的混淆矩阵

根据混淆矩阵的输出结果可知，该网络模型对于仿真的舰船辐射噪声样本的识别精度为 100%，对 A 类舰船的识别精度和召回率均为 100%，对 B 类舰船的识别精度和召回率均为 100%。相比于传统算法的识别结果，基于长短时记忆神经网络的舰船辐射噪声识别模型输入数据维度较低，模型收敛速度快，相同时间内训练次数更多，且在数据输入中添加了舰船调制信息，在模型设计上增加了样本时间相关性的利用，使得模型识别精度高于卷积神经网络。

5.11.7 基于迁移学习的小样本舰船辐射噪声识别

迁移学习是机器学习方法的一种，启发于人脑通过旧知识对新知识举一反三的学习，比如学习骑自行车有助于学习骑电动车，学会加法运算的小朋友学习乘法运算的学习速度更快等。迁移学习常常被用来解决大数据环境中的样本标记缺失或庞大计算耗时等问题，除此以外小样本环境下迁移学习同样具有研究意义。

1. 迁移学习的基本思想

迁移学习通过找寻目标问题的相似性，利用已知领域中的模型解决新领域中的问题。在迁移学习理论中将已知领域称为源域，将未知领域称为目标域，而减少源域和目标域的差异以保证迁移的有效性是迁移学习的关键。常用的迁移方法主要有以下几种。

1）基于样本的迁移

当源域中某类样本的特征与目标域样本具有相似性，通过对源域中样本选择过程进行加权处理，提高该类样本对模型训练的影响力，进而实现对目标域的迁移的学习方法称为基于样本的迁移。如图 5.61 所示，源域中样本包含了猫、狗、鸟的图像信息，而目标域中只有狗的图像，因此可以通过提高源域中狗类样本的权值实现向目标域的迁移。

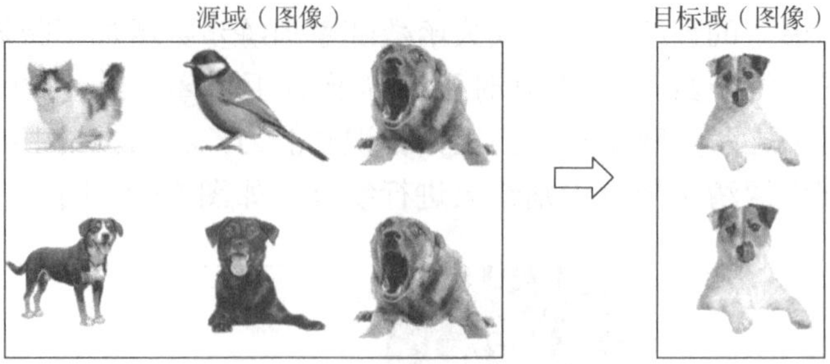

图 5.61　基于样本的迁移实例

这类方法在实现上相对容易，但是前提条件相对苛刻，且样本权值选择及样本特征相似度度量依赖经验，不利于模型的泛化。

2）基于特征的迁移

当目标域样本数据与源域样本数据之间存在部分交叉特征，选取或建立源域与目标域之间的交叉项特征，从而减少特征分布差异的迁移学习方法称为基于特征的迁移。如图 5.62 所示，图中源域样本是黑色的狗，目标域是白色的狗，由于两类样本都属于狗类，包含了大量的交叉特征，因此可以映射到狗类的样本空间中实现迁移学习；当源域（文本）与目标域（图像）中的样本特征空间不一致时，可以将二者映射到某一个空间（有文本标记的图像）以实现对目标域的迁移学习。

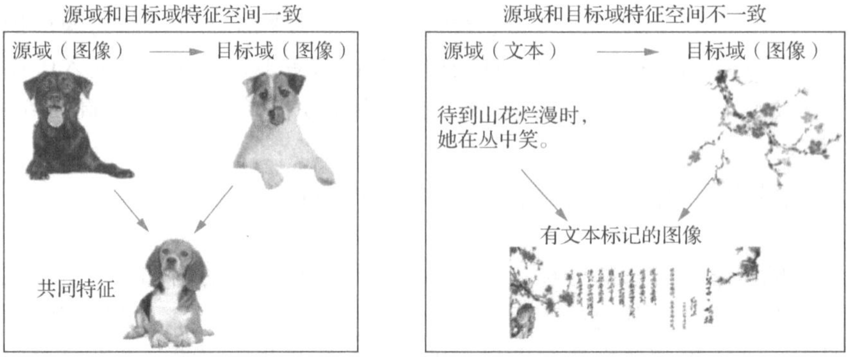

图 5.62　基于特征的迁移实例

这类方法目前应用最为广泛，但是将问题的难点转换为特征映射问题常常会引起求解困难或者过拟合问题。

3）基于参数的迁移

当目标域样本数据与源域样本数据服从相同的数据分布，迁移前后的模型结构相差不大，因此可以根据目标域训练样本对网络参数微调以实现模型的迁移，这样的方法称为基于参数的迁移。如图 5.63 所示，源域是吉娃娃图像，目标域是牧羊犬图像，二者的识别模型基本一致，仅需要通过参数更新的方式实现对目标域的迁移学习。

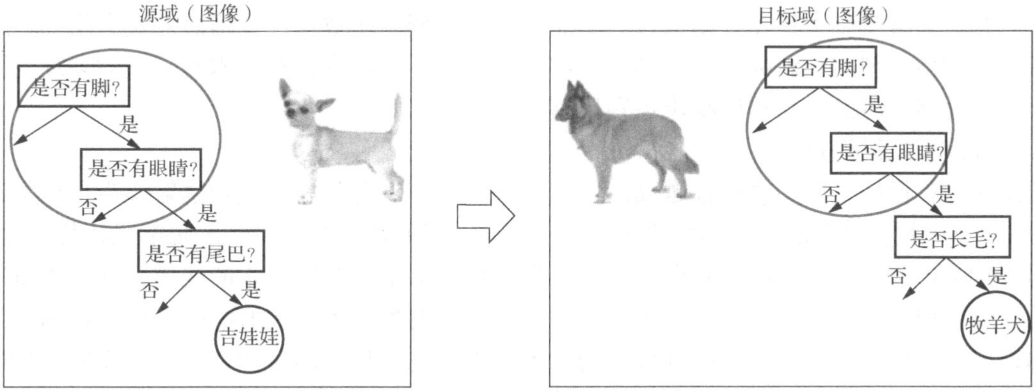

图 5.63　基于参数的迁移实例

这类方法更多地应用在深度神经网络模型中，利用已经训练好的网络，再针对自己的任务进行微调，达到节省训练时间、提高学习精度以及解决目标域样本数目不足等效果。这类方法也存在一定的缺陷，即无法处理测试数据与训练数据分布不同的情况，除此以外模型参数收敛问题也是关注的重点。

4）基于关系的迁移

基于关系的迁移学习不同于前面三种迁移方式，其基本思想是依赖于源域数据集和目标域数据集之间的联系，图 5.64 中的实例是生物病毒到计算机病毒的延伸。该类方法难度高、实际应用较少。

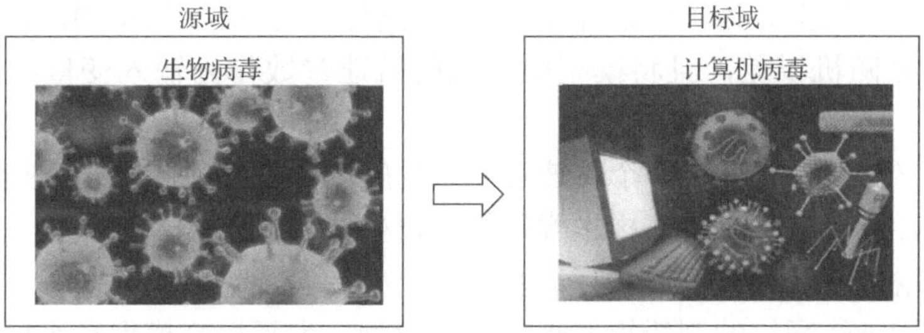

图 5.64　基于关系的迁移实例

对于舰船辐射噪声样本集而言，由于目标样本采集困难，样本集大小有限，本章利用仿真舰船辐射噪声样本集对 ShipsEar 公开数据集进行迁移学习，主要是利用参数迁移的思想，通过仿真舰船辐射噪声样本集对模型的参数进行训练。

2. 基于迁移学习的舰船辐射噪声识别模型设计

基于卷积神经网络和长短时记忆神经网络在舰船辐射噪声识别中取得了较高的识别精确率，在仿真过程中仿真样本之间差异明显且样本集充足。但是在实际问题中，由于舰船目标航行工况多变、海洋传输信道复杂以及样本数据采集困难等因素，舰船辐射噪声样本集中样本数目不足、数目不均衡等问题将严重影响分类器的识别精确率。在小样本识别问题中通常采用样本集扩充技术来补偿样本数目，如图像处理中的翻转、旋转、随机剪裁和局部变形等在原有数据集基础上扩充样本数目，然而经过不同变换的数据样本信息并没有增加，对于深度学习网络模型的训练提高效果甚微。本节中结合手工样本扩充技术与迁移学习理论，提出了基于迁移学习的舰船辐射噪声识别模型。

1）源域与目标域选择

源域与目标域之间的关联性越高，源域知识的迁移越有效。在舰船辐射噪声小样本识别问题中，不论是否对目标本身的物理特性完全了解，根据现有的少量舰船辐射噪声样本数据，利用 DEMON 谱分析、LOFAR 谱分析等信号处理方法足以获取样本的线谱、调制谱特征。由此，可根据现有的样本特征建立舰船辐射噪声仿真模型，利用足够的仿真样本数据作为舰船辐射噪声目标域的源域，考虑到模型的学习能力和舰船目标的时变特性，仿真样本模型中需添加海洋环境噪声且要求特征具有时变特性。目标域的样本是根据源域信号特征建立，因此具有极强的相关性，有利于提高模型的迁移过程中共享参数的适配度。

对于一个舰船样本，获取物理特性并建立其源域样本集的过程如下。

（1）对现有的目标样本数据进行时域分帧处理，目的是捕获样本在时间轴上的特征变化。根据样本长度设置选帧间隔，在时间轴上均匀抽取 M 帧数据作为特征提取的参考样本。

（2）对每一个参考样本进行基于 LOFAR 谱分析的线谱增强处理，获取 0～1000Hz 频带内的线谱时频图。截取时间轴上的信号进行自适应门限线谱估计，得到该时刻目标样本的线谱频率。

（3）对每一个参考样本进行基于 DEMON 谱分析的轴频估计，得到该时刻目标样本的轴频信息。

（4）根据步骤（2）、（3）中得到的线谱频率、轴频值以及舰船目标的吨位参数构建舰船样本辐射噪声的仿真模型。为了保证样本间的差异以提高分类器模型的泛化能力，在每个参数基础上添加高斯随机误差，且将模型中设置的航速参数作为输入变量，模拟样本不同航行状态。

（5）在步骤（4）中得到了 M 个航速可输入的舰船样本辐射噪声仿真模型，在模型基础上叠加实测的海洋环境噪声并完成样本类别标记，生成源域中样本数据。

2）基于卷积神经网络的迁移学习模型

对于基于卷积神经网络的舰船辐射噪声识别模型，为了提高模型在小样本舰船目标识别问题中的识别精度，在模型基础上进行迁移学习。迁移学习的目标域为小样本舰船辐射噪声，源域为根据目标域生成的源域舰船辐射噪声仿真数据。基于数据集充足的源域数据集，对卷积神经网络的舰船辐射噪声识别模型机进行充分的预训练。预训练完成的模型各层参数具备源域中舰船辐射噪声仿真数据的特征提取知识。为了使源域模型能够更好地迁移到目标域识别问题中，对预训练完成的模型进行微调：首先保留模型中的卷积池化单元，即保留模型对于舰船辐射噪声特征提取的初步网络参数；将已训练好的模型连接层和输出层替换为新的，用于对应目标域标签以及训练新的链接结构；调整模型的学习率和批处理大小，将目标域中训练样本输入网络以完成模型训练。

深度神经网络的前几层具有较高的普适性和通用性，而高层在不同任务中表现得更加具体，因此模型迁移方法是通过源域数据集来预训练网络中的卷积池化层参数，再利用目标域数据集对其他层的参数调优，获得适用于目标域的分类识别模型。此外，由于目标域中样本数目较少，因此在训练过程中应该降低学习率，随之利用梯度下降法对连接层的参数进行自适应的微调，获得适合目标域识别任务的分类模型。

基于卷积神经网络的模型迁移基本步骤如下。

（1）根据源域生成方法，生成目标域舰船辐射噪声数据对应的源域样本数据集。利用 LOFAR 谱分析及线谱增强技术，将时域样本数据转化为卷积神经网络的输入特征，重新生成源域和目标域。

（2）将源域中的样本按照类别进行标记，作为模型的预训练数据集。相对应地，将目标域中的样本同样按照类别进行标记，且以 8∶2 的比例分为训练集和测试集。

（3）根据基于卷积神经网络的舰船辐射噪声识别模型，将源域中的训练样本输入至模型中进行充分预训练。

（4）将步骤（3）中模型卷积池化层的参数保存，并将连接层和输出层的权值参数清零。

（5）将目标域中的训练样本输入步骤（4）中的网络，使用较小的学习率和批处理长度对模型进行训练，使得损失函数在一定范围具有收敛趋势，完成模型的再训练。

（6）将目标域中的测试样本输入网络中，对模型识别精度进行评价。

3）基于长短时记忆神经网络的迁移学习模型

长短时记忆神经网络相比于卷积神经网络具有更高的样本特征利用率，如调制信息和样本时间相关性等。然而样本时间相关性同样与样本数目有关，当样本数目不足时模型容易出现欠学习的现象而影响模型识别精度。因此，参考卷积神经网络的模型迁移过程，本章提出了基于长短时记忆神经网络的模型迁移算法，同样将小样本舰船辐射噪声数据集作为目标域，基于目标域生成的舰船辐射噪声仿真数据集作为源域，经过梅尔频率倒谱分析和轴频估计得到长短时记忆神经网络模型的输入特征，模型迁移的基本步骤如下。

（1）根据源域生成方法，生成目标域舰船辐射噪声数据对应的源域样本数据集。利用梅尔频率倒谱分析和 DEMON 谱轴频估计方法，将时域样本数据转化为长短时记忆神经网络的输入特征，重新生成源域和目标域。

（2）将源域与目标域中的样本按照类别进行标记，且以 8∶2 的比例分为训练样本和测试样本。

（3）根据建立的基于长短时记忆神经网络的舰船辐射噪声识别模型，将源域中的训练样本输入网络中进行充分预训练。

（4）将步骤（3）中模型的两层长短时记忆细胞单元参数保存，并将连接层和输出层的权值参数清零。

（5）将目标域中的训练样本输入至步骤（4）中的网络，且使用较小的学习率和批处理长度对模型的参数进行微调，直至损失函数收敛至一定范围则完成模型的再训练。

（6）将目标域中的测试样本输入训练完成的网络中，对模型识别精度进行评估。

由于迁移学习模型涉及源域数据集与目标域数据集，因此在本章利用仿真数据集和公开舰船辐射噪声数据集 ShipsEar 对迁移学习模型的识别性能进行验证。

5.11.8　舰船辐射噪声数据集

为了对所建立的基于机器学习的舰船辐射噪声识别模型的性能进行验证，本章采用了网络公开的 ShipsEar 数据集和通过仿真样本数据建立的 ShipsSimulation 数据集，本节将对后续实验中所用到的数据集进行详细介绍。

1. ShipsEar 数据集介绍

ShipsEar 数据集又被称为水下船舶噪声数据库，是一个水下船舶和船只的噪声记录数据库。数据集中记录了在 2012 年秋季和 2013 年夏季西班牙大西洋海岸维戈港内的部分船舶噪声数据，维戈港是世界上较大的渔港之一，利用维戈港交通的强度和多样性，对码头附近许多不同类型的船舶数据进行记录，包括邮轮、渔船，以及各种大小的渡轮、滚装船、拖船、游艇、引航船、集装箱、小型帆船等。

数据集中的声音数据是用 MarSensing Lda 制造的自动声学录音机（digitalHyd SR-1）进行采集的，该录音机配置了一个标准灵敏度为-193.5dB 的水听器，其在 1Hz～28kHz 频率范围内具有平坦响应。水听器连接了一个截止频率为 100Hz 的高通前置放大器以降低浅水中的环境噪声，然后连接了一个可编程增益放大器，在使用前可根据预期的目标声级进行调整。采集设备选择一个采样率为 52734Hz 的 24 位 A/D sigma-delta 转换器，并将数据以 5 分钟的“.wav”格式文件存储在 16GB 的存储卡上。

采集过程中，首先将水听器系泊在水底，并通过水面浮标和水下浮标对水听器位置进行标定。为了尽可能多地记录数据动态范围，根据水听器系泊点处的水深设置 3 个不同深度、不同增益的水听器，水听器设置如图 5.65 所示。

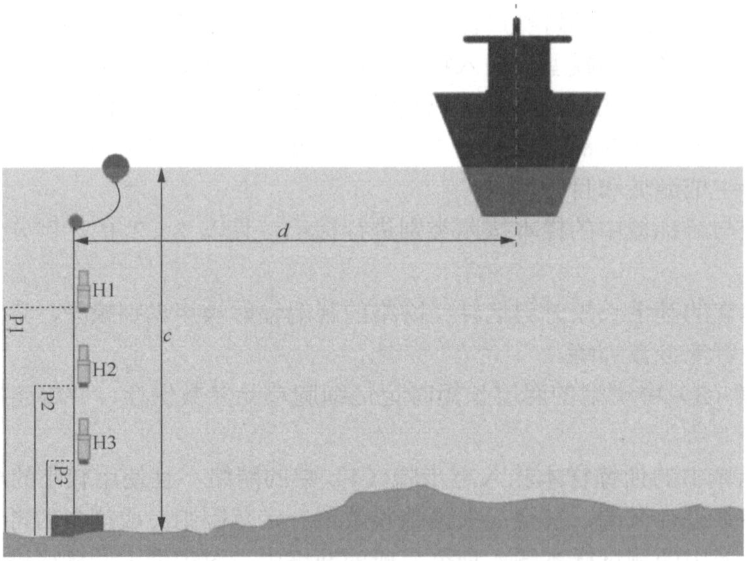

图 5.65　船舶噪声水下记录的水听器设置

数据集中详细记录了采集数据的日期和时间、记录点的 GPS 位置、噪声类型、水听器高度、水听器与目标水平距离的近似值、多个水听器的通道深度及增益等。除了船舶样本数据外，数据集中还包括了不同天气条件下的背景噪声，如雨、风、波浪及海流噪声等。

ShipsEar 数据集中包括渔船、贻贝船、拖船、挖泥船、摩托艇、领航船、帆船、客船、邮轮、滚装船在不同环境下的背景噪声，合计 90 组水听器采集数据，包含了多艘舰船出港、返港、启动、路过的辐射噪声数据，是舰船目标识别的重要数据支持。

2. ShipsSimulation 数据集介绍

为了满足迁移学习中的源域与目标域之间的关系，本章通过统计网络公开数据集 ShipsEar 中样本数据参数，生成大量的辐射噪声仿真数据以构成 ShipsSimulation 数据集，将其作为迁移学习的源域来提高小样本或样本数目不均衡的舰船目标识别精度。以 ShipsEar 数据集中 MAR ONZA（马尔昂扎号）客船为例，生成其对应的源域仿真数据，过程如下。

（1）样本数据总时长为 300s，采样率为 52734Hz。每 10s 数据截取 1s 数据，累计 30 个样本数据模板，其中一个样本数据的时域波形和频域波形如图 5.66 所示。

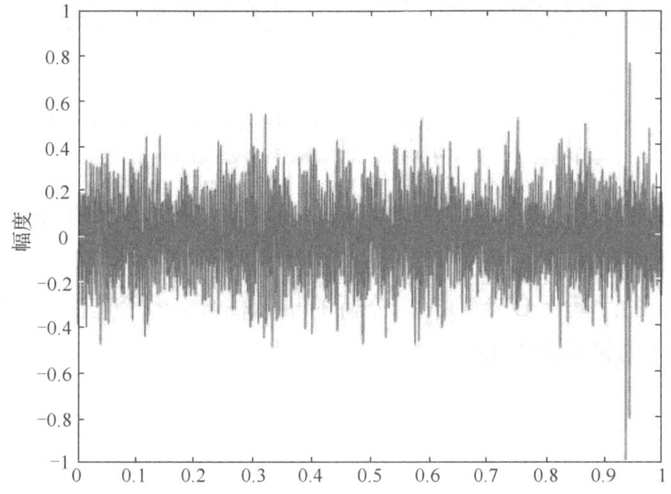

（a）时域波形

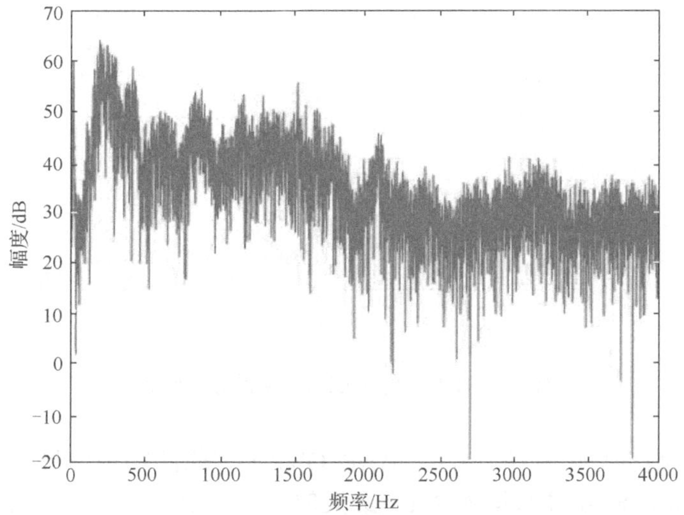

（b）频域波形

图 5.66　样本数据时频域波形

（2）对样本数据进行基于 LOFAR 谱分析的线谱增强处理，获取 0～1000Hz 频带内的 LOFAR 谱分析结果，如图 5.67 所示。

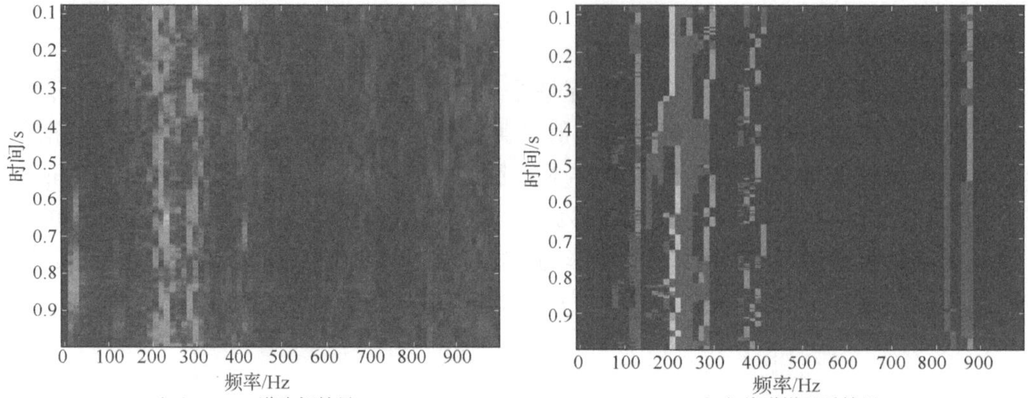

（a）LOFAR谱分析结果　　（b）线谱增强后结果

图 5.67　样本数据 LOFAR 谱分析结果和线谱增强后结果

（图中颜色代表探测目标的强度，颜色越浅，目标信息越强）

截取时间轴上的信号进行自适应门限线谱估计，得到该样本的线谱频率估计值数组为[106,203,285,391,836,882]Hz。

（3）对样本数据进行基于 DEMON 谱分析的轴频估计，得到该样本截取时刻的调制图，如图 5.68 所示，估计的轴频为 7Hz。

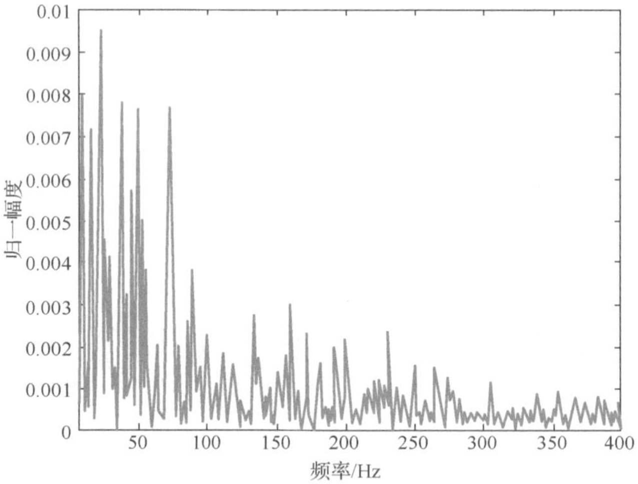

图 5.68　样本数据 DEMON 谱分析结果

（4）ShipsEar 数据集中详细介绍了 MAR ONZA 客船的物理信息：西班牙的乘客船，船长 19m，船宽 6m，满载排水量为 28t，最大航速为 11.5kn，平均速度为 9.4kn。结合步骤（2）、（3）获得的线谱与轴频信息，生成仿真数据的时频域波形，如图 5.69 所示。

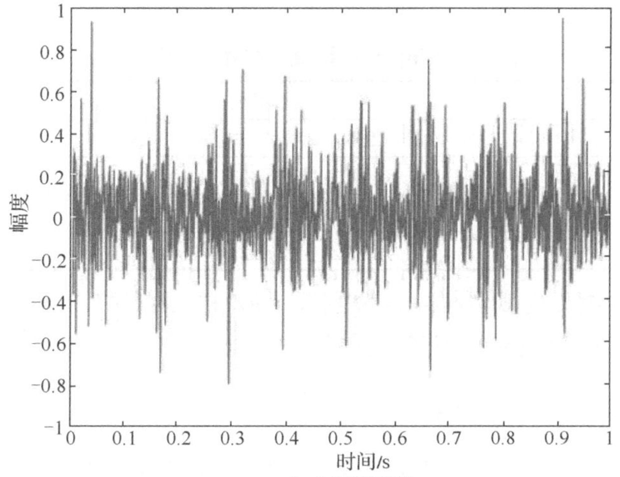

（a）时域波形

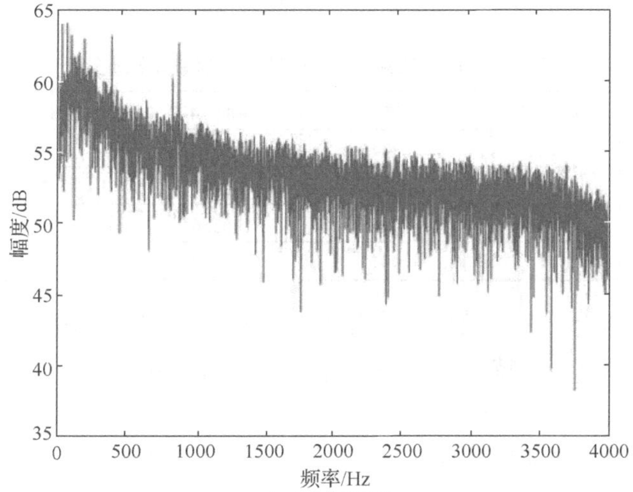

（b）频域波形

图 5.69　仿真样本数据时频域波形

根据上述步骤完成对 30 个样本模型的数据仿真，生成大量的仿真数据，存储为“.wav”格式的文件，由多类舰船仿真数据组成的数据集称为 ShipsSimulation 数据集。

5.11.9　舰船辐射噪声多元识别

为了对舰船辐射噪声识别模型的泛化性进行验证，同时解决样本集小的问题，根据样本集中的船舶尺寸将样本合并为 4 个实验样本类，保证每一个样本类数目充足，划分方式如表 5.7 所示。

表 5.7　ShipsEar 数据集样本数据划分

类型编号	包含的船舶类型	样本长度
A 类	渔船、拖网渔船、贻贝船、拖船和挖泥船	1673s
B 类	摩托艇、领航船和帆船	1403s
C 类	客船	3973s
D 类	邮轮和滚装船	2458s

表 5.7 中对应的数据作为观测样本，分别采用最小二乘支持向量机、卷积神经网络、长短时记忆神经网络进行舰船辐射噪声多元目标识别实验。

1. 最小二乘支持向量机识别结果

截取 1s 的时域数据作为舰船辐射噪声样本，截取过程中连续帧数据重叠度为 0.5，进行 LOFAR 谱分析、DEMON 谱分析、1 1/ 2 维谱分析和小波变换获得舰船辐射噪声 167 维向量特征样本，分别将四类样本标记为 1、2、3、4。数据集样本划分如表 5.8 所示。

表 5.8　最小二乘支持向量机数据集样本划分

类型编号	标记	样本维度	样本总数	训练样本数	验证样本数	测试样本数
A 类	1	167	3345	2676	669	669
B 类	2	167	2805	2244	561	561
C 类	3	167	7945	6356	1589	1589
D 类	4	167	4915	3932	983	983

将训练数据输入基于一对一最小二乘支持向量机的舰船辐射噪声识别模型中，利用一对一多元分类算法进行训练。支持向量机的惩罚因子 $C=1\sim10$，$C_{\text{step}}=1$；高斯径向基核函数系数 $\gamma=1\sim10$，$\gamma_{\text{step}}=1$。对模型进行训练，选择各类训练数据中 1/4 的样本作为验证集，验证集和测试集数据的识别混淆矩阵如图 5.70 所示，识别结果统计如表 5.9 所示。

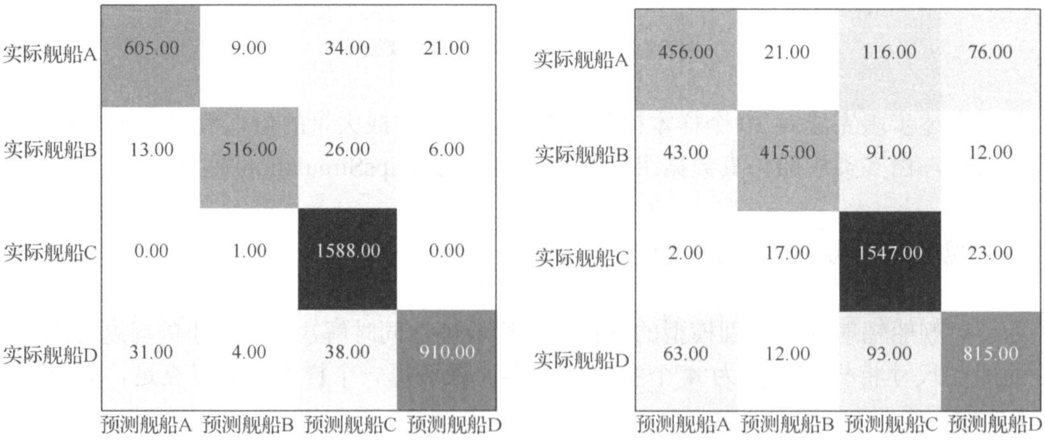

（a）验证集识别输出结果　　（b）测试集识别输出结果

图 5.70　一对一最小二乘支持向量机输出混淆矩阵

图 5.70（a）反映了训练样本验证集的识别精度为95.19%，表示经过训练后模型对训练样本的识别能力。测试集的识别精度为85.03%。

表 5.9　一对一最小二乘支持向量机识别结果统计

类型编号	测试样本数	预测样本本数	正确预测数	识别精度	召回率	模型识别精度
A 类	669	564	456	80.85%	68.16%	85.03%
B 类	561	465	415	89.25%	73.98%	
C 类	1589	1847	1547	83.76%	97.36%	
D 类	983	926	815	88.01%	82.91%	

2. 卷积神经网络识别结果

截取 1s 的时域数据作为舰船辐射噪声样本，截取过程中连续帧数据重叠度为 0.5，进行 LOFAR 谱分析及线谱增强获得舰船辐射噪声 227×227 图像特征样本，分别将四类样本标记为 1、2、3、4。数据集样本划分如表 5.10 所示。

表 5.10　卷积神经网络数据集样本划分

类型编号	标记	样本维度	样本总数	训练样本数	测试样本数
A 类	1	227×227	3345	2676	669
B 类	2	227×227	2805	2244	561
C 类	3	227×227	7945	6356	1589
D 类	4	227×227	4915	3932	983

将训练数据输入 4.2.4 节中设计的基于卷积神经网络的舰船辐射噪声识别模型中进行训练。其中，模型训练步数为 15000 次，学习率设置为 0.0001，批处理大小为 1000，并将每一批数据中的 20%作为验证样本。训练过程中模型损失函数与验证样本识别准确率随训练步数的变化曲线如图 5.71 所示。

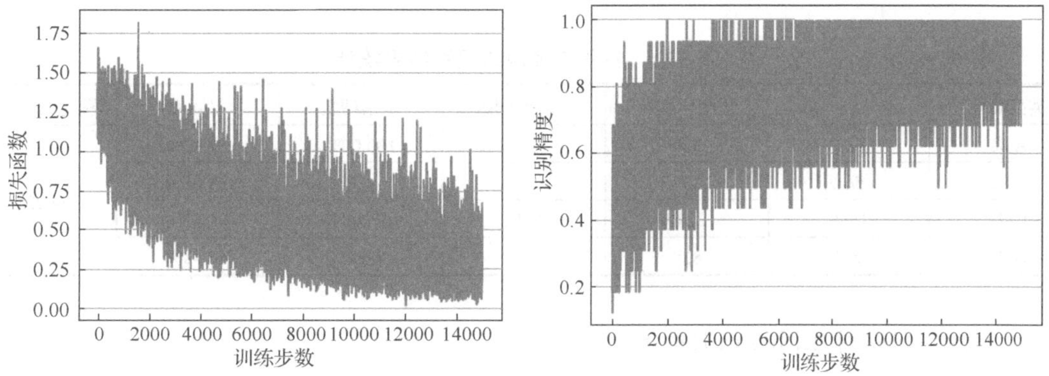

（a）模型损失函数随训练步数变化　（b）验证样本识别精度随训练步数变化

图 5.71　卷积神经网络训练过程

图 5.71 反映了卷积神经网络训练过程中的损失函数以及验证样本识别精度的变化，可以明显看到损失函数由初始时大于 1，随着训练步数的增加不断地减小而趋近于 0；而验证样本的识别精度也由初始的小于 0.5，随着训练步数的增加不断地增大而趋近于 1。说明模型对于训练样本的识别误差不断减小，直至训练完成学习模型已经具备对于四类舰船辐射噪声样本的识别分类能力。然而，由于样本数据集中样本类内差异大，模型收敛缓慢且具有明显的波动性，这为舰船目标识别带来了困难。将测试样本输入已经训练好的模型之中，以混淆矩阵的形式对识别结果进行展示，如图 5.72 所示。

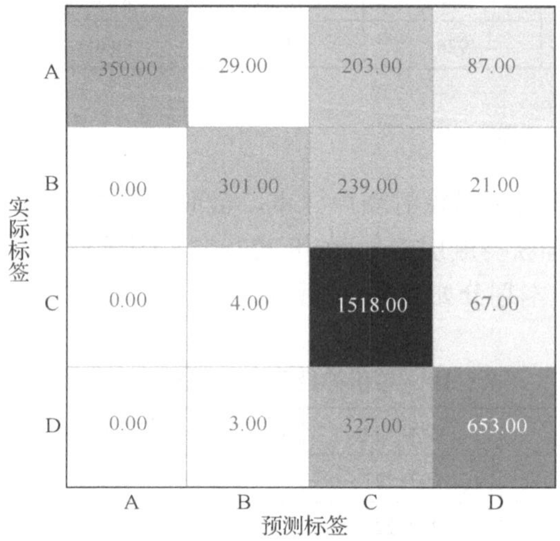

图 5.72　卷积神经网络输出的混淆矩阵

表 5.11 中统计了测试集的识别结果，分别计算各类别的识别精度和召回率以及整体模型的识别精度。表中反映了卷积神经网络模型对 A 类样本的识别精度最高而其召回率最低，与之相反，C 类样本的识别精度最低而召回率最高。整体识别精度为 74.22%。识别精度低的原因主要有两个：第一，样本数据集较小，模型训练收敛程度较差，导致整体识别精度低；第二，数据样本严重不均衡，C 类样本明显多于其余三类样本，导致模型对 C 类样本的召回率高且识别精度低，即存在严重的虚警。

表 5.11　卷积神经网络识别结果统计

类型编号	测试样本数	预测样本数	正确预测数	识别精度	召回率	模型识别精度
A 类	669	350	350	100.00%	52.32%	74.22%
B 类	561	337	301	89.32%	53.65%	
C 类	1589	2287	1518	66.38%	95.53%	
D 类	983	828	653	78.86%	66.43%	

3. 长短时记忆神经网络识别结果

截取 1s 的时域数据作为舰船辐射噪声样本，截取过程中连续帧数据重叠度为 0.5，进行梅尔频率倒谱分析及 DEMON 谱轴频估计以获得舰船辐射噪声 25×166 向量特征样本，分别将四类样本标记为 1、2、3、4。数据集样本划分如表 5.12 所示。

表 5.12　长短时记忆神经网络数据集样本划分

类型编号	标记	样本维度	样本总数	训练样本数	测试样本数
A 类	1	25×166	3345	2676	669
B 类	2	25×166	2805	2244	561
C 类	3	25×166	7945	6356	1589
D 类	4	25×166	4915	3932	983

将训练数据输入设计的基于长短时记忆神经网络的舰船辐射噪声识别模型中进行训练。其中，学习率设置为 0.001，批处理大小为 1000，并将每一批数据中的 20%作为验证样本。训练过程中模型损失函数与验证样本识别精度随训练步数的变化曲线如图 5.73 所示。

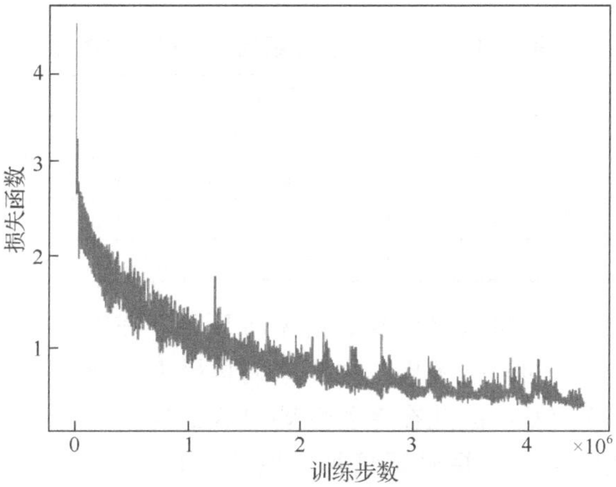

（a）模型损失函数随训练步数变化

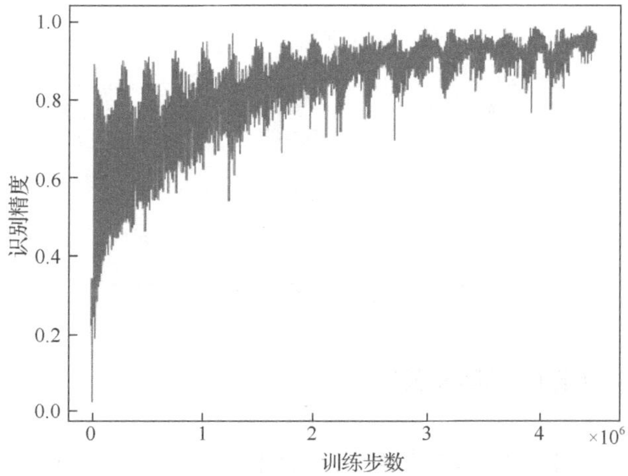

（b）验证样本识别精度随训练步数变化

图 5.73　长短时记忆神经网络训练过程

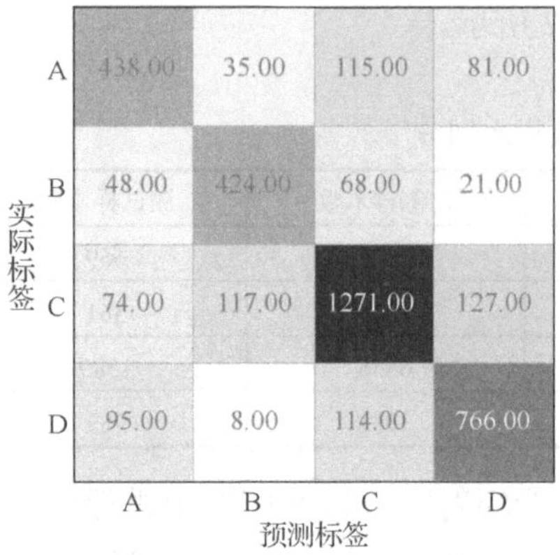

图 5.74　长短时记忆神经网络输出混淆矩阵

对比卷积神经网络的损失函数及验证样本识别精度变化，长短时记忆神经网络的收敛速度更快，且收敛过程相对稳定。将测试样本输入已经训练好的模型之中，以混淆矩阵的形式对识别结果进行展示，如图 5.74 所示。

表 5.13 中统计了测试集的识别结果，分别计算各类别的识别精度和召回率以及整体模型的识别精度。相比于卷积神经网络的识别结果，长短时记忆神经网络的识别精度相对更高，且各样本的识别精度与召回率基本接近，说明长短时记忆神经网络受样本不均衡的影响较小。

表 5.13　长短时记忆神经网络识别结果统计

类型编号	测试样本数	预测样本数	正确预测数	识别精度	召回率	模型识别精度
A 类	669	655	438	66.87%	65.47%	76.25%
B 类	561	584	424	72.60%	75.58%	
C 类	1589	1568	1271	81.06%	79.99%	
D 类	983	995	766	76.98%	77.92%	

综上所述，三种识别模型的识别精度如图 5.75 所示，在以尺寸作为样本分类标准时，最小二乘支持向量机具有最高的识别效果，主要原因是最小二乘支持向量机模型结构对样本类内差异的约束相对后两者较低，因此在多类舰船组成的样本数据类型识别问题中效果较好。此外，相比于卷积神经网络，长短时记忆神经网络在样本不均衡的识别问题中具有更好的表现。

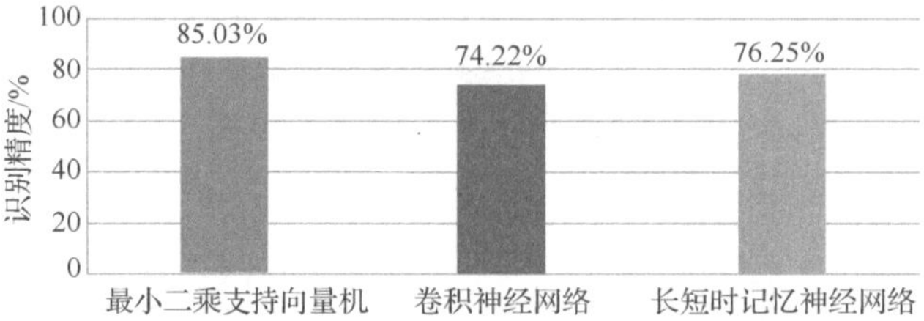

图 5.75　舰船辐射噪声多分类识别精度

5.11.10　舰船辐射噪声的小样本识别

为了避免实验设计中的样本类内差异大的问题，本节选取 ShipsEar 数据集中的 4 种舰船样本的辐射噪声数据，验证多种分类器在小样本目标识别问题中的识别性能，将某一类舰船在机动或入港状态下的舰船辐射噪声数据作为一类样本。样本参数如表 5.14 所示。

表 5.14　小样本数据集样本参数

类型编号	名称	类型	样本长度
A 类	Mussel boat（贻贝船）	贻贝船	315s
B 类	Sailboat（帆船）	帆船	298s
C 类	MAR ONZA（马尔昂扎号）	客船	300s
D 类	Adventure of the seas（海洋冒险号）	远洋货轮	400s

以表 5.14 中对应的数据作为观测样本，分别采用最小二乘支持向量机、卷积神经网络、基于迁移学习的卷积神经网络、长短时记忆神经网络、基于迁移学习的长短时记忆神经网络对小样本舰船目标识别问题进行实验分析。

1. 最小二乘支持向量机识别结果

截取 1s 的时域数据作为舰船辐射噪声样本，截取过程中连续帧数据重叠度为 0.5，进行 LOFAR 谱分析、DEMON 谱分析、1 1/2 维谱分析和小波变换获得舰船辐射噪声 167 维向量特征样本，分别将四类样本标记为 1、2、3、4。数据集样本划分如表 5.15 所示。

表 5.15　数据集样本划分

类型编号	标记	样本维度	样本总数	训练样本数	验证样本数	测试样本数
A 类	1	167	630	504	126	126
B 类	2	167	595	476	119	119
C 类	3	167	630	504	126	126
D 类	4	167	800	640	160	160

将训练数据输入设计的基于一对一最小二乘支持向量机的舰船辐射噪声识别模型中，利用一对一多元分类算法进行训练。支持向量机模型的惩罚因子 $C=1\sim10$，$C_{\text{step}}=1$；高斯径向基核函数系数 $\gamma=1\sim10$，$\gamma_{\text{step}}=1$。最小二乘支持向量机模型识别结果统计如表 5.16 所示。经过训练的模型对验证集和测试集识别输出的混淆矩阵如图 5.76 所示。

表 5.16　最小二乘支持向量机模型识别结果统计

类型编号	测试样本数	预测样本数	正确预测数	识别精度	召回率	模型识别精度
A 类	126	116	107	92.24%	84.92%	86.25%
B 类	119	112	98	87.50%	82.35%	
C 类	126	122	99	81.15%	78.57%	
D 类	160	181	154	85.08%	96.25%	

图 5.76（a）反映了训练样本验证集的识别精度为94.73%，表示经过训练后模型对训练样本的识别能力。测试集的识别精度为86.25%。

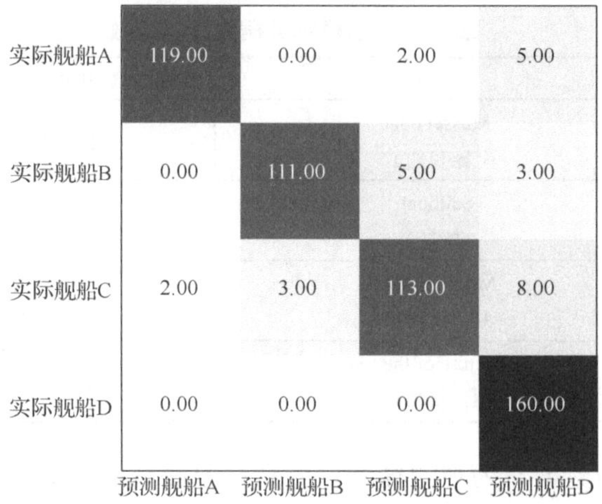

（a）验证集识别输出结果

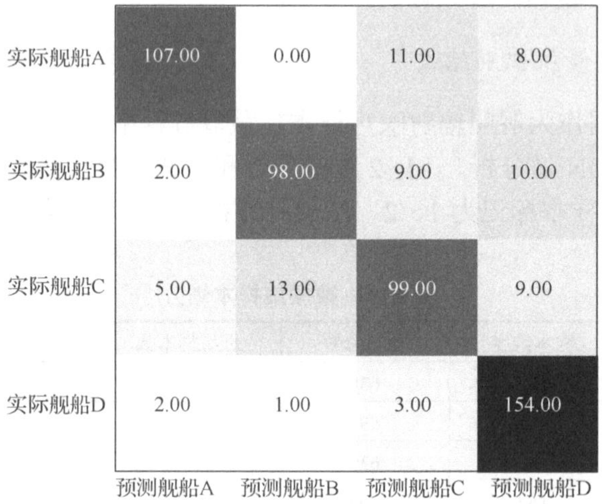

（b）测试集识别输出结果

图 5.76　一对一最小二乘支持向量机输出混淆矩阵

2. 卷积神经网络识别结果

截取 1s 的时域数据作为舰船辐射噪声样本，截取过程中连续帧数据重叠度为 0.5。进行 LOFAR 谱分析及线谱增强，获得舰船辐射噪声 227×227 图像特征样本，分别将四类样本标记为 1、2、3、4。数据集样本划分如表 5.17 所示。

表 5.17　卷积神经网络数据集样本划分

类型编号	标记	样本维度	样本总数	训练样本数	测试样本数
A 类	1	227×227	630	504	126
B 类	2	227×227	595	476	119
C 类	3	227×227	630	504	126
D 类	4	227×227	800	640	160

将训练数据输入设计的基于卷积神经网络的舰船辐射噪声识别模型中进行训练。其中，模型训练步数为 5000 次，学习率设置为 0.001，批处理大小为 200，并将每一批数据中的 20%作为验证样本。训练过程中模型损失函数与验证样本识别精度随训练步数的变化曲线如图 5.77 所示。

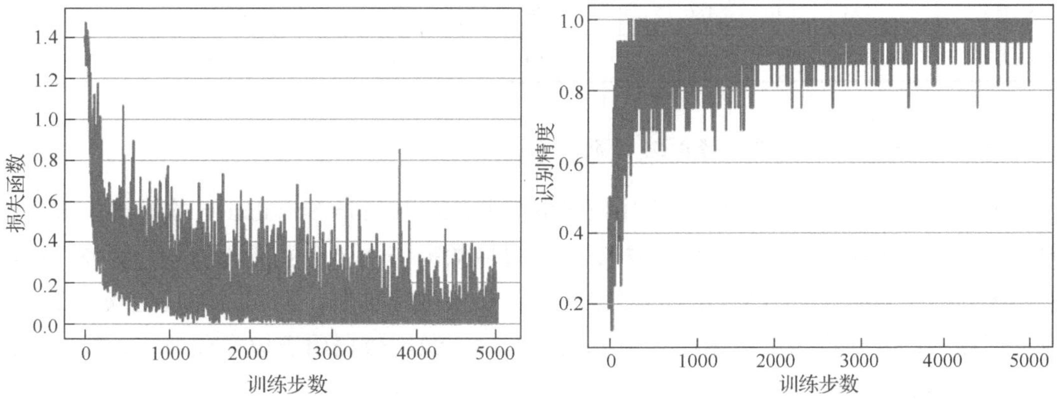

（a）模型损失函数随训练步数变化　（b）验证样本识别精度随训练步数变化

图 5.77　卷积神经网络训练过程

图 5.77 反映了卷积神经网络训练过程中的损失函数以及验证样本识别准确率的变化。将测试样本输入已经训练好的模型之中，识别结果的混淆矩阵如图 5.78 所示。

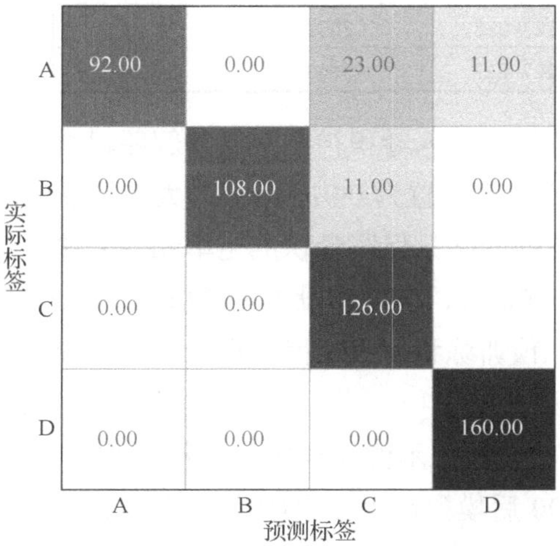

图 5.78　卷积神经网络输出的混淆矩阵

表 5.18 统计了测试样本的识别结果。分别计算各类别的识别精度和召回率，模型的识别精度为 91.52%，识别精度明显提高，说明样本集类内差异会对卷积神经网络识别产生影响。当样本数据集中特征鲜明时，基于卷积神经网络的舰船辐射噪声识别模型具有较高的识别结果。

表 5.18　卷积神经网络识别结果统计

类型编号	测试样本数	预测样本数	正确预测数	识别精度	召回率	模型识别精度
A 类	126	92	92	100.00%	73.02%	91.52%
B 类	119	108	108	100.00%	90.76%	
C 类	126	160	126	78.75%	100.00%	
D 类	160	171	160	93.57%	100.00%	

3. 基于迁移学习的卷积神经网络识别结果

根据介绍的基于迁移学习的卷积神经网络模型，采用 ShipsSimulation 数据集生成方法建立源域数据集，四种样本一一对应。截取 1s 的时域数据作为一个舰船辐射噪声样本，截取过程中连续帧数据重叠度为 0.5，进行 LOFAR 谱分析及线谱增强，获得舰船辐射噪声 227×227 图像特征样本，分别将四类样本标记为 1、2、3、4，源域数据用于模型预训练。数据集样本划分如表 5.19 所示。

表 5.19　基于迁移学习的卷积神经网络数据集样本划分

类型编号	标记	样本维度	源域样本总数	目标域样本总数	目标域训练样本数	目标域测试样本数
A 类	1	227×227	3000	630	504	126
B 类	2	227×227	3000	595	476	119
C 类	3	227×227	3000	630	504	126
D 类	4	227×227	3000	800	640	160

将源域样本作为预训练样本输入卷积神经网络的舰船辐射噪声识别模型中进行预训练，模型训练步数为 5000 次，学习率设置为 0.01，批处理大小为 3000，并将每一批数据中的 20%作为验证样本。经过预训练的网络只保留卷积池化单元用来建立新的网络，用目标域训练样本进行训练，训练步数为 5000 次，学习率设置为 0.001，批处理大小为 200，并将每一批数据中的 20%作为验证样本。预训练和训练过程中模型损失函数与验证样本识别精度随训练步数的变化曲线如图 5.79 所示。

图 5.79 中，左侧图中的曲线表示源域样本的训练过程，由于源域样本数据充足、特征清晰，在训练步数超过 2500 后模型已经完全收敛，具有稳定的识别能力；右侧图中的曲线表示目标域样本的训练过程，相比于目标域数据的训练过程，经过迁移后的模型初始具有较大的损失函数值，随着训练步数的增加模型快速收敛，且在相同训练步数条件下模型收敛过程更加稳定，对验证集数据的识别率也更高。目标域测试集的识别混淆矩阵如图 5.80 所示。

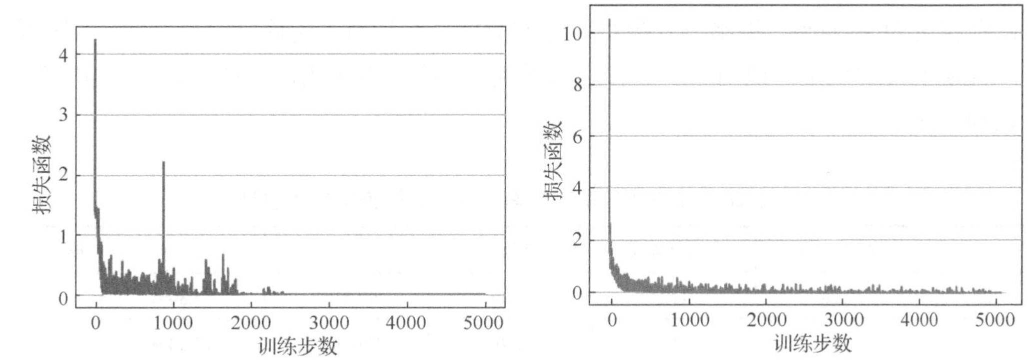

（a）模型损失函数随训练步数变化

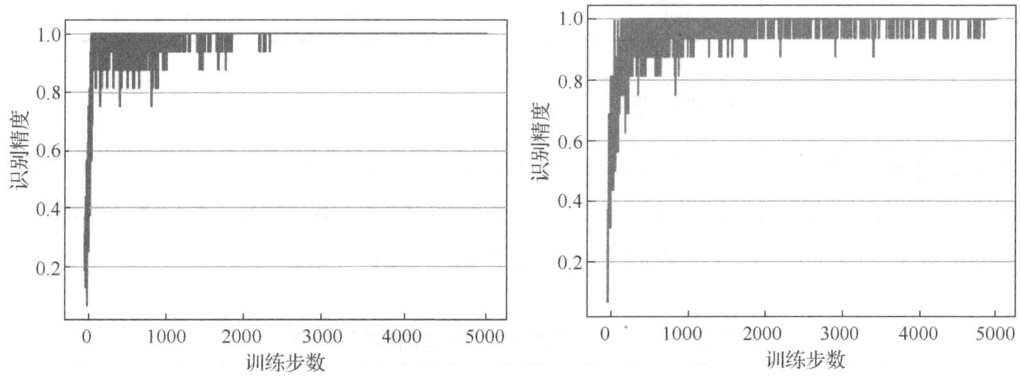

（b）验证样本识别精度随训练步数变化

图 5.79　基于迁移学习的卷积神经网络训练过程

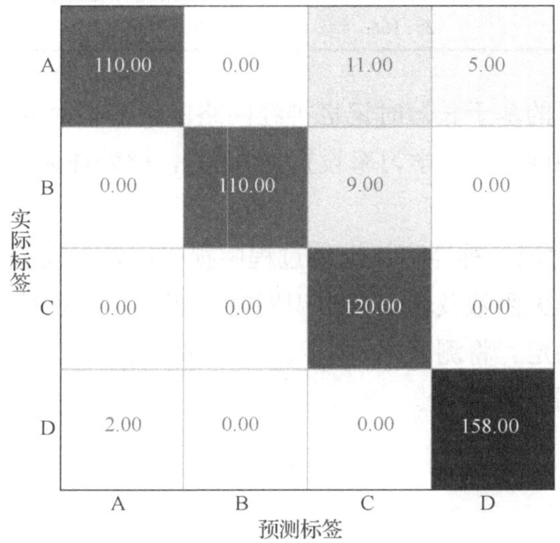

图 5.80　基于迁移学习的卷积神经网络输出混淆矩阵

表 5.20 统计了目标域测试集数据的识别结果。分别计算各类别的识别精度和召回率，模型的识别精度为 94.86%。相比于直接对目标域数据进行训练，迁移学习模型的识别精度明显提升，且模型收敛稳定，说明基于迁移学习的卷积神经网络适用于小样本数据集的舰船辐射噪声识别问题。

表 5.20　基于迁移学习的卷积神经网络识别结果统计

类型编号	测试样本数	预测样本数	正确预测数	识别精度	召回率	模型识别精度
A 类	126	112	110	98.21%	87.30%	94.86%
B 类	119	110	110	100.00%	92.44%	
C 类	120	140	120	85.71%	100.00%	
D 类	160	163	158	96.93%	98.75%	

4. 长短时记忆神经网络识别结果

截取 1s 的时域数据作为舰船辐射噪声样本，截取过程中连续帧数据重叠度为 0.5，进行梅尔频率倒谱分析及 DEMON 谱轴频估计，获得舰船辐射噪声 25×166 向量特征样本，分别将四类样本标记为 1、2、3、4。数据集样本划分如表 5.21 所示。

表 5.21　长短时记忆神经网络数据集样本划分

类型编号	标记	样本维度	样本总数	训练样本数	测试样本数
A 类	1	25×166	630	504	126
B 类	2	25×166	595	476	119
C 类	3	25×166	630	504	126
D 类	4	25×166	800	640	160

将训练数据输入设计的基于长短时记忆神经网络的舰船辐射噪声识别模型中进行训练，其中模型训练步数为 1260000 次，学习率设置为 0.001，批处理大小为 200，并将每一批数据中的 20%作为验证样本。

图 5.81 反映了长短时记忆神经网络训练过程中损失函数以及验证样本识别精度的变化。对比于卷积神经网络的损失函数及验证样本识别精度变化，长短时记忆神经网络的收敛速度更快，且收敛过程相对稳定。将测试样本输入已经训练好的模型之中，以混淆矩阵的形式对识别结果进行展示，如图 5.82 所示。

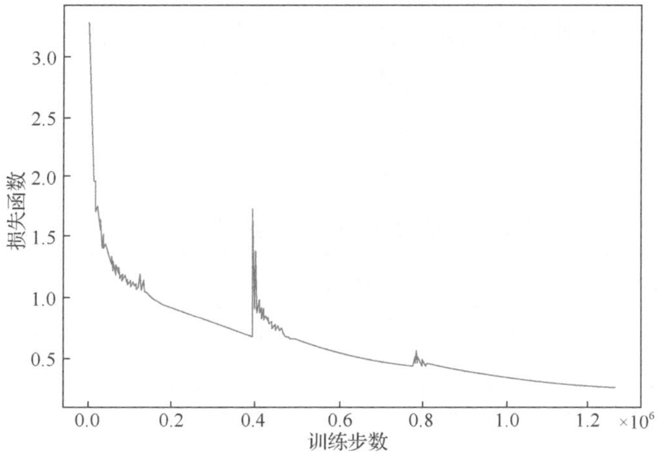

（a）模型损失函数随训练步数变化

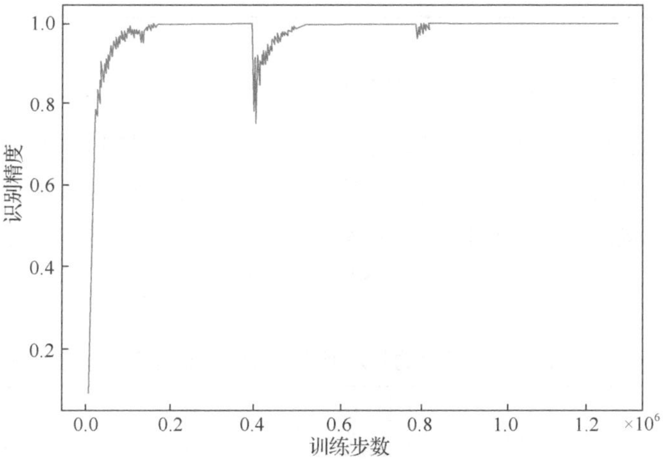

（b）验证样本识别精度随训练步数变化

图 5.81　长短时记忆神经网络训练过程

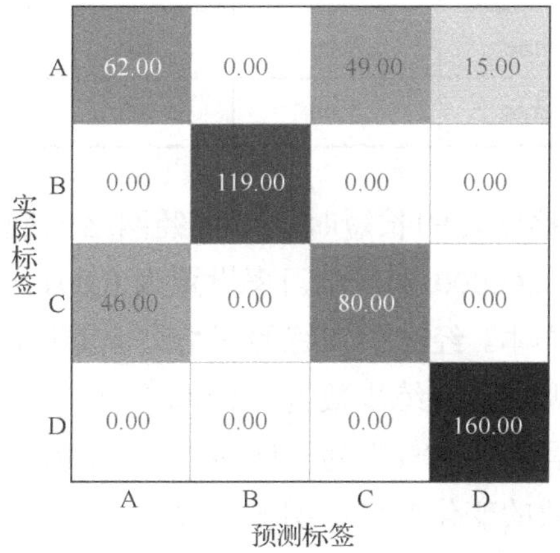

图 5.82　长短时记忆神经网络输出混淆矩阵

表 5.22 统计了测试集数据的识别结果，分别统计了各类别的识别精度和召回率，模型的识别精度为 78.28%。相比于卷积神经网络的识别结果，长短时记忆神经网络的识别精度较低，说明长短时记忆神经网络受样本数目少的影响较大，不利于小样本舰船目标识别。

表 5.22　长短时记忆神经网络识别结果统计

类型编号	测试样本数	预测样本数	正确预测数	识别精度	召回率	模型识别精度
A 类	126	108	62	57.41%	49.21%	78.28%
B 类	119	119	119	100.00%	100.00%	
C 类	126	129	80	62.02%	63.49%	
D 类	160	175	160	91.43%	100.00%	

5. 基于迁移学习的长短时记忆神经网络识别结果

根据介绍的基于迁移学习的长短时记忆神经网络模型，截取 1s 的时域数据作为一个舰船辐射噪声样本，截取过程中连续帧数据重叠度为 0.5，进行梅尔频率倒谱分析及 DEMON 谱轴频估计，获得舰船辐射噪声 25×166 向量特征样本，分别将四类样本标记为 1、2、3、4，源域数据用于模型预训练。数据集样本划分如表 5.23 所示。

表 5.23　基于迁移学习的长短时记忆神经网络数据集样本划分

类型编号	标记	样本维度	源域样本总数	目标域样本总数	目标域训练样本数	目标域测试样本数
A 类	1	25×166	3000	630	504	126
B 类	2	25×166	3000	595	476	119
C 类	3	25×166	3000	630	504	126
D 类	4	25×166	3000	800	640	160

将训练数据输入基于迁移学习的长短时记忆神经网络的舰船辐射噪声识别模型中进行训练，其中模型训练步数为 1260000 次，学习率设置为 0.001，批处理大小为 1000，并将每一批数据中的 20%作为验证样本。经过预训练的网络只保留长短时记忆单元用来建立新的网络，用目标域训练样本进行训练，训练步数为 1260000 次，学习率设置为 0.00025，批处理大小为 200，并将每一批数据中的 20%作为验证样本。预训练与训练过程中模型损失函数与验证样本识别精度随训练步数的变化曲线如图 5.83 所示。

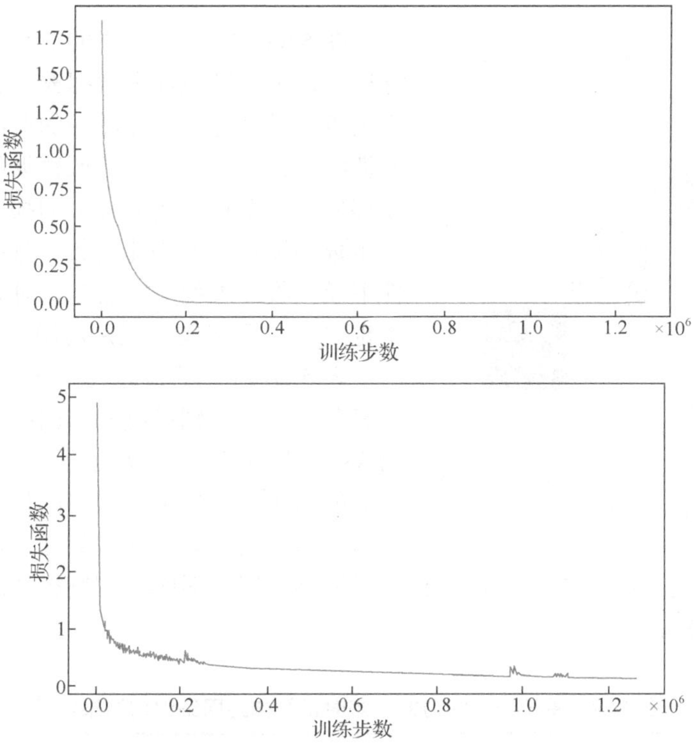

（a）模型损失函数随训练步数变化

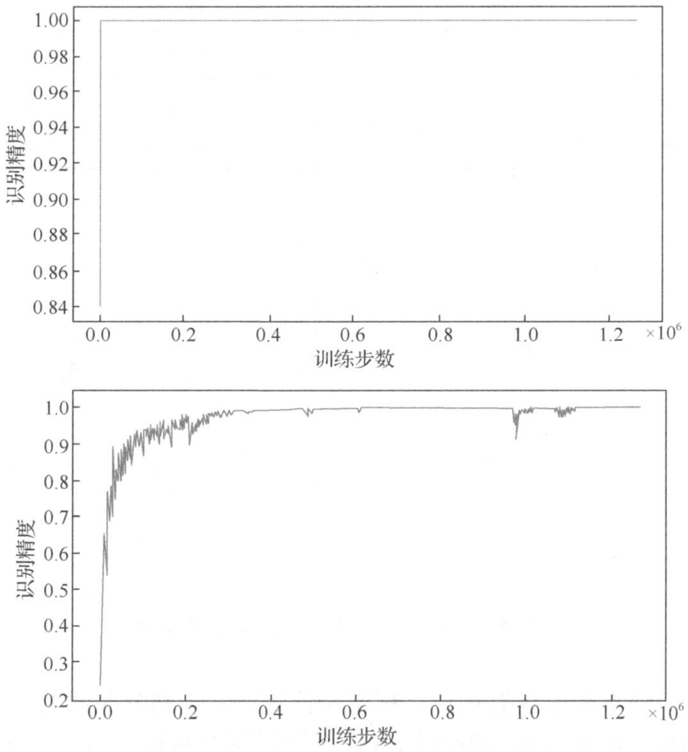

（b）验证样本识别精度随训练步数变化

图 5.83　基于迁移学习的长短时记忆神经网络训练过程

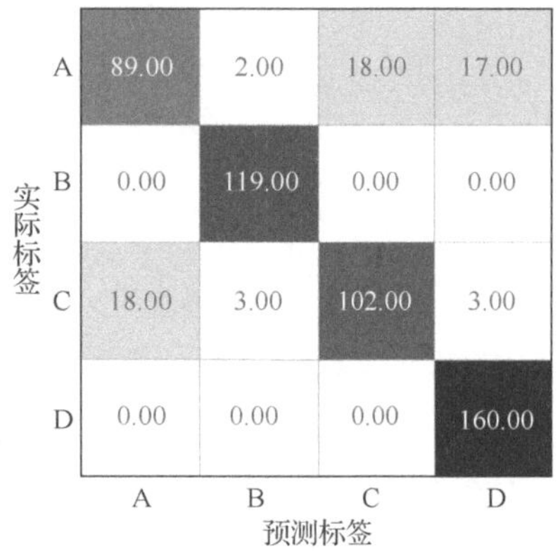

图 5.84　基于迁移学习的长短时记忆神经网络输出混淆矩阵

图 5.83 中，上方图中的曲线表示源域样本的训练过程，由于源域样本数据充足、特征清晰，模型收敛迅速且稳定；下方图中的曲线表示目标域样本的训练过程，相比于目标域数据的训练过程，经过迁移后的模型初始具有较大的损失函数值，随着训练步数的增加模型快速收敛，且在相同训练步数条件下模型收敛过程更加稳定，对验证集数据的识别率也更高。测试集的识别混淆矩阵如图 5.84 所示。

表 5.24 统计了目标域测试集的识别结果，分别计算各类别的识别精度和召回率，模型的识别精度为 88.51%。相比于直接对目标域进行训练，经过迁移后的长短时记忆神经网络的识别精度更高，说明迁移学习有助于降低样本数据少对长短时记忆神经网络的影响，基于迁移学习的长短时记忆神经网络舰船辐射噪声识别模型适用于小样本舰船目标识别（图 5.85）。

表 5.24　基于迁移学习的长短时记忆神经网络识别结果统计

类型编号	测试样本数	预测样本数	正确预测数	识别精度	召回率	模型识别精度
A 类	126	107	89	83.18%	70.63%	88.51%
B 类	119	124	119	95.97%	100.00%	
C 类	126	120	102	85.00%	80.95%	
D 类	160	180	160	88.89%	100.00%	

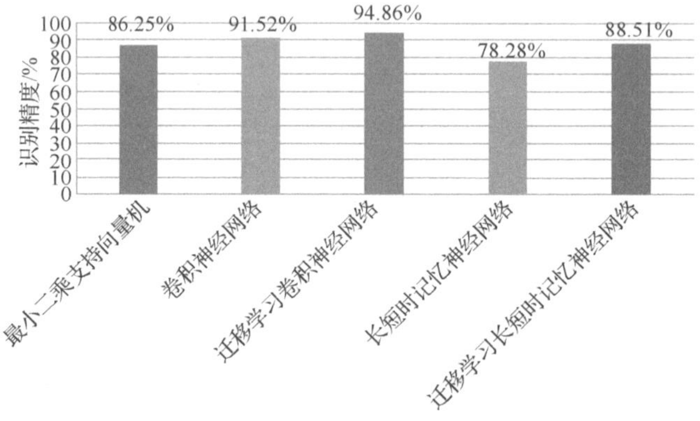

图 5.85　小样本舰船辐射噪声识别精度统计

综上所述，在小样本舰船辐射噪声目标识别问题中，不同分类器的识别精度如图 5.85 所示，基于迁移学习的卷积神经网络舰船辐射噪声识别模型具有最高的识别精度。此外，可以得出结论，样本数据少对卷积神经网络影响小，对长短时记忆神经网络影响较大，且迁移学习可以降低样本数据少对深度学习模型训练中的影响，有助于提高小样本目标识别精度。

5.11.11　舰船辐射噪声的样本数目失衡识别

根据中小样本舰船目标识别实验结果，本节将在 ShipsEar 数据集中选取 4 种舰船样本长度差异明显的辐射噪声数据，用于验证不同分类器在样本不均衡问题中的识别性能。将某一类舰船在机动或入港状态下的舰船辐射噪声数据作为一类样本，样本数据如表 5.25 所示。

表 5.25　不均衡样本数据集样本参数

编号	船舶快照	名称	类型	样本长度
A 类		Mussel boat（贻贝船）	贻贝船	1673s
B 类		Pilot ship（领航船）	领航船	1403s
C 类		MAR DE CANGAS（马尔德·卡加斯号）	客船	3973s
D 类		AUTOPRIDE（车辆运输船）	滚装船	2458s

以表 5.25 中对应的数据作为观测样本，分别采用类加权支持向量机、卷积神经网络、基于迁移学习的卷积神经网络、长短时记忆神经网络、基于迁移学习的长短时记忆神经网络对小样本舰船目标识别问题进行实验分析。

1. 类加权支持向量机识别结果

截取 1s 的时域数据作为舰船辐射噪声样本，截取过程中连续帧数据重叠度为 0.5。进行 LOFAR 谱分析、DEMON 谱分析、1 1/ 2 维谱分析和小波变换，获得舰船辐射噪声 167 维向量特征样本，分别将四类样本标记为 1、2、3、4。数据集样本划分如表 5.26 所示。

表 5.26　类加权支持向量机数据集样本划分

类型编号	标记	样本维度	样本总数	训练样本数	验证样本数	测试样本数
A 类	1	167	1150	920	230	230
B 类	2	167	280	224	56	56
C 类	3	167	2110	1688	422	422
D 类	4	167	375	300	75	75

将训练数据输入基于类加权支持向量机的舰船辐射噪声识别模型中，根据一对一多分类算法进行训练。支持向量机模型的惩罚因子 $C=1\sim10$，$C_{\text{step}}=1$；高斯径向基核函数参数 $\gamma=1\sim10$，$\gamma_{\text{step}}=1$；类加权系数 $\lambda=\{2,8,1,6\}$。经过训练的模型对验证集和测试集识别输出的混淆矩阵如图 5.86 所示。

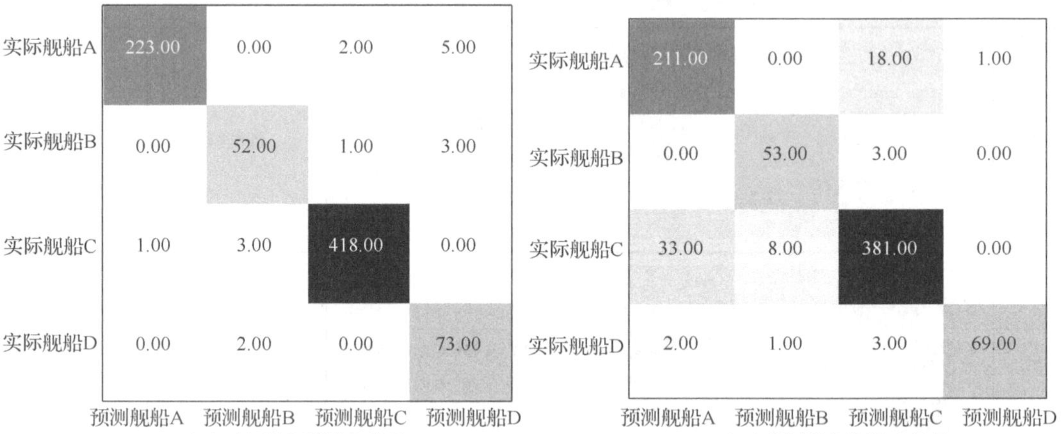

（a）验证集识别输出结果　　（b）测试集识别输出结果

图 5.86　类加权支持向量机输出混淆矩阵

图 5.86（a）说明对于已经训练的验证集的正确识别率为97.82%，说明模型对该数据集已经具备识别能力。表 5.27 统计了测试集各类别的识别精度和召回率。各类样本的识别精度和召回率相对平衡，说明样本数目不均衡对模型的影响较小，模型的识别精度为89.78%。

表 5.27　类加权支持向量机识别结果统计

类型编号	测试样本数	预测样本数	正确预测数	识别精度	召回率	模型识别精度
A 类	230	246	211	85.77%	91.74%	89.78%
B 类	56	62	53	84.13%	94.64%	
C 类	422	405	381	95.49%	90.28%	
D 类	75	70	69	92.00%	92.00%	

2. 卷积神经网络识别结果

截取 1s 的时域数据作为舰船辐射噪声样本，截取过程中连续帧数据重叠度为 0.5，进行 LOFAR 谱分析及线谱增强，获得舰船辐射噪声 227×227 图像特征样本，分别将四类样本标记为 1、2、3、4。数据集样本划分如表 5.28 所示。

表 5.28　卷积神经网络数据集样本划分

类型编号	标记	样本维度	样本总数	训练样本数	测试样本数
A 类	1	227×227	1150	920	230
B 类	2	227×227	280	224	56
C 类	3	227×227	2110	1688	422
D 类	4	227×227	375	300	75

将训练数据输入设计的基于卷积神经网络的舰船辐射噪声识别模型中进行训练。其中，模型训练步数为 5000 次，学习率设置为 0.001，批处理大小为 200，并将每一批数据中的 20%作为验证样本。训练过程中模型损失函数与验证样本识别精度随训练步数的变化曲线如图 5.87 所示。

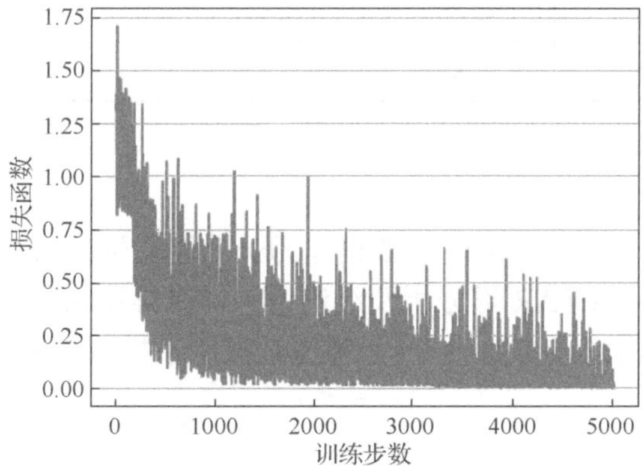

（a）模型损失函数随训练步数变化

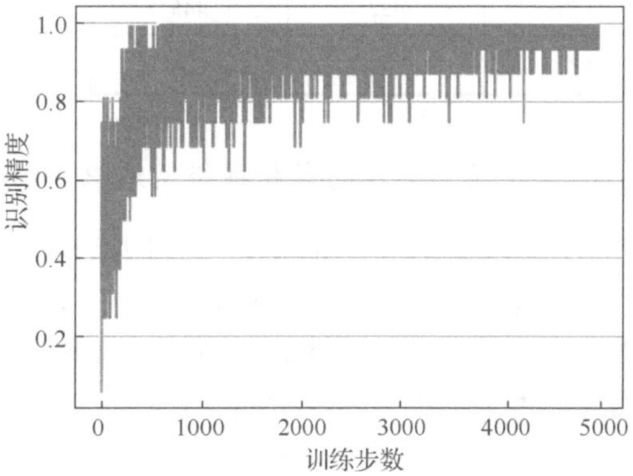

（b）验证样本识别精度随训练步数变化

图 5.87　卷积神经网络训练过程

图 5.87 反映了卷积神经网络训练过程中的损失函数以及验证样本识别精度的变化。将测试样本输入已经训练好的模型之中，识别结果的混淆矩阵如图 5.88 所示。

表 5.29 统计了测试集数据的识别结果，分别统计了各类别的识别精度和召回率，模型的识别精度为89.02%。表 5.29 反映了卷积神经网络模型受样本数目不均衡影响明显，对于样本数目少的类别识别精度与召回率非常低，说明在训练过程中该类别数据对权值更新影响较小，无法满足对不同类别的平等识别。

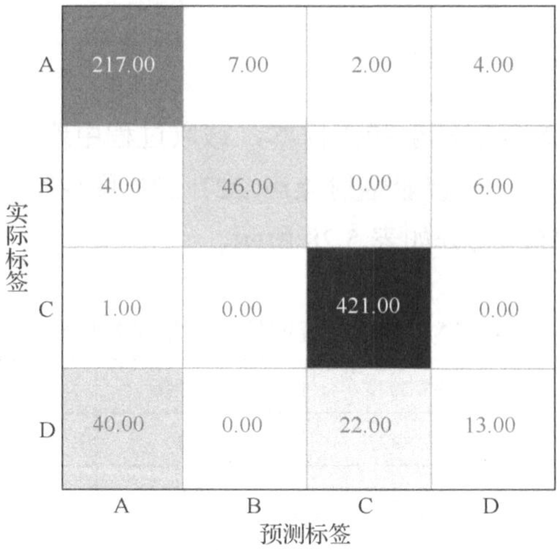

图 5.88　卷积神经网络输出的混淆矩阵

表 5.29　卷积神经网络识别结果统计

类型编号	测试样本数	预测样本数	正确预测数	识别精度	召回率	模型识别精度
A 类	230	262	217	82.82%	94.35%	89.02%
B 类	56	53	46	86.79%	82.14%	
C 类	422	445	421	94.61%	99.76%	
D 类	75	23	13	56.52%	17.33%	

3. 基于迁移学习的卷积神经网络识别结果

根据基于迁移学习的卷积神经网络模型，截取 1s 的时域数据作为一个舰船辐射噪声样本，截取过程中连续帧数据重叠度为 0.5，进行 LOFAR 谱分析及线谱增强，获得舰船辐射噪声 227×227 图像特征样本，分别将四类样本标记为 1、2、3、4，源域数据用于模型预训练。数据集样本划分如表 5.30 所示。

表 5.30　基于迁移学习的卷积神经网络数据集样本划分

类型编号	标记	样本维度	源域样本总数	目标域样本总数	目标域训练样本数	目标域测试样本数
A 类	1	227×227	3000	1150	920	230
B 类	2	227×227	3000	280	224	56
C 类	3	227×227	3000	2110	1688	422
D 类	4	227×227	3000	375	300	75

将源域样本作为预训练样本输入卷积神经网络的舰船辐射噪声识别模型中进行预训练，模型训练步数为 5000 次，学习率设置为 0.01，批处理大小为 3000，并将每一批数据中的 20%作为验证样本。经过预训练的网络只保留卷积池化单元用来建立新的网络，用目标域训练样本进行训练，训练步数为 5000 次，学习率设置为 0.001，批处理大小为 200，并将每一批数据中的 20%作为验证样本。预训练和训练过程中模型损失函数与验证样本识别精度随训练步数的变化曲线如图 5.89 所示。

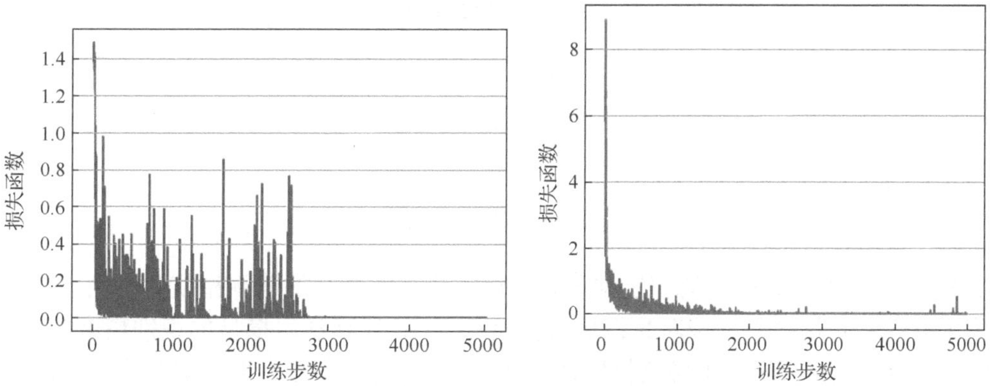

（a）模型损失函数随训练步数变化

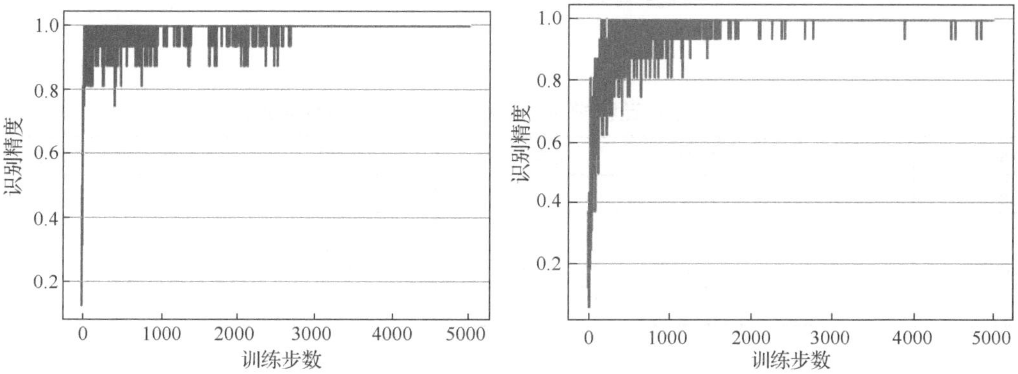

（b）验证样本识别精度随训练步数变化

图 5.89　基于迁移学习的卷积神经网络训练过程

图 5.89 中，左侧图中的曲线表示源域样本的训练过程，由于源域样本数据充足、特征清晰，在训练步数超过 2800 后模型已经完全收敛，具有稳定的识别能力；右侧图中的曲线表示目标域样本的训练过程，相比于目标域样本数据的训练过程，经过迁移后的模型初始具有较大的损失函数值，随着训练步数的增加模型快速收敛，且在相同训练步数条件下模型收敛过程更加稳定，对验证集数据的识别率也更高。目标域测试集的识别混淆矩阵如图 5.90 所示。

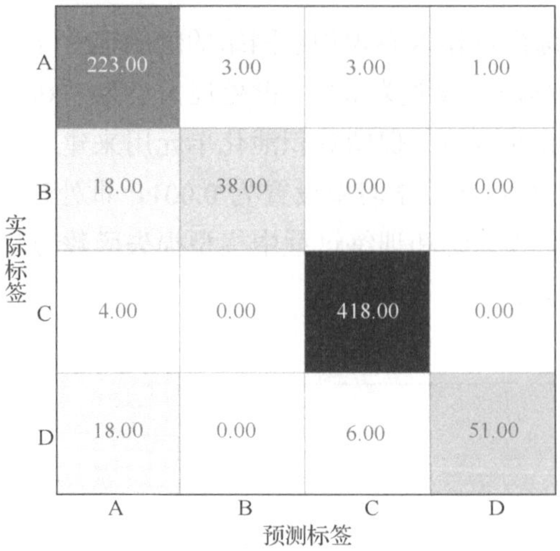

图 5.90 目标域测试集的识别混淆矩阵

表 5.31 统计了目标域样本的识别结果，分别统计了各类别的识别精度和召回率，模型的识别精度为 93.23%。相比于直接对目标域数据进行训练，迁移学习模型的识别精度明显提升，且模型收敛稳定。样本数据少的类别召回率有所提升但是仍然远小于样本多的类别，说明迁移学习可以改善样本不均衡问题对卷积神经网络的影响，但无法完全解决样本的平等识别问题。

表 5.31 基于迁移学习的卷积神经网络识别结果统计

类型编号	测试样本数	预测样本数	正确预测数	识别精度	召回率	模型识别精度
A 类	230	263	223	84.79%	96.96%	93.23%
B 类	56	41	38	92.68%	67.86%	
C 类	422	427	418	97.89%	99.05%	
D 类	75	52	51	98.08%	68.00%	

4. 长短时记忆神经网络识别结果

截取 1s 的时域数据作为舰船辐射噪声样本，截取过程中连续帧数据重叠度为 0.5。进行梅尔频率倒谱分析及 DEMON 谱轴频估计，获得舰船辐射噪声 25×166 向量特征样本，分别将四类样本标记为 1、2、3、4。数据集样本划分如表 5.32 所示。

表 5.32 长短时记忆神经网络数据集样本划分

类型编号	标记	样本维度	样本总数	训练样本数	测试样本数
A 类	1	25×166	1150	920	230
B 类	2	25×166	280	224	56
C 类	3	25×166	2110	1688	422
D 类	4	25×166	375	300	75

将训练数据输入基于长短时记忆神经网络的舰船辐射噪声识别模型中进行训练。其中，模型训练步数为 1800000 次，学习率设置为 0.0025，批处理大小为 200，并将每一批数据中的 20%作为验证样本。训练过程中模型损失函数与验证样本识别精度随训练步数的变化曲线如图 5.91 所示。

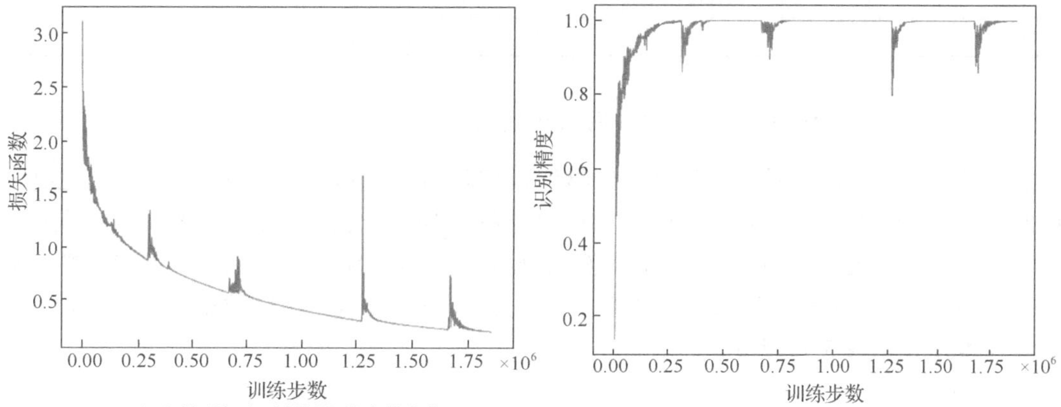

（a）模型损失函数随训练步数变化　　（b）验证样本识别精度随训练步数变化

图 5.91　长短时记忆神经网络训练过程

图 5.91 反映了长短时记忆神经网络训练过程中的损失函数以及验证样本识别精度的变化。对比于卷积神经网络的损失函数及验证样本识别精度变化，长短时记忆神经网络的收敛速度更快，且收敛过程相对稳定。测试集的识别混淆矩阵如图 5.92 所示。

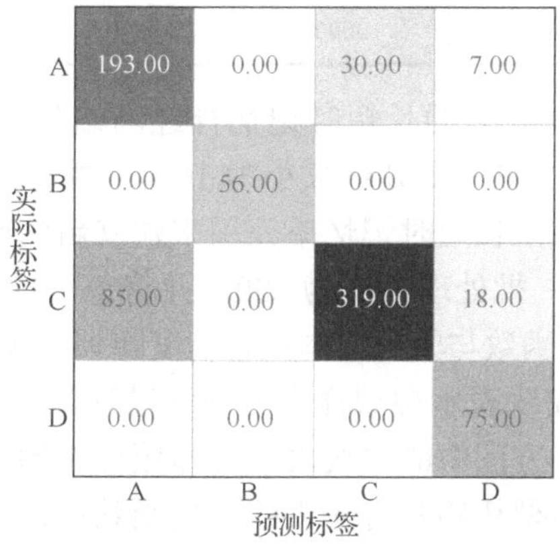

图 5.92　长短时记忆神经网络输出混淆矩阵

表 5.33 统计了测试样本的识别结果，分别统计了各类别的识别精度和召回率，模型的识别精度为 82.12%。长短时记忆神经网络的识别结果中部分样本的识别精度与召回率基本接近，虽然整体识别率不高，但受样本不均衡的影响较小。

表 5.33　长短时记忆神经网络识别结果统计

类型编号	测试样本数	预测样本数	正确预测数	识别精度	召回率	模型识别精度
A 类	230	278	193	69.42%	83.91%	82.12%
B 类	56	56	56	100.00%	100.00%	
C 类	422	349	319	91.40%	75.59%	
D 类	75	100	75	75.00%	100.00%	

5. 基于迁移学习的长短时记忆神经网络识别结果

根据基于迁移学习的长短时记忆神经网络模型和 ShipsSimulation 数据集生成方法建立源域数据集，四种样本一一对应。截取 1s 的时域数据作为一个舰船辐射噪声样本，截取过程中连续帧数据重叠度为 0.5。进行梅尔频率倒谱分析及 DEMON 谱轴频估计，获得舰船辐射噪声 25×166 向量特征样本，分别将四类样本标记为 1、2、3、4，源域数据用于模型预训练。数据集样本划分如表 5.34 所示。

表 5.34　基于迁移学习的长短时记忆神经网络数据集样本划分

类型编号	标记	样本维度	源域样本总数	目标域样本总数	目标域训练样本数	目标域测试样本数
A 类	1	25×166	3000	1150	920	230
B 类	2	25×166	3000	280	224	56
C 类	3	25×166	3000	2110	1688	422
D 类	4	25×166	3000	375	300	75

将训练数据输入基于迁移学习的长短时记忆神经网络的舰船辐射噪声识别模型中进行训练。其中，学习率设置为 0.001，批处理大小为 1000，并将每一批数据中的 20%作为验证样本。经过预训练的网络只保留长短时记忆单元用来建立新的网络，用目标域训练样本进行训练，学习率设置为 0.00025，批处理大小为 200，并将每一批数据中的 20%作为验证样本。预训练和训练过程中模型损失函数与验证样本识别精度随训练步数的变化曲线如图 5.93 所示。

图 5.93 中，上方图中的曲线表示源域样本的训练过程，由于源域样本数据充足、特征清晰，模型收敛迅速且稳定；下方图中的曲线表示目标域样本的训练过程，相比于目标域数据的训练过程，经过迁移后的模型初始具有较大的损失函数值，随着训练步数的增加模型快速收敛。测试集的识别混淆矩阵如图 5.94 所示。

表 5.35 统计了目标域测试集的识别结果，分别计算各类别的识别精度和召回率，模型的识别精度为 90.42%。相比于直接对目标域进行训练，经过迁移后的长短时记忆神经网络的识别精度更高，不同样本的识别精度与召回率基本相近，受样本数目不均衡影响较小，适用于样本不均衡的舰船辐射噪声识别问题（图 5.95）。

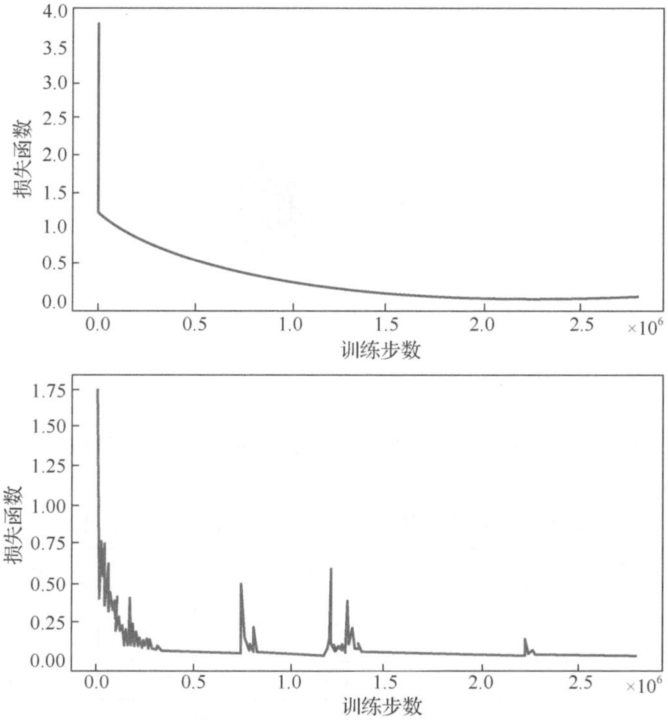

（a）模型损失函数随训练步数变化

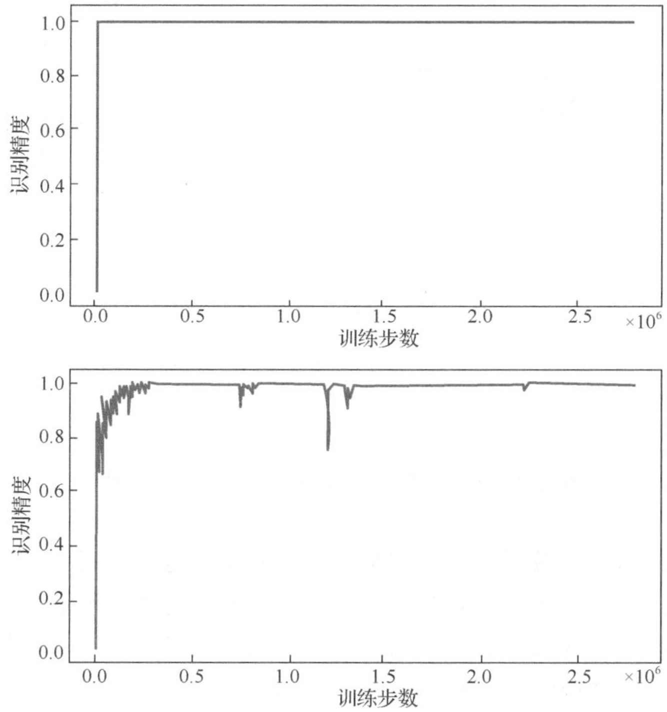

（b）验证样本识别精度随训练步数变化

图 5.93　基于迁移学习的长短时记忆神经网络训练过程

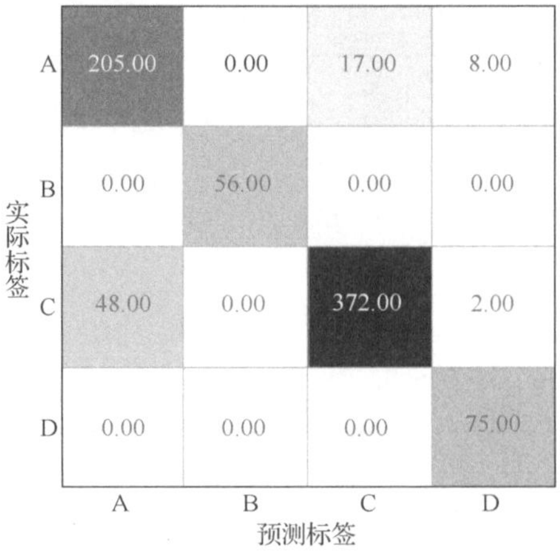

图 5.94　基于迁移学习的长短时记忆神经网络输出混淆矩阵

表 5.35　不均衡舰船辐射噪声样本识别结果统计

类型编号	测试样本数	预测样本数	正确预测数	识别精度	召回率	模型识别精度
A 类	230	253	205	81.03%	89.13%	90.42%
B 类	56	56	56	100.00%	100.00%	
C 类	422	389	372	95.63%	88.15%	
D 类	75	85	75	88.24%	100.00%	

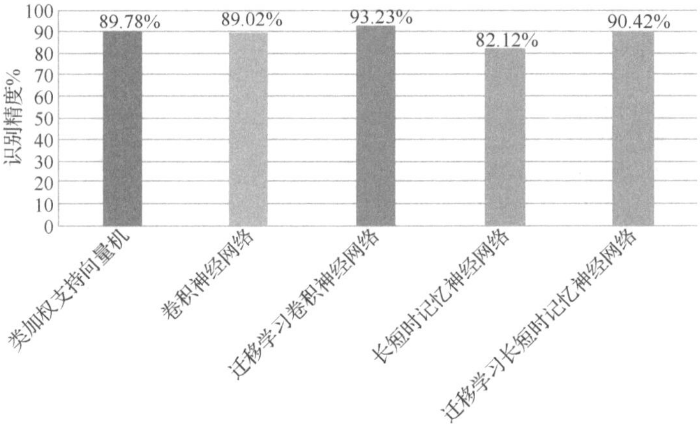

图 5.95　不均衡舰船辐射噪声样本识别精度统计

综上所述，在样本不均衡舰船辐射噪声目标识别问题中，不同分类器的识别精度如图 5.95 所示，反映出基于迁移学习的卷积神经网络舰船辐射噪声识别模型具有最高的识别精度，长短时记忆神经网络舰船辐射噪声识别模型的识别精度较低，再次验证小样本数据下基于迁移学习的卷积神经网络的识别结果最好。

图 5.96 统计了四类样本在不同分类器识别条件下输出的识别精度和召回率，反映出样本数据不均衡对卷积神经网络影响最大，类加权支持向量机与长短时记忆神经网络受样本不均

衡的影响较小，且迁移学习可以降低样本数据不均衡对深度学习模型训练的影响，有助于提高样本不均衡目标识别精度。综合比较各模型的识别精度和各样本识别精度及召回率，基于迁移学习的长短时记忆神经网络舰船辐射噪声识别模型在样本不均衡舰船目标识别中表现最优。

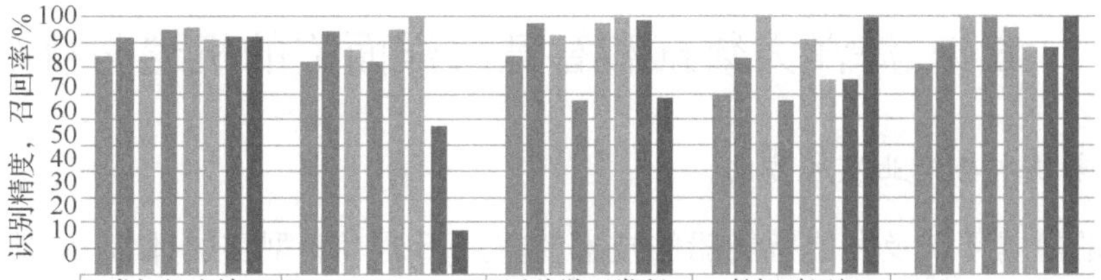

	类加权支持向量机	卷积神经网络	迁移学习卷积神经网络	长短时记忆神经网络	迁移学习长短时记忆神经网络
■A类识别精度	85.77%	82.82%	84.79%	69.42%	81.03%
■A类召回率	91.74%	94.35%	96.96%	83.91%	89.13%
■B类识别精度	84.13%	86.79%	92.68%	100.00%	100.00%
■B类召回率	94.64%	82.14%	67.86%	100.00%	100.00%
■C类识别精度	95.49%	94.61%	97.89%	91.40%	95.63%
■C类召回率	90.28%	99.76%	99.05%	75.59%	88.15%
■D类识别精度	92.00%	56.52%	98.08%	75.00%	88.24%
■D类召回率	92.00%	17.33%	68.00%	100.00%	100.00%

图 5.96　不均衡舰船辐射噪声样本识别精度与召回率统计（扫封底二维码可见彩图）

参 考 文 献

[1] Zisserman A, Simonyan K. Very deep convolutional networks for large-scale image recognition[J]. Neural Computation, 2014, 23(2): 232-242.

[2] 俞孟萨，吴有生，庞业珍. 国外舰船水动力噪声研究进展概述[J]. 船舶力学, 2007, 11(1):152-158.

[3] 程玉胜，王森，丁超，等. 解调带宽对船舶辐射噪声调制谱的影响[J]. 声学学报, 2018, 43(6):925-933.

[4] 杜选民，姜亚浩. 舰船辐射噪声模拟技术研究[J]. 声学技术, 1999(1):10-14.

[5] 李山，王德俊，王海斌. 一种基于线谱特征函数提取 LOFAR 图线谱的方法[J]. 声学技术, 2016, 35(4):373-377.

[6] 戴卫国，程玉胜，王易川. 支持向量机对舰船噪声 DEMON 谱的分类识别[J]. 应用声学, 2010, 29(3):206-211.

第 6 章　海洋大数据和智慧海洋发展形势与挑战

6.1　海洋大数据和智慧海洋面临的机遇与挑战

1. 船舶技术与产业发展方向

中国的薄弱环节及发展智能船舶技术的重点不是“船型和船体”，而是船舶的“大脑、神经与内脏”。必须加快感知探测控制元器件、智能船用动力系统、数控配套设备、一体化观通导航信息系统及智能软件的研究开发，改变长期以来产业结构与科研安排中“总体设计与总装建造”及“动力配套与观导信息”前重后轻的不协调现象，推动船舶产业与产品的“数字化转型、智能化升级”。

绿色船舶是“通过采用先进技术，把传统的‘使用功能和性能要求’与 21 世纪的‘节约资源与保护环境的要求’紧密结合，在船舶设计、制造、使用与拆解的全周期中，节省资源和能源，减少或消除环境污染，保障生产和使用者健康安全、友好舒适的新技术船舶”[1]。

2. 海洋资源开发装备发展方向

受台风、巨浪、海冰等海面恶劣条件影响，海洋油气开发装备的长远发展趋势是从水面转入水下，俄罗斯、挪威等国提出了解决水下钻探、供能、转运问题的多种技术方案。中国油气需求及进口量庞大，涉及天然气水合物勘探、开采、供能、控制、输运及立体安全监测的水面与海底装备体系化等技术：浮式液化天然气（floating liquefied natural gas，FLNG）生产储卸装置、深水圆筒形浮式生产储卸油装置（floating production storage and offloading，FPSO）、水下生产控制系统、水下多相增压泵与湿气压缩系统、水下变压变频供电系统、水下多相集输及监测系统、水下应急维护系统、多功能深远海油气田开发与远程补给装置、极地油气开发勘探和钻井装备、极地混凝土重力式平台和天然气开采工程化设施、极地油气开发远程补给系统等[2]。针对长远需求，尤其要发展支持深海能源开发工程施工作业、海底供能及应急救援的移动与固定式深海工作站技术。

深海矿产资源开发技术正处于发展的初级阶段。采矿装备涉及的关键技术和前瞻技术：大型采矿船上数百吨重采矿机布放回收与止荡技术、水面支持船的矿物预处理与脱水排放技术、超大潜深大功率中压输配电技术、大功率供电与控制信息传输复合脐带缆技术、深海海底采矿机驱动与行进指控技术、强振强噪干扰环境中采矿机械高精度运动的综合水声导航定位技术、海床地表矿物高效掘削破碎技术、矿浆垂直管道输送技术、长距离垂直管道粗颗粒固液两相流输送技术、高效节能防堵粗粒浆体特殊混输泵技术、对海洋环境影响的评估与控制技术、低扰动智能化辅助作业水下机器人技术等。同时，必须加强深海采矿（海底作业搅动、触发有毒化合物排放、尾矿处理及尾水排放）对生态环境的影响研究。

中国的深远海渔业养殖装备技术虽取得显著进展，但绿色与智能化技术水平尚待提高，岸海一体工业化、集约化、信息化深远海养殖与服务保障体系尚待建设。为建设大型智能网箱养殖产业链，需进一步提升下述装备技术：台风海域的可定深全潜悬浮式大型养殖网箱及半潜漂浮式动力定位大型养殖网箱技术、深水网箱定深与姿态精确控制系泊技术、智能养殖辅助装备技术（渔网污附物智能清除系统技术、高密度鱼苗船网间高效传输系统技术、生长状态智能监测与投饵投药精益养殖技术、饵料智能投喂技术、轮缘驱动活鱼无伤吸捕高效出箱技术、声光融合感知识别死鱼吸取机器人技术、死鱼自动集处技术）、养殖网箱绿色供能技术、大型网箱集群养殖场的气象及鱼情多源信息集成智能管理技术、活成鱼运输及速冻和智能精准加工保障船技术等。养殖工船还涉及养殖水体交换、水质调控、减振降噪、养殖舱智能集控等技术。加强上述关键技术的研发，将有助于形成工业化深远海养殖产业链与服务保障体系，为提升全民食品供给质量、维护国家粮食安全开创新局面。

相较于世界海洋强国无人装备的研制与应用进展，我国相关装备对人员的依赖程度高，装备智能化较为薄弱。对于“急难险重”任务和复杂环境，人员现场处置亟须新型装备能力支持。由于执法区域面积广阔，成体系的智能化无人装备相对短缺，如应对海上恶劣天气的长航时无人机，具备快速抵近侦察打击能力的无人船，可执行水下打捞、取证、侦察任务的水下无人航行器等。

从我国海警力量的构成现状可以看出，海洋维权力量的水面管控处置能力较强，但水下/空中管控与处置能力较弱。例如：缺乏水下、空中管控与处置装备，难以适应立体化维权执法任务需求；缺乏覆盖全海域的水下“低、慢、小”目标处置装备，以及空中航行器打击装备，无法对来自水下、空中的可疑目标实施警告、驱离、打击、控制。

管控海域态势感知需要实时获取来自空中、水面、水下的各种动/静态目标信息，现有装备基本能够满足水面态势感知的需要，但缺乏对水下/空中目标的专门感知能力。偏弱的实时感知能力制约了海洋维权执法的范围和效率。

当前海洋维权行动的应对处置装备仅是水炮、强声驱离装备等，应对海上发生的群体性事件的快速反应能力不强，对水下、空中、水面动态目标的控制乏力，亟须非致命性、具有一定威慑力的新型应对处置手段。

3. *深海装备发展方向*

世界上无人潜水器技术已基本成熟，但有 3 个重点方向将会不断发展[3]。一是基于高密度能源、海洋能、近水面光能、仿生水动力推进与减阻的 AUV 远程化技术。二是高效能、高可靠性的超大潜深共性通用技术（包括高精度导航、声/磁/电/重/震传感器与测量仪器、高强低密浮力材料、水密接插件、全海深铠装缆、灵巧水下机械手、深海液压动力源、全海深电机及传动装置等）。三是支撑多使命任务的智能化、集群化技术［包括多遥控潜水器（remotely operated vehicle，ROV）的智能辅助协同作业、AUV 编队的地形/环境/物理场探测、目标物多元感知和精细识别、察打一体化 AUV 集群的多点高效能毁伤攻击等］。

随着载人潜水器应用领域的拓展，下述技术需要进一步发展：可靠性/安全性/维修性/保障性/测试性/环境适应性数据模型与技术体系、智能辅助航行与姿态操控技术、系统故障智能识别与智能辅助避险技术、内波与极地等特殊环境适应性技术、新材料（如大面积视野通透材料、高强轻质耐压与浮力新材料）应用与安全性评估技术、高能量密度新能源技术、声学与视觉智能识别技术、多功能探测与作业专用工具技术等。

目前，世界上已有的深海工作站在作业模式上基本是单体运作，作业功能手段较为单一，数控化、信息化、智能化水平不高。现有的海底原位研究实验室工作深度较浅。世界深海研究开发尚处于初级阶段。

未来深远海开发的需求及世界海洋装备技术的发展趋势决定了"深海探测作业功能"需要实现由水面到海底、由短时到长期、由小功率到大功率、由小负荷到大负荷、从点域到大范围的 5 个维度的拓展，"深海装备及探测作业技术"需要实现从小型装备向大型装备、单体探测作业向集群协同作业、水面操控无人装备作业向水下有人装备与智能无人装备融合作业的 3 大跨越。

深海工作站和海底原位研究实验室是适应该发展趋势的深海装备。未来的深海工作站将会携带可模块化更换的多类海底有缆或无缆无人探测与作业装备，构成水下集群探测作业系统；海底原位研究实验室也将有人与无人技术结合起来，增强深海实验研究能力。这两类深海装备体系有许多共性科学问题和关键技术，主要有下述 6 大类。

（1）深海大型耐压结构极端环境安全性技术。深海耐压结构材料包括以高强钢和钛合金为主的金属材料，以及纤维增强复合材料、新型陶瓷等非金属材料。它们需具备高屈服强度、高刚度、高塑韧性、高抗爆性、良好的焊接加工性能、耐海水腐蚀性能和抗低周疲劳性能。

需要解决数千米深度超大潜深大型耐压结构制造工艺及深海极端环境中安全性所涉及的基础科学问题，包括：深海大型钛合金耐压结构焊接组织性能及焊接成形工艺力学、超大潜深大型钛合金耐压壳体极限承载能力和低周疲劳性能评估与控制、大型钛合金耐压结构应力腐蚀及裂纹萌生扩展机制、钛合金承压结构常温蠕变行为与多尺度失效模式耦合的安全性评估、钛合金耐压结构服役退化过程时空演化规律等。

（2）高能量/高功率密度动力技术。数千米水深处大功率、长时间探测与作业所需的高密度动力与供能技术的复杂程度远超水面船及潜艇。需解决高容重比制氢储氢的超大潜深燃料电池动力，超大潜深智能控制铅铋堆等新型核动力，高可靠性高能量密度新型电池，基于热电偶、热离子、碱金属的静态电能转换，深海电能转接补充，利用温差能、地热能的未来长周期海底有效供能等问题。

（3）深海水下通信导航技术。电磁波与光波在水中衰减迅速，10kHz 电磁波水下每千米衰减 4500dB，1Hz 极低频电磁波水下每千米衰减约 31dB。声波是海洋中远距离信息传输唯一的有效载体。但水中声波传输速度仅为空气中电磁波速的 5×10^{-6}，且海洋声波传输环境复杂，因此，深海航行装备在水介质中通信、定位、导航及遥控所需信息的传输远比空天航行器及陆上运载装备困难。

为克服该困难，提升深海有人-无人装备的互联互通与定位导航能力，必须围绕以下方向发展并应用新技术：克服水声信号传输经常遇到的弱联通/高时延/强干扰/频散畸变/非完整弊端的各类时空增益技术与数据处理技术（包括扩频、复杂脉冲声信号构造、全息多维编码调制等）、利用有效声信道的深海"GPS 声呐星座"垂向通信导航与探测技术、利用最小声速层声道轴的水平远距离低速率信息传输技术、跨水空介质的水声-电磁信息传递技术、水下无人航行器（unmanned underwater vehicle，UUV）与驻留浮标多元中继声传输技术、极低频电磁波/地波超远距离信息传输技术、近距离激光高速率信息传输技术等。除借助信息传输导航定位外，至关重要的是提高现有静电陀螺、微电子机械系统（micro-electromechanical systems，

MEMS）陀螺、光纤陀螺的精度，减小功耗和尺度，发展量子惯导新技术及大地磁场/重力场/海底地形匹配等定位导航技术。

（4）超高压环境中多元异构探测作业装备及有效载荷模块化搭载与进出舱技术。为避开水面恶劣风浪环境条件的影响，提高作业安全性与效率，未来海底资源的开发与原位研究实验室（站）的建设必然涉及多平台的协同作业。其中，深海大型机动式运载与主控平台（如深海工作站）模块化搭载、收放、对接与操控多类型/多功能/异构的无人装备是一项关乎作业效能和安全性的关键技术。模块化搭载一般可分为干式搭载和湿式搭载两类：干式搭载是将小型有缆/无缆无人装备存放在大型运载与主控平台耐压壳体内部，便于淡水清洗与维护；湿式搭载是将它们置于透水坞舱中或外挂在舷外。

此外，还需要解决超高压环境中采获的样品或特殊打捞物、各类待布放或回收的通用/专用仪器设备等有效载荷的入舱、存储与转运问题。模块化搭载与进出舱作业涉及的前沿技术主要包含：智能交汇航迹动态规划与重构方法、基于高低频多信标的近距离水声三维精确定位导引技术、基于光视觉的近体复杂视景条件下对接导引技术、多源融合导引的近壁动态对接自适应控制技术、面向移动终端的智能对接技术（罩笼式对接、锁杆式对接、坐落式对接、机械臂或 ROV 捕获式对接等）、声光融合引导定位进出舱技术、模块化搭载的舱内锁位与智能监控技术等。

有效载荷存储与转运还需要重点解决深海高压条件下有效载荷存储干湿转换、狭小干式舱内无人装备及敏感设备的检测维保、等压湿式存储与高效转移、超大潜深有效载荷进出通道安全启闭、大型平台装载量变化与重心移位的智能化载荷代换及姿态调整等关键技术问题。

（5）深海有人-无人集群装备协调操控探测作业技术。深海有人大型机动式运载与主控平台在千米水下操控 ROV、AUV、吊车、铺缆机等多型无人装备集群进行海底高效工程探测与作业，涉及整个作业链的一系列关键技术。

一是作业环境（海底地形地貌、地质、水文环境）与待处置作业对象（物理、化学、生物与形态特征）的精细探测技术。包括基于水面船或无人探测潜水器编队的区域扫描探测与数据融合、深海工作站操控 ROV 与 AUV 进行的现场精细探测与分析等技术。

二是深海缆接多浮体集群作业的动力学协调与运动控制技术。包括缆接无恢复力多浮体刚柔耦合系统动力学理论与运动控制仿真、大型浮体姿态自适应控制、复杂扰动下多元作业载体避干涉/避缠缆智能控制等技术。

三是海底机电设施类有效载荷的布放就位技术。包括大型运载与主控平台动力定位、有效载荷吊放、ROV 协助就位/展开/锚定/模块装配/管缆对接/电源接通/系统调试/状态检测等技术。

四是海底设施运行过程中维修保障技术。包括操控 ROV 并利用相应工具与模具实施的修理作业、部件与能源更换、信息获取等技术。

五是海底网线铺设技术。包括挖沟铺网机的吊放与回收、作业供能与操控等技术。

六是海底设施与网线的处置技术。包括特定对象的干扰、破坏、毁伤等技术。

（6）生命支持与应急救援技术。深海长期驻留与开发作业对幽闭环境中人员的生理和心理承受力都是极大的考验。与航天空间站相比，深海环境条件更加恶劣、复杂，需要在现有技术的基础上进一步探索应急救生、健康与生活保障的技术途径。涉及的新技术问题包括：平台安全监测与预警、密闭环境中人员健康与生活保障（保障数十人在狭小密闭舱室中工作90个昼夜的身心健康）、高外压环境中人因产物无排放无害化处理、千米潜深整舱应急逃逸（紧凑型应急逃逸舱、逃逸舱与大型平台的大倾角解脱、上浮与水面姿态稳定性、波浪中回收）等。

6.2 海洋大数据未来发展

到2035年，我国海洋工程科技发展的总体目标为：海洋装备技术基本自主化，初步建成全球海洋环境智能监测能力和经略海洋的全球海洋环境安全保障网络体系；获得合理的海洋空间资源，海产能源、海洋生物资源勘查和开发能力覆盖深海及远洋，海水资源和海洋能综合利用初步形成产业化规模，海洋经济和产业规模大幅提升[4-5]。

到2035年，探索、开发、利用和保护海洋将成为全球发展的新热点，海洋立体观测及预警预报能力得到极大提升，为海上活动全球到达和权益保障提供精准信息服务。以深远海为目标的海洋监测勘探活动日益活跃，以海洋战略性资源开发为主体的“蓝色工业文明”初步形成。

到2035年，全球将出现多家国际一流的深海矿业集团公司，专门从事与深海矿产资源开发利用相关的业务。这些公司的业务将覆盖海底矿产资源勘探开发的全产业链，包括海底资源勘探和开发、环境评价、矿石选冶以及装备技术服务等。海底资源勘查开发工程技术也发展成熟，各家矿业集团公司在海底建有现代化的采矿场和粗加工工厂，粗加工后的矿产经封闭的海底管线快速、环保地输运至陆地进行精细加工和分选冶炼，以满足社会经济发展对矿产的迫切需要[6]。

到2035年，沿海地区或毗邻大陆的海岛上将建立大型海水淡化厂，向沿海城市或城市群供水，解决沿海水资源紧缺问题，为海岛开发利用提供淡水资源保障；以太阳能、风能、潮汐能等新能源为驱动的海水淡化工程在沿海和海岛地区得到大规模推广应用；从海水中提取的化学资源将成为化工行业的主要原料来源之一，海洋化工产品日益丰富。以海水淡化、海水直接利用和海水化学资源利用为核心的海水利用产业发展体系正在形成。

随着全球社会经济发展对资源和能源需求的不断提高，以及海洋开发装备领域技术的持续进步，未来世界范围内将全面开展针对海洋矿产资源、海洋可再生能源、海洋化学资源、海洋生物资源和海洋空间资源五大资源开发利用相关装备的研制。新装备和新技术将不断涌现，成为新的发展热点。未来，海洋开发装备制造业会更加注重高效节能环保，信息化与先进制造技术自上而下整合，实现投入更少、控制性更强、产出废物更少、更加完善的处理能力和数据存储能力。同时，随着海洋开发装备制造与互联网、通信、计算机等信息化手段以及现代管理思想和方法的融合，未来海洋开发装备制造业将由生产制造转变为服务型制造[7]。

参 考 文 献

[1] 吴有生, 司马灿, 朱忠, 等. 海洋装备技术的重点发展方向[J]. 前瞻科技, 2022, 1(2): 20-35.
[2] 李鑫海, 孙治雷, 曹红, 等. 深海重要矿产资源开发研究进展[J]. 海洋地质与第四纪地质, 2024, 44(3): 160-172.

[3] 周恒, 刘新宇, 焦慧锋, 等. 深海探测与驻留装备发展研究[J]. 中国工程科学, 2024, 26(2): 15-22.

[4] “中国工程科技 2035 发展战略研究” 海洋领域课题组. 中国海洋工程科技 2035 发展战略研究[J]. 中国工程科学, 2017, 19(1): 108-117.

[5] “十三五” 国家科技创新规划[R]. 北京: 中华人民共和国国务院, 2016.

[6] “中国海洋工程与科技发展战略研究” 项目综合组. 海洋工程技术强国战略[J]. 中国工程科学, 2016, 18(2): 1-9.

[7] 徐玉如, 李彭超. 水下机器人发展趋势[J]. 自然杂志, 2011, 33(3): 125-132.